Vue.js 3
开发详解

蔡 冰 著

清华大学出版社
北京

内 容 简 介

本书循序渐进地介绍当前流行的前端框架 Vue.js 3 的基础知识、新特性、各项功能及其在商业开发中的应用。全书共 12 章，第 1~6 章介绍 Vue.js 3 的语言基础，搭建开发环境，Vue.js 3 的基本使用、指令和组件等基础知识；第 7 章介绍 Vue.js 3 框架的脚手架工程 vue-cil 的开发；第 8 章介绍使用 Vue.js 3 的路由；第 9 章介绍组合式 API；第 10 章介绍基于 Vue.js 3 的 UI 框架 Element Plus；第 11 章介绍网络请求框架 Axios；第 12 章介绍状态管理框架 Vuex 和一个相对完整的案例。本书试图介绍 Vue.js 3 全家桶及周边框架和工具的综合应用，旨在使读者通过阅读本书开发自己的应用程序。本书的内容前后呼应，环环相扣，使得读者的学习曲线非常平缓，适合自学。

本书既适合 Vue.js 3 初学者和前端开发人员使用，也可以作为培训机构与大中专院校的教学用书。

图书在版编目（CIP）数据

Vue.js 3 开发详解 / 蔡冰著.—北京：清华大学出版社，2023.1
ISBN 978-7-302-62170-6

Ⅰ. ①V… Ⅱ. ①蔡… Ⅲ. ①网页制作工具—程序设计 Ⅳ. ①TP393.092.2

中国版本图书馆 CIP 数据核字（2022）第 229100 号

责任编辑：赵　军
封面设计：王　翔
责任校对：闫秀华
责任印制：朱雨萌

出版发行：清华大学出版社
网　　　址：http://www.tup.com.cn，http://www.wqbook.com
地　　　址：北京清华大学学研大厦 A 座　　　　邮　编：100084
社 总 机：010-83470000　　　　　　　　　　邮　购：010-62786544
投稿与读者服务：010-62776969，c-service@tup.tsinghua.edu.cn
质 量 反 馈：010-62772015，zhiliang@tup.tsinghua.edu.cn
印 装 者：天津安泰印刷有限公司
经　销：全国新华书店
开　本：190mm×260mm　　　印　张：25.75　　　字　数：694 千字
版　次：2023 年 1 月第 1 版　　　　　　　　　印　次：2023 年 1 月第 1 次印刷
定　价：99.00 元

产品编号：100238-01

前　　言

　　本书面向 Web 前端从业者、学生，帮助他们从零基础开始学习前端基础知识和 Vue.js（简称 Vue）3 开发的知识和技能。当前市面上讲述 Vue.js 3 的书籍比较少，而且内容非常简单，实例不多。读者迫切需要短而精，能从基本原理开始学习的实例。本书立足于零基础，从原理讲述，并赋予多而完整且短小精悍的实例，让读者读得明白，并方便动手实践。目前市面上的书籍，其中的例子所用的技术不是过期就是内容不完整。读者在看这类书的过程中，时常需要去询问作者，非常麻烦。相比而言，笔者这本书中的例子完整且讲解详细，非常适合读者自学。

　　本书的主要特点是对初学者友好，不假设读者对某个专业词汇熟悉，必要时会对专业词汇进行解释，让读者不需要去别处查询该专业词汇的具体含义。实例丰富也是本书的特色，几乎是"三步一岗，五步一哨"，处处有实例，处处有惊喜，看完实例就能实践，读者自然容易获得学习中的成就感。另外，实例丰富，却不复杂，以循序渐进的方式清楚讲解技术要点，尽量把实例设计得短小精悍，精准对焦技术点，尽量省略不相关的内容，保持实例的完整性和独立性，让读者能集中精力主攻当前的技术要点。也就是说，读者从中间随便翻看某个实例，就能跟着实例的步骤逐步成功实践，而不需要翻阅其他实例的代码，方便读者自学。本书的另一大特色是详细介绍了 TypeScript 语言的使用，它是 Vue.js 3.0 的开发语言，助力用户轻松学会 Vue.js。

　　本书配套的源码和 PPT 课件需要使用微信扫描下面的二维码获取，可按扫描后的页面提示填写你的邮箱，然后把下载链接转发到邮箱中下载。

源码　　　　　　　　　　　　　　　PPT

　　如果发现问题或有疑问，请用电子邮件联系 booksaga@163.com，邮件主题为"Vue.js 3 开发详解"。

　　最后，感谢各位读者选择本书，希望本书能对读者的学习有所助益。由于笔者水平所限，虽然对书中所述内容尽量核实，但难免有疏漏之处，敬请各位读者批评指正。

作者

2022 年 12 月 20 日

目　　录

第1章

Vue.js 概述

Vue.js 是一个构建数据驱动的 Web 界面的库。Vue.js 的目标是通过尽可能简单的 API 实现响应的数据绑定和组合的视图组件。Vue.js 自身不是一个全能框架——它只聚焦于视图层，因此非常容易学习，也非常容易与其他库或已有项目整合。另一方面，在与相关工具和支持库一起使用时，Vue.js 也能完美地驱动复杂的单页应用。本章将在带领读者学习 Vue.js 之前，先介绍前端技术中的一些基础知识。

1.1　HTTP 与 HTML

HTTP（Hyper Text Transfer Protocol，超文本传输协议）是一种简单的请求-响应协议，通常运行在 TCP 之上。它指定了客户端可能发送给服务器什么样的消息以及得到什么样的响应。请求和响应消息的头采用 ASCII 码的形式，而消息内容则采用类似 MIME 的格式。

HTML 为超文本标记语言，是一种标识性的语言。它包括一系列标签，通过这些标签可以将网络上的文档格式统一，使分散的互联网资源连接为一个逻辑整体。

1.1.1　TCP 通信传输流

假如客户端在应用层（HTTP）发起一个想看某个 Web 页面的 HTTP 请求，那么传输层（TCP）会把从应用层收到的数据（HTTP 请求报文）进行分割，并在各个报文上打上标记序号及端口号，形成网络层传输的数据包，再添加通信目的地的 MAC 地址后作为链路层的数据包，这样发往服务端的网络通信请求就准备齐全了。接收端的服务器在链路层接收到数据包，按层解包按序往上层发送，一直到应用层。当送达应用层时，才算真正收到从客户端发送过来的 HTTP 请求。

1.1.2 HTTP

HTTP 是 Web 应用中客户端和服务器之间进行交互的协议规范，完成客户端向服务端发起请求，服务端向客户端返回请求响应或请求处理结果的一系列过程，如图 1-1 所示。

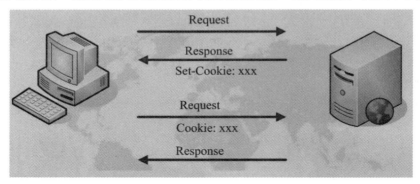

图 1-1

在 HTTP 交互过程中，客户端通过 URI（Uniform Resource Identifier，统一资源标识符）查找并定位网络中的资源。URI 通常由三部分组成：①资源的命名机制，②存放资源的主机名，③资源自身的名称。注意：这只是一般 URI 资源的命名方式，只要是可以唯一标识资源的都被称为 URI，上面三条合在一起是 URI 的充分不必要条件。URI 包含协议名、登录认证信息、服务器地址、服务器端口号、带层次的文件路径、查询符串、片段标志符。URI 的表达方式如下：

http://user:pass@www.example.com:80/home/index.html?age=11#mask

其中 http 为协议方案名；user:pass 表示登录信息（认证）；www.example.com 是服务器地址；80 为口号；/home/index.html 表示路径和所要请求的网页文件；age=11 表示查询字符串；mask 表示片段标识符。

协议方案名在获取资源时要指定协议类型，包括 http:、https:、ftp:等。登录信息（认证）指定用户名和密码作为从服务器端获取资源时必要的登录信息，此项是可选的。服务器地址使用绝对 URI 来指定待访问的服务器地址。服务器端口号就是指定服务器连接的网络端口号，即 Web 服务侦听服务器的 TCP 端口号，此项是可选的。路径和文件名用于定位服务器上的特定资源，比如/home/index.html。查询字符用于定位指定文件内的资源，可以使用查询字符串传入任意参数，此项是可选的。片段标识符通常可以标记出来，以获取资源中的子资源（文档内的某一个位置），此项也是可选的。

HTTP 分为请求报文和响应报文，报文由报文首部和报文主体构成。请求报文首部包含请求行、请求头部、通用头部、实体头部。响应报文首部包含状态行、响应头部、通用头部、实体头部。

请求行：包含客户端请求服务器资源的操作或方法（get、post、put、delete）、请求 URI、HTTP 的版本。

状态行：包含 HTTP 的版本、服务端响应结果编码、服务端响应结果描述。状态行为"HTTP/1/1 200 OK"代表处理成功。响应分为 5 种：信息响应（100~199）、成功响应（200~299）、重定向（300~399）、客户端错误（400~499）、服务器错误（500~599）。比如 200 表示请求成功，请求方法为 get、post、head 或者 trace；404 表示请求失败，请求资源找不到，类似于脚本未被定义；507 表示服务器有内部配置错误。

HTTP 通用头部如表 1-1 所示。

表 1-1　HTTP 通用头部及其说明

头部编码	头部说明
Cache-Control	控制缓存
Connection	连接管理
Transfer-Encoding	报文主体编码方式
Date	报文创建的日期时间
Upgrade	升级为其他协议
Via	代理服务器相关信息
Warning	错误通知

其他头部这里不再赘述，读者可以参考 HTTP 文档。使用 HTTP 要注意以下几点：

（1）通过请求和响应的交换达成通信

应用 HTTP 时，必定是一端担任客户端角色，另一端担任服务器端角色。仅从一条通信线路来说，服务器端和客户端的角色是确定的。HTTP 规定，请求从客户端发出，最后服务器端响应该请求并返回。换句话说，肯定是先从客户端开始建立通信的，服务器端在没有接收到请求之前不会发送响应。

（2）HTTP 是不保存状态的协议

HTTP 是一种无状态协议。协议自身不对请求和响应之间的通信状态进行保存。也就是说，在 HTTP 这个级别，协议对于发送过的请求或响应都不做持久化处理。这是为了更快地处理大量事务，确保协议的可伸缩性，而特意把 HTTP 设计得如此简单。

随着 Web 的不断发展，很多业务都需要保存通信状态，于是引入了 Cookie 技术。有了 Cookie，再用 HTTP 通信，就可以管理状态了。

（3）使用 Cookie 的状态管理

Cookie 技术通过在请求和响应报文中写入 Cookie 信息来控制客户端的状态。Cookie 会根据从服务器端发送的响应报文内的一个名为 Set-Cookie 的首部字段信息，通知客户端保存 Cookie。当下次客户端再往该服务器发送请求时，客户端会自动在请求报文中加入 Cookie 值后发送出去。服务器端发现客户端发送过来的 Cookie 后，会检查究竟是从哪一个客户端发来的连接请求，然后对比服务器上的记录，而后得到之前的状态信息。

（4）请求 URI 定位资源

HTTP 使用 URI 定位互联网上的资源。正是因为 URI 的特定功能，在互联网上任意位置的资源都能访问到。

（5）持久连接

在 HTTP 的初始版本中，每进行一个 HTTP 通信都要断开一次 TCP 连接。比如使用浏览器浏览一个包含多张图片的 HTML 页面时，在发送请求访问 HTML 页面资源的同时，也会请求该 HTML 页面中包含的其他资源。因此，每次的请求都会造成 TCP 连接的建立和断开，无谓地增加了通信量的开销。

为了解决上述 TCP 连接的问题，HTTP 1.1 和部分 HTTP 1.0 想出了持久连接的方法。其特点是，只要任意一端没有明确提出断开连接，则保持 TCP 连接状态，旨在建立一次 TCP 连接后进行多次请求和响应的交互。在 HTTP 1.1 中，所有的连接默认都是持久连接。

（6）管线化

持久连接使得多数请求以管线化方式发送成为可能。以前发送请求后需等待并接收到响应，才能发送下一个请求。管线化技术出现后，不用等待收到前一个请求的响应也可以发送下一个请求。这样就能以并发方式发送多个请求。

比如，当请求一个包含多张图片的 HTML 页面时，与挨个建立连接相比，用持久连接可以让请求-响应更快结束。而管线化技术要比持久连接速度更快，请求数越多，越能彰显每个请求所用时间短的优势。

1.1.3 HTML

HTML（Hyper Text Markup Language，超文本标记语言）是表达 Web 网站内容的一种语言。HTML 除了用于表示文本内容，还用于描述网页的样式（如颜色、字体等），支持在网页中包含链接、图片、音乐、视频、程序。通过 HTML 语言描述的树状结构的文档为 HTML 文档，在该文档中通过标签树来表达网页的结构及各种元素。

1.2 Web 后端基础技术

Web 后端负责的是 Web 网站后台逻辑的设计与实现，以及用户与网站数据的保存和读取。一般网站都是有用户注册和登录的，用户的注册信息通过前端发送给后端，后端将其保存在数据库中，用户登录网站时，后端通过验证用户输入的用户名和密码是否与数据库中在册的用户信息一致来决定是否允许用户登录，这是后台开发中基础的功能。

后端开发人员主要使用各种库、API 和 Web 服务等技术搭建后端应用体系，确保各种 Web 服务接口之间的正确通信。比如处理前端用户发起的请求，各种业务逻辑的操作，最后与数据库交互，完成增、删、改、查等数据库操作。

1.2.1 Spring

Spring 框架是 J2EE 应用开发的集成解决方案，提供了 IoC（Inversion of Control，控制反转）和 AOP（Aspect Oriented Programming，面向切面编程）两种新机制，为应用程序内部各模块之间实现高内聚、低耦合提供支持。

IoC 是一种根据配置实例化 Java 对象，管理对象生命周期，组织对象之间关系的设计思想。Spring 框架将纳入生命周期管理的 Java 对象称为 Bean，Spring 框架在启动时自动创建 Bean，并将 Bean 放到 Spring 的上下文中。如果某个 Bean 声明需要关联另一个 Bean，则 Spring 框架自动建立 Bean 之间的关联。当某个 Bean 声明需要关联另一个 Bean 时，可以声明关联该 Bean 的接口，Spring 会自动从上下文中查找实现该接口的 Bean，从而建立两者之间的关联。

在 IoC 机制的支持下，Spring 可以将 J2EE 体系中的各种技术集成起来，如图 1-2 所示。

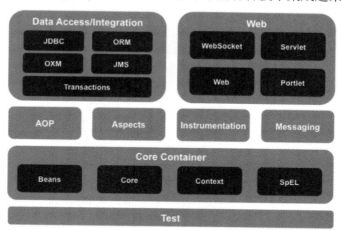

图 1-2

图中将 Spring 分为 5 个部分：Core、AOP、Data Access、Web、Test，图中的每个圆角矩形都对应一个 JAR，如果在 maven 中配置，所有这些 JAR 的 groupId 都是 org.springframework，每个 JAR 有一个不同的 artifactId。另外，Instrumentation 有两个 JAR，还有一个 spring-context-support。这些技术包含 Web 开发技术（Spring Web MVC）、数据持久化技术（Spring ORM）、缓存技术（Spring Data Cache）、RESTful 客户端（Spring Rest Template）、安全技术（Spring Security）、服务注册发现和负载均衡（Spring Cloud）。

Spring 支持各种组件有不同的第三方实现方案，它们可以相互替换，开发者可根据场景选择适合的实现方案。当需要修改某个实现方案时，仅需要对应用进行简单的配置，而不需要对已完成的代码做任何改动。比如，数据缓存技术有三种方案：将数据缓存到 Redis、缓存到 MemCache、缓存到本地内存。开发者只需要调用缓存 API，而不需要关注具体实现。再比如，服务注册发现和负载均衡框架体系中需要搭建服务注册中心，服务注册中心的实现技术有 Etcd、Consul、Eureka、Dubbo 等，这些实现技术来自不同的公司或开源组织，而开发者选择或切换技术实现时，仅需要简单的配置，无须修改代码。

面向切面思想是在面向对象思想的基础上发展而来的，用于将系统的核心功能和辅助功能解耦，如图 1-3 所示。

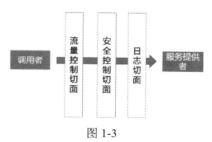

图 1-3

Web 设计开发者在设计系统的某一功能模块时，除了要设计该功能本身的逻辑实现，还需要考虑其辅助功能，如记录日志、进行权限控制、对数据进行缓存、对调用方进行流量控制等。Spring 将上述辅助功能看作"切面"，切面是一个独立的模块，调用者调用服务提供者的 API 的过程会以透明方式触发切面的代码逻辑，由切面负责对调用请求进行拦截、处理与过滤。

1.2.2　Spring Security

Spring Security 是基于 Spring 框架的安全解决方案，由安全切面、认证管理器与访问决策管理器三个核心组件构成，如图 1-4 所示。

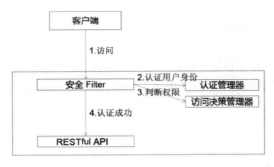

图 1-4

安全切面用于对来自客户端的 Web 请求和来自程序内部的方法调用进行拦截。安全切面包含 Web 过滤器和方法过滤器。Web 过滤器对应用接收到的 URL 请求进行拦截，从请求中提取认证 Authentication（包含用户名、口令、会话、令牌等信息），并将 Authentication 交给后续认证管理器和访问决策管理器验证，并拒绝不合法的 URL 访问。方法过滤器拦截应用内部的方法调用，拒绝不合法的方法调用。

认证管理器（Authentication Manager）负责处理来自切面的 Authentication 对象，验证登录者的身份是否真实有效。如果判断登录者的身份无效，则拒绝登录者的请求，否则将请求转发到下一环节。Spring Security 框架支持多种验证登录者身份的机制，包括根据用户名和密码验证、JAAS 认证、Remember Me 认证。Spring Security 是一个开放的框架，允许开发者或者第三方扩展验证机制。Authentication Manager 是 Spring Security 定义的抽象接口，定义了 Authentication authenticate(Authentication auth) 抽象方法。Provider Manager 是 Authentication Manager 的默认实现，负责管理多个认证机制提供者（Authentication Provider）。Provider Manager 将认证工作委托给 Authentication Provider 处理，其中任何一个 Authentication Provider 认证成功，Provider Manager 即可认证成功。Dao Authentication Provider 是 Provider Manager 的典型实现，其功能是根据用户名查询用户的详细信息（口令、权限等），并将查询到的口令和 Authentication 中的凭证进行比对，如果比对一致，则认证通过，否则认证不通过。Dao Authentication Provider 把根据用户名查询用户详细信息的工作委托给 User Details Service 接口处理，User Details Service 接口定义了 User Details load User By Username（String username）方法。开发者需要设计项目中的用户信息、口令、权限的数据结构和持久化方案，并根据 User Details Service 接口标准实现从数据库中查询用户信息、口令、权限的逻辑。

访问决策管理器（Access Decision Manager）负责判断系统中的资源（URL、方法）是否允许被访问，如果不允许访问则拒绝。

Access Decision Manager 是抽象的接口，定义了 decide 方法。Abstract Access Decision Manager 是 Access Decision Manager 接口的实现，管理了多个 Access Decision Voter（投票器），由一系列投票器共同决定资源是否允许被访问。Abstract Access Decision Manager 包含三个子类，分别实现了不同的投票机制：Affirmative Based 子类实现了一票支持机制，只要任何一个投票器允许资源被访问，则该资源允许被访问；Unanimous Based 实现了一票否决机制，只要任何一个投票器不允许资源被访问，则该资源不允许被访问。Consensus Based 实现了少数服从多数的机制，若多数投票器允许资源被访问，则资源允许被访问，否则资源不允许被访问。Access Decision Voter 是一个抽象的接口，定义了 vote 方法，用于对判断资源是否允许被访问的议题进行投票，返回 1 代表支持，返回 0 代表弃权，范围–1 代表反对。Spring Security 实现了 Authenticated Voter、Role Voter、Jsr250Voter、Client Scope Voter 等投票器。Authenticated Voter 判断当前请求完成身份验证，完成身份认证则支持，否则反对。Role Voter 判断当前登录者的角色、权限是否和被访问资源所需要的角色、权限相匹配，匹配则支持，否则反对。

Spring Security 作为 Web 开发框架中的安全组件，对开发者提供了友好、便捷的使用方法，开发者经过简单的配置即可实现对 URL 的拦截和对方法调用的拦截。

Spring Security 实现对 URL 进行拦截的配置如图 1-5 所示：①/login/开头的 URL 允许任何未经过身份认证的请求访问；②非/login/开头的 URL 必须经过身份认证才允许访问；③/users/开头的 URL 必须经过身份认证，并且登录者必须拥有 user-manage 权限才允许访问。

```
@Configuration
@EnableResourceServer
@EnableGlobalMethodSecurity(prePostEnabled = true)
public class ResourceServerConfigurer extends ResourceServerConfigurerAdapter {
    public void configure(HttpSecurity http) throws Exception {
        http.authorizeRequests()
                .antMatchers( ...antPatterns: "/login/**").permitAll()
                .antMatchers( ...antPatterns: "/users/**").hasAuthority("user-manage")
                // .antMatchers("/hello/**").hasAnyRole("")
                // .antMatchers("/hello/**").permitAll()
                // .antMatchers("/users/**").permitAll()
                // .anyRequest()
                .anyRequest().authenticated();
    }
}
```

图 1-5

Spring Security 支持通过注解配置当前登录必须具备的权限，通过表达式配置入参必须满足的条件，如图 1-6 所示，对查询用户详细信息的方法进行权限设置：①具备管理权限的用户允许调用此方法；②非管理员用户调用此方法允许查看自己的信息，不允许查看其他用户的信息。

```
@RequestMapping(value="/{userId}")
@PreAuthorize ("hasAuthority('admin') or #user.userId == T(java.lang.Integer).valueOf(principal.split(',')[0])")
public User get(@PathVariable("userId") Integer userId){
    User user =userService.getById(userId);
    return user;
}
```

图 1-6

1.2.3 OAuth 2.0

OAuth 2.0 将 Web 服务分为授权服务和资源服务两种角色。授权服务负责用户信息、用户权限的管理和用户身份认证的功能。资源服务负责具体业务功能，多个资源服务共享一个授权服务。关于 OAuth 2.0 的交互流程，授权服务负责接收用户的凭证，验证用户身份的真实性，如果用户身份真实，则生成一次性授权码，并将页面重定向给资源服务。资源服务通过授权服务验证用户身份：①根据授权码调用授权服务 API 获取令牌；②根据令牌调用授权服务 API 获取当前登录用户的信息、权限；③建立客户端和资源服务之间的会话；④在会话失效前，客户端访问资源服务提供的 RESTful 服务时，均要求在请求头中包含令牌。

1.2.4 JWT

JWT（JSON Web Token）是目前最流行的跨域认证解决方案。先来了解一下跨域认证的问题。互联网服务离不开用户认证。一般流程如下：

1）用户向服务器发送用户名和密码。

2）服务器验证通过后，在当前会话（Session）中保存相关数据，比如用户角色、登录时间等。

3）服务器返回给用户一个 session_id，写入用户的 Cookie。

4）用户随后的每一次请求都会通过 Cookie 将 session_id 传回服务器。

5）服务器收到 session_id，找到前期保存的数据，由此得知用户的身份。

这种模式的问题在于伸缩性（Scaling）不好。单机当然没有问题，如果是服务器集群，或者是跨域的服务导向架构，就要求 Session 数据共享，每台服务器都能够读取 Session。举例来说，A 网站和 B 网站是同一家公司的关联服务。现在要求用户只在其中一个网站登录，再访问另一个网站就会自动登录，请问怎么实现？一种解决方案是 Session 数据持久化，写入数据库或别的持久层，各种服务收到请求后，都向持久层请求数据。这种方案的优点是架构清晰，缺点是工程量比较大。另外，持久层万一挂了，就会单点失败。另一种方案是服务器索性不保存 Session 数据了，所有数据都保存在客户端，每次请求都发回服务器。JWT 就是这种方案的一个代表。

JWT 的原理是，服务器认证以后，生成一个 JSON 对象，发回给用户，就像下面这样：

```
{
    "姓名": "张三",
    "角色": "管理员",
```

```
    "到期时间"："2018 年 7 月 1 日 0 点 0 分"
  }
```

　　以后，用户与服务端通信的时候，都要发回这个 JSON 对象。服务器完全只靠这个对象认定用户身份。为了防止用户篡改数据，服务器在生成这个对象的时候会加上签名。此后，服务器就不保存任何 Session 数据了，也就是说，服务器变成无状态，从而比较容易实现扩展。客户端收到服务器返回的 JWT，可以存储在 Cookie 中，也可以存储在 localStorage 中。此后，客户端每次与服务器通信，都要带上这个 JWT。用户可以把它放在 Cookie 中自动发送，但是这样不能跨域，所以更好的做法是放在 HTTP 请求的头信息 Authorization 字段中。另一种做法是，跨域的时候，JWT 就放在 POST 请求的数据体中。

　　JWT 有以下几个特点：

　　1）JWT 默认是不加密的，但也是可以加密的。生成原始 Token 以后，可以用密钥再加密一次。

　　2）JWT 不加密的情况下，不能将涉密数据写入 JWT。

　　3）JWT 不仅可以用于认证，也可以用于交换信息。有效使用 JWT 可以降低服务器查询数据库的次数。

　　4）JWT 的最大缺点是，由于服务器不保存 Session 状态，因此无法在使用过程中废止某个 Token，或者更改 Token 的权限。也就是说，一旦 JWT 签发了，在到期之前始终有效，除非服务器部署额外的逻辑。

　　5）JWT 本身包含认证信息，一旦泄漏，任何人都可以获得该令牌的所有权限。为了减少盗用，JWT 的有效期应该设置得比较短。对于一些比较重要的权限，使用时应该再次对用户进行认证。

　　6）为了减少盗用，JWT 不应该使用 HTTP 明码传输，要使用 HTTPS 传输。

1.2.5　JPA

　　Java 是一种面向对象的编程语言，信息在 Java 应用内存中是以类和对象的形式组织的，对象拥有属性、方法和关联关系。而企业的生产运营数据通常由数据库管理，数据库按存储方式可以分为关系型数据库、key-value（键-值）数据库、列式数据库、图形数据库等。关系型数据库是企业生产应用的主流数据库，其按照表、字段、约束的形式组织数据结构，应用程序通过 SQL（Structured Query Language，结构化查询语言）操作关系型数据库的数据。

　　良好的系统架构设计应具备数据独立性特征，即数据结构的改变不影响上层的应用程序，数据独立性包含物理独立性和逻辑独立性两个方面。物理独立性表示数据磁盘等介质的存储结构的改变不影响应用程序，表现为底层数据库中间件的变动对应用程序透明，如将 Oracle 更换为 MySQL 或其他数据库。逻辑独立性表示数据逻辑结构的变化对应用程序透明，如增加表、增加字段。

　　JPA（Java Persistence API，Java 数据持久化 API）定义了 Java 应用程序和关系型数据库之间的接口，具体功能有：①定义了对 Java 对象新增、修改、删除、查询的接口，应用程序逻辑仅需要面向 JPA 编程；②通过元数据定义 Java 对象、属性、关系和关系型数据库表、字段、约束之间的映射，将面向对象的 API 翻译成可由数据库执行的 SQL 语句。

JPA 实现了数据的物理独立性，如 JPA 提供了对不同关系数据库方言（Dialect）的支持，实现同一个 API 针对不同的关系数据库产品，翻译成不同的 SQL。例如分页查询 A 表，每页 10 行，查询第 1 页的场景,针对 MySQL 生成的 SQL 是 select * from A limit 0,10,而针对 Oracle 的语法却是 select * from (select rownum rownum_ a.* from A a where rownum<=10) where rownum_>=1。

JPA 实现了数据的逻辑独立性。关系数据库的数据模型变动后，需要调整 Java 对象和表、字段、约束等，对上层应用代码透明。

JPA 按照接口和实现相分离的原则设计,具备较强的可扩展性。JPA 定义了一套 API 标准，由第三方团队实现此标准。应用程序的开发者可选择 JPA 的实现，更改 JPA 实现对上层应用程序的代码无任何影响。

1.2.6　MySQL

MySQL 是主流关系型数据库。关系型数据库以关系代数、集合论为数据基础，以表、字段、约束来组织企业运营生产数据。关系型数据库的特点：①确保事务的 ACID（原子性、一致性、隔离性、持久性）；②数据以文件的形式组织，按行存储；③基于 B+树的数据索引。

SQL 是关系型数据库的操作语言，SQL 包含 DDL（Data Definition Language，数据定义语言）、DQL（Data Query Language，数据查询语言）、DML（Data Manipulation Language，数据操作语言）。DDL 用于定义数据模型，如创建表、定义表的字段、定义索引、定义主键和外键等。DQL 用于从数据库中查询数据，语法如 select 字段 1,字段 2,字段 3 from 表 1 where 字段 1='条件 1' and 字段 2='条件 2',根据条件 1、条件 2 到表 1 中查询字段 1、字段 2、字段 3。DQL 语句支持条件的等于、大于、小于、包含、模糊匹配运算，同时支持多个条件的复杂运算，如与运算、或运算。DQL 支持多张表之间的关联查询，一次返回多张表的数据。DML 用于对数据进行新增、修改、删除操作。

主流的关系型数据库有：Oracle、MySQL、SQL Server、PostgreSQL。MySQL 相比其他主流关系型数据库，有如下特点：①开源，有社区支持；②可扩展性，MySQL 实现了存储引擎和 SQL 解析引擎分离的架构，具备高度的可定制性，如 MySQL 的主流方存储引擎 InnoDB 通过 Undolog、Redolog、MVCC 等关键机制实现事务的 ACID，同时 MySQL 可支持其他的存储引擎，如 Memory 引擎实现内存数据库，Archived 引擎舍弃了对事务的支持实现数据压缩，Document Store 引擎实现了基于文档的 NoSQL 数据库。

1.3　Web 部署技术

Web 部署也就是 Web 站点部署,是指将 Web 项目部署到不同的 Web 服务器（比如 Tomcat 或 Web Logic、Apache 服务器等）上，这样无论是本地测试还是外网访问，都可以直接访问。

1.3.1 Docker

Docker 是一种虚拟化技术，将云计算的思想应用于应用开发部署领域。Docker 通过 CNAMES 和 CGROUP 技术在宿主机上虚拟生成应用程序的执行空间，该应用程序的执行空间就被称为"容器"。

容器具备相对隔离的特征，容器包含自身的文件系统、内存、网络、IP 地址、CPU、操作系统、操作系统用户，并与宿主机及宿主机上的其他容器互不干扰，容器中安装的操作系统可以与宿主机的操作系统不同。Docker 容器的虚拟技术和 VMware 等虚拟化技术有一定区别，同一宿主机的不同容器共用一个 Kernel 内核，因此容器比虚拟机占用更小的磁盘空间，具有更快的加载速度。

Docker 体系结构由镜像、镜像仓库、容器三部分组成。镜像是一种安装介质，包含容器中的操作系统及软件等。镜像仓库是管理镜像的仓库，支持通过 push 命令将本地镜像推送到镜像仓库中，也支持通过 pull 命令从镜像仓库中获取仓库。Docker 容器根据镜像生成，启动容器必须指定镜像。

Docker 的出现改变了应用的交付方式。在传统的部署方式下，前端应用和后端应用的部署步骤不同。针对后端应用，开发人员向部署人员交付 WAR 文件，WAR 是一种 J2EE Web 项目的交付标准，WAR 文件需要在 Web 中间件服务器（Tomcat、Jetty、Web Sphere、Web Logic）中运行，而 Web 中间件服务器的运行又依赖 Java 运行环境的安装，因此部署人员需要在目标主机上安装和配置 JVM（Java 虚拟机），安装 Web 中间件服务器，将开发人员交付的 WAR 文件部署到 Web 中间件中，最后启动应用服务。针对前端应用，开发人员向部署人员交付 HTML、CSS、JavaScript 等静态文件，这些文件同样需要部署到 Web 服务器（Nginx、Apache）中，因此部署人员需要在目标主机上安装 Web 服务器，再部署开发人员交付的 HTML、CSS、JavaScript 文件，还要配置前端服务器和后端服务器之间的反向代理，最后启动应用服务。

传统的部署方式要求部署人员深入了解不同类型应用的技术体系，熟悉各类中间件的配置和命令，因此对部署人员要求较高。如果同一台主机上需要安装多个不同技术体系的应用，则有可能相互冲突。Docker 容器技术改变了这一现状，Docker 容器要求开发人员交付 Docker File 文件，该文件描述本应用部署的步骤，如安装操作系统、安装 JVM、安装中间件、编译和打包代码、编译结果部署到中间件、配置应用启动命令，由持续集成平台执行 docker build、docker push 等命令构建 Docker 镜像，并将镜像推送到镜像仓库。部署人员指定镜像仓库中的镜像、指定启动参数、创建容器、启动容器即可完成应用的部署。部署人员不再需要深入了解应用的技术体系，对所有技术体系的应用都采用同样的命令进行部署。

Docker 容器提升了 Web 应用的运维效率。容器提供了启动、停止、扩容、日志查询、状态监控等标准接口，支持运维人员对不同技术体系的容器统一监控。容器支持在主机之间迁移、复制。基于容器技术，通过简单的命令即可搭建全套生产环境。在主机发生物理故障的情况下，支持在其他正常的主机上运行相同的容器，保证业务不中断。

1.3.2 Docker Swarm Service

Docker Swarm Service 为容器的集群调度平台，支持将多台主机组建成 Docker 集群，在集群内调度容器。Docker Swarm Service 对 Web 服务部署提供了如下支持：①虚拟化服务实现服务的负载均衡，②服务的伸缩，③服务的容灾，④服务的升级。

虚拟化服务实现服务负载均衡的思想如图 1-7 所示，NAT（Network Address Translation，网络地址转换）协议是服务虚拟化的核心技术。

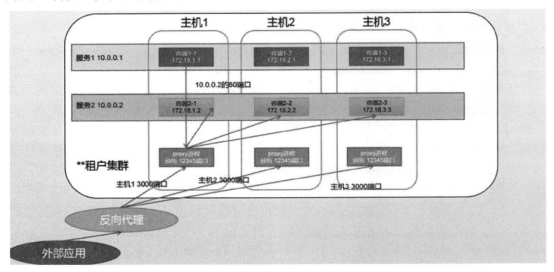

图 1-7

每个虚拟 Web 服务使用 TCP/IP 中的 IP 地址和端口，如服务 1 使用 IP 地址 10.0.0.1，使用 80 端口。服务 1 由三个容器支撑，三个容器对应同一个镜像，部署同一个 Web 应用程序，三个容器分别为容器 1-1、容器 1-2、容器 1-3，使用的 IP 地址分别为 172.18.1.1、172.18.2.1、172.18.3.1。集群中的每台主机都部署了一个 Proxy 进程，集群内部每台主机所有向 10.0.0.1 的 80 端口发起的 TCP 请求都会被 NAT 协议转发到各自的 Proxy 进程，Proxy 进程维护了服务和容器之间的对应关系，根据负载均衡策略将请求分发给容器 1-1、容器 1-2、容器 1-3 处理。同时，服务 1 使用每台主机的 3000 端口，从集群外部发往主机 1、主机 2、主机 3 的 3000 端口的请求同样被转发到 Proxy 进程，进而分发给容器 1-1、容器 1-2、容器 1-3 处理。因此，此案例中三个容器并行处理对服务 1 的请求，达到负载均衡的目的。

基于 Docker Swarm Service 可实现服务的容灾，在集群中创建服务时，需要指定服务的副本个数，集群根据副本个数为服务创建容器，容器会均匀分配到集群中的主机上。如图 1-8 所示就是集群中某台主机发生故障的情况。

主机 3 发生故障，集群监测到服务对应的存活容器的个数小于服务的副本个数，在主机 2 上创建和启动容器，确保存活容器的数量和服务的副本数相等。

基于 Docker Swarm Service 可实现服务的伸缩，如图 1-9 所示。

当 Web 应用访问需求增加，需要增加服务进程时，可通过扩容指令修改服务的副本个数，集群会根据副本个数创建启动新的容器。基于 Docker Swarm Service 可以实现 Web 应用的一键升级、一键回退。

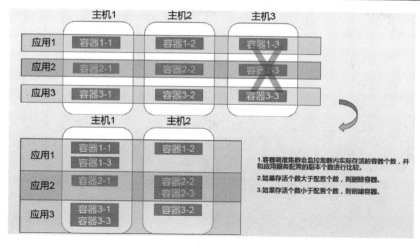

图 1-8

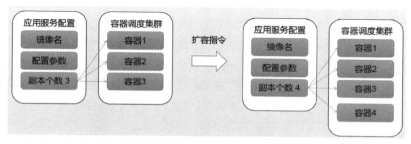

图 1-9

系统维护人员通过升级指令将服务的版本从 V1 升级到 V2，集群逐个创建并启动 V2 版本的容器，停止 V1 版本的容器，直到所有 V1 版本的容器停止，所有 V2 版本的容器启动。在需要回退的情况下，系统维护人员通过回退命令删除所有 V2 版本的容器，启动 V1 版本的容器。在升级后，完成回归测试的情况下，系统维护人员通过确认命令将所有 V1 版本的容器删除。

1.3.3　Nginx + OpenResty

Nginx 是一种 Web 中间件，在 Web 应用架构中，一般用来部署静态 HTML、CSS，配置指向后端 REST 服务的反向代理。

在生产运营维护场景中，后端模块和前端模块均可能进行频繁的版本发布，为了尽可能降低发布风险，一般需要引入 AB 灰度发布机制。每个模块部署 AB 两套环境，正常情况下所有的用户均访问 A 环境。在版本发布的过程中，首先升级 B 环境的应用程序版本，再切换少部分用户访问 B 环境，待小范围测试通过后，再逐步切换更多的用户到 B 环境，直到所有的用户均访问 B 环境。

OpenResty 是基于 Nginx 的中间件，支持通过配置 Lua 脚本配置访问策略。实现用户访问同一个 URL 时，根据策略不同，用户访问不同的后端模块。

浏览器提交的请求中包含请求头 Module Environment，该请求头以 JSON 的形式表达当前登录用户针对每个模块对应的部署环境。请求提交到 OpenResty 后，Lua 脚本解析请求头，根据请求头判断这次请求应被转发到哪个环境，从而实现基于登录用户的 AB 灰度发布。

1.4　框　　架

框架（Framework）是整个或部分系统的可重用设计，表现为一组抽象构件及构件实例间交互的方法。另一种定义认为，框架是为应用开发者定制的应用骨架或开发模板，一个框架是一个可复用的设计构件，它规定了应用的体系结构，阐明了整个设计、协作构件之间的依赖关系、责任分配和控制流程。前端开发框架和后端开发框架是基于前端开发和后端开发两种不同的开发方式来区分的。

1.4.1　为什么要使用框架

软件系统发展到今天已经很复杂了，特别是服务器端软件，涉及的知识内容、问题太多。在某些方面使用别人成熟的框架，就相当于让别人帮我们完成一些基础工作，我们只需要集中精力完成系统的业务逻辑设计。而且框架一般是成熟、稳健的，它可以处理系统很多细节问题，比如事物处理、安全性、数据流控制等问题。还有框架一般都经过很多人使用，所以结构很好、扩展性也很好，而且它是不断升级的，我们可以直接享受别人升级代码带来的好处。

1.4.2　Web 框架基础技术

很多做 Web 开发的同学都有一个梦想，就是将来开发一套可以在项目中使用的 Web 应用框架。刚开始做开发时，觉得这个技术好厉害，只需要写一点代码，就能够做出带有业务逻辑的网站。其实，写一个 Web 应用框架并不难，但是写出一个能够经受工业强度测试的软件就不容易了。如果这个世界没有黑客，没有恶意攻击，我们现在做的工作可以减少一半。

Web 框架的全称为"Web 应用框架"（Web Application Framework），一般负责如下几个方面的工作：MVC 分层、URL 过滤与分发、View 渲染、HTTP 参数预处理、安全控制，还有部分附加功能，如页面缓存、数据库连接管理、ORM 映射等。Web 框架可以用任何语言写成，几乎常见的语言都有对应的 Web 框架，可以用来写 Web 程序，不要以为只有 PHP、Java、C#可以用来做网站。

框架重要的特征是 MVC 分层。MVC 这个概念并不是 Web 开发中才有的，也不是从这个方向发展出来的技术。在 20 世纪 70 年代的 Smalltalk-76 就引入了这个概念。

1.4.3　分清框架和库

框架是一套架构，会基于自身的特点向用户提供一套相当完整的解决方案，控制权在框架本身，使用者需要按照框架所规定的某种特定规范着手开发。

库是一种插件，是一种封装好的特定方法的集合，提供给开发者使用，控制器在使用者手里。

框架提供了一套完整的解决方案，同时前端功能越来越强大，因而产生了前端框架，所以开发 Web 产品很有必要使用前端框架（前端架构）。目前流行的前端框架有 Angular.js、Vue.js 和 React.js。流行的一些库有 jQuery、Zepto 等。使用前段框架可以降低界面的开发周期和提高界面的美观性。

1.4.4　Web 开发框架技术

Web 开发框架技术，即 Web 开发过程中可重复使用的技术规范，使用框架可以帮助技术人员快速开发特定的系统。Web 开发框架技术分为前端开发框架技术和后端开发框架技术。

前端开发是创建 Web 页面或 App 等前端界面呈现给用户的过程，通过 HTML、CSS 及 JavaScript 以及衍生出来的各种技术、框架、解决方案来实现互联网产品的用户界面交互。前端框架技术的应用使前端开发变得方便快捷。目前，Web 前端开发框架有 Vue.js、Angular.js、Bootstrap、React.js 等。

后端开发是运行在后台并且控制前端的内容，它负责程序设计架构以及数据库管理和处理相关的业务逻辑，主要考虑功能的实现以及数据的操作和信息的交互等。后端开发对开发团队的技术要求相对较高，借助后端开发框架技术，可以简化后端开发过程，使其变得相对容易。后端框架技术往往和后端功能实现所用的语言有关。目前，流行的 Web 后端框架技术有 Laravel、Spring MVC、Spring Boot、MyBatis、Phoenix、Django、Flask 等，后面将结合后端实现的语言为读者介绍 Laravel、Spring Boot、Django 三种 Web 后端开发主流框架技术。

1.5　Web 前端框架

前端框架一般指用于简化网页设计的框架，使用广泛的前端开发套件有 Angular.js、Vue.js 和 React.js 等，这些框架封装了一些功能，比如 HTML 文档操作、漂亮的各种控件（按钮、表单等），使用前端框架有助于快速建立网站。

随着互联网的快速发展，Web 应用不断推陈出新，Web 前端技术发挥着举足轻重的作用。如今智能化设备全面普及使得 Web 前端页面变得越来越复杂，从视觉体验到对用户的友好交互、技术特效等的要求越来越高，系统的维护要求不断提升。前端技术的不断演进也带来了前端开发模式的不断改进，在基于前端开发逐渐趋于复杂性的背景下，Web 前端框架技术也成了人们关注的焦点。大多数的 Web 框架都提供了一套开发和部署网站的方式，实现了数据的交互和业务功能的完善。开发者使用 Web 框架只需要考虑业务逻辑，因此可以有效地提高开发效率。

在 Web 发展早期，页面的展示完全由后端 PHP、JSP 控制。Ajax 技术的出现给用户带来了新的体验，前后端通过 Ajax 接口进行交互，分工逐渐清晰，伴随着 JavaScript 技术的革新，浏览器端的 JavaScript 代替了服务器端的 JSP 页面，其可以依靠 JavaScript 处理前端复杂的业务逻辑，但是代码的复杂度仍然很高，因此为了提升开发效率，简化代码，便于后期维护，在开发中应用分层的架构模型应运而生。

1.5.1 MVC 框架模式

MVC（Model-View-Controller，模型-视图-控制器）框架模式即为模型（Model）、视图（View）和控制器（Controller）的分层模式。模型层用于处理数据的部分，能够直接针对相关数据进行访问，针对应用程序业务逻辑的相关数据进行封装处理；视图层能够显示网页，由于视图层没有程序逻辑，因此需要对数据模型进行监视和访问；控制层主要体现在对应用程序流程的控制，以及对事件的处理和响应上。控制层能够获取用户事件信息，通知模型层进行更新处理，由模型层将处理结果发送给视图层，视图层的相关显示信息随之发生改变，因此控制层对于视图层和模型层的一致性进行了有效的调节和控制。下面以用户提交表单为例，展示 MVC 的设计模式。MVC 模式示意图如图 1-10 所示。

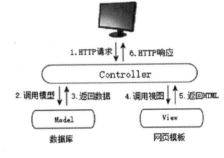

图 1-10

在图 1-10 中，当用户提交表单时，控制器接收到 HTTP 请求，向模型发送数据，模型调用数据将数据返回至控制器，控制器调用视图将处理结果发送至浏览器，浏览器负责网页的渲染。

前端 MVC 模式中广泛使用的框架为 Backbone.js、Ember.js 等。Backbone.js 的优势在于可以较好地解决系统应用中的层次问题，同时应用层中的视图层在模型数据修改后，可以及时地对自身页面数据进行修改，此外可以通过定位有效地找到事件源头，解决相关问题。Ember.js 广泛应用于桌面开发中，借助于该框架的优势，能够实现模块化、标准化的页面设计与分类，保证 MVC 运行的效率。除此之外，Ember.js 框架能够有效地结合大数据系统的优势，将整个运行过程中所产生的各种参数及时、有效地记录在档案数据库中。

MVC 模式最早应用于桌面应用程序中，随着 Web 前端的发展，复杂程度逐渐增加，MVC 模式被广泛应用于后端的开发，实现数据层与表示层分离。作为早期的框架模式，MVC 模式主要的优势在于能够清晰地分离视图和业务逻辑，满足不同用户的访问需求，在一定程度上降低了设计大型 Web 应用的难度。但是由于内部原理较为复杂，并且定义不够明确，因此开发者需要明确前端 MVC 框架的使用范围，并且需要耗费大量的时间和精力解决 MVC 模式运用到应用程序的问题。另外，MVC 严格的分离模式也导致每个构件均需要经过彻底的测试才能使用，使得在相当长的一段时间内，MVC 模式不适用于中小型项目。随着技术的发展，部分框架能够直接对 MVC 提供支持，但是在实现多用户界面的大型 Web 应用上，开发者仍需要花费大量时间，不利于开发效率的提升。

1.5.2 MVP 框架模式

MVP（Model-View-Presenter，模型-视图-表示器）框架模式是由 IBM 公司于 2000 年开发的一种模式，是 MVC 模式的改进，主要用来隔离 UI 和业务逻辑，旨在使 Web 应用程序分层和提高测试效率，以前在 MVC 里，View 是可以直接访问 Model 的！从而，View 里会包含 Model 信息，不可避免的还要包括一些业务逻辑。其中，Model 提供数据，View 负责显示，Presenter 负责逻辑的处理，在 MVP 中 View 并不直接使用 Model，它们之间的通信是通过 Presenter（MVC 中的 Controller）来进行的，所有的交互都发生在 Presenter 内部，而在 MVC 中 View 会直接从 Model 中读取数据而不是通过 Controller。在 MVP 模式中，首先，View 与 Model 完全隔离，使得模型层的业务逻辑具备了较好的灵活性；其次，Presenter 与 View 的具体实现无关，应用可以在同一个模型层适配多种技术并构建视图层。同时，由于 View 和 Model 没有直接关系，因此 MVP 模式可以进行 View 的模拟测试。

MVP 模式和 MVC 模式都具有相同的分层架构设计，均由视图进行显示，模型管理数据。它们的区别是，在 MVP 中，视图和模型之间的通信是通过 Presenter 进行的，所有的交互都发生在 Presenter 内部，而在 MVC 中，View 直接从 Model 中读取数据，而不是通过 Controller。由于 MVP 模式中的 View 和 Model 层之间没有关系，因此可以将 View 层抽离为组件，在复用性上比 MVC 模型具有优势。

作为 MVC 模式的演变，MVP 模式主要是为了解决 MVC 模式中 View 对 Model 的依赖。MVP 模式的优点在于模型和视图完全分离，开发者可以只修改视图而不影响模型，并且可以更高效地使用模型。同时，由于所有的交互都在 Presenter 内部完成，因此可以更高效地应用模型，另外可以脱离用户接口测试业务逻辑。其劣势在于 View 和 Presenter 的接口使用量较大，使得 View 和 Presenter 的交互过于频繁。在用户界面较为复杂的情况下，一旦 View 发生改变，View 和 Presenter 之间的接口必然发生变更，导致接口群的需求量增加，因此适用于开发后期需要不断维护且较大型的项目。

1.5.3　MVVM 框架模式

MVVM（Model-View-ViewModel，模型-视图-视图模型）框架模式的结构如图 1-11 所示。

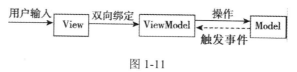

图 1-11

MVVM 模式的出现是为了解决 MVP 模式中由于 UI 种类变化频繁导致接口不断增加的问题。其设计思想是"数据驱动界面"，以数据为核心，使视图处于从属地位。该模式只需要声明视图和模型的对应关系，数据绑定由视图模型完成，相当于 MVC 模式的控制器，实现了视图和模型之间的自动同步。

MVVM 模式简化了 MVC 和 MVP 模式，不仅解决了 MVC 和 MVP 模式中存在的数据频繁更新的问题，同时使界面与业务之间的依赖程度降低。在该模式中，视图模型、模型和视图彼此独立，视图察觉不到模型的存在。这种低耦合的设计模式具有以下优势：

1）低耦合。View 可以不随 Model 的变化而修改，一个 ViewModel 可以绑定到不同的 View 上，当 View 变化时，Model 可以不变；当 Model 变化时，View 也可以不变。

2）可重用性。将视图逻辑放在 ViewModel，View 将重用视图逻辑。

3）独立开发。开发人员可以专注于业务逻辑和数据的开发，设计人员可以专注于界面的设计。

4）可测试性。可以针对 ViewModel 对 View 进行测试。

MVVM 框架模式是 MVC 精心优化后的结果，适合编写大型 Web 应用。在开发层面，由于 View 与 ViewModel 之间的低耦合关系，使得开发团队分工明确而相互之间不受影响，从而提升开发效率；在架构层面，由于模块间的低耦合关系，使得模块间的相互依赖性降低，项目架构更稳定，扩展性更强；在代码层面，通过合理地规划封装，可以提高代码的重用性，使整个逻辑结构更为简洁。

MVVM 模式中应用较为广泛的框架有 Angular.js、React.js、Vue.js 等，我们重点对 MVVM 模式的主流框架进行分析。

目前，优秀的前端开发框架很多，在选择上建议：①与需求相匹配的框架；②与浏览器兼容性好的框架；③组件丰富，支持插件的框架；④文档丰富，社区大的框架；⑤高效的框架。

1.5.4　前端框架的发展现状

早期的 Web 前端主要包含 HTML、CSS 与 JavaScript 三大部分，其中 HTML 主要负责页面结构，CSS 主要负责页面样式，JavaScript 主要控制页面行为和用户交互，前端仅限于网页的设计，大部分功能需要依赖后端实现。随着 Web 应用的迅速发展，前端的功能性越来越强，开发难度逐渐增大。一大批优秀前端框架的出现推动了前端技术的发展，降低了开发成本，提升了开发效率。起初的 JavaScript 框架 jQuery 凭借便捷的 DOM 操作、支持组件选择、内部封装 Ajax 操作等特点占据着主导地位。随着前端的进一步发展，利用 jQuery 开发 Web 应用无法分离出业务逻辑、交互逻辑和 UI 设计，增加了代码的维护难度。MVVM 设计模式的出现实现了数据和视图的自动绑定，将 DOM 操作从业务代码中剥离，提高了代码的可维护性和复用性。

国外前端开发起步早于国内，涌现了较多的高水平 Web 框架，并且能够较好地支持移动端。目前，国内知名互联网公司致力于开发高水平的开源 Web 前端框架，总体水平已经达到了较高的程度。百度前端团队开发的 QWrap 突破了 jQuery 的局限，提供了原型功能，为广大用户带来了便利；腾讯非侵入式的 JX 前端框架实现了 JavaScript 的扩展工具套件，于 2012 年切换到 GitHub，具有较优的执行效率，无过度的封装，并且努力探索前端使用 MVP、MVC 等模式构建大型 Web 应用，淘宝内部使用的 Web 框架 KISSY 是一款跨终端、模块化、高性能、使用简单的 JavaScript 框架，具备较为完整的工具集以及面向对象、动态加载、性能优化的解决方案，为移动端的适配和优化做出了巨大贡献。

在互联网快速发展的今天，前端框架被广泛应用。为了适应网站的大量需求，加快开发网站的效率，大型互联网厂商纷纷构建满足各自业务的前端框架，如 Element UI 和 Ant Design 分别是饿了么和阿里巴巴自研的前端 UI 组件库。工具的发展和前端的发展相辅相成，JavaScript 的每次进步都会带动浏览器厂商和相关开发工具的进步，同时也为浏览器的兼容性提出了更合理的解决办法。

前端框架技术的发展日趋成熟，未来前端在已经趋向成熟的技术方向上会慢慢稳定下来，进入技术迭代优化阶段，新的 Web 思想也会给前端带来新的技术革新和发展机遇。

1.6　前端主流框架

讲到前端的框架，读者想必都能脱口而出：Angular.js、React.js、Vue.js 等。本节将介绍这几个框架的特点以及在项目中如何抉择框架的使用等问题。

1.6.1　Angular.js 框架

Angular.js 框架是谷歌公司于 2009 年发布的一款 MVVM 模式的框架，具有双向数据绑定、模块化、依赖注入、组件、管道、模板驱动等特征。在 Angular.js 中，模型和视图模型通过$scope 对象互动，模型不包含相关逻辑，通过$http 获取服务器端的数据，依靠模块依赖实现数据共享。另外，Angular.js 内含丰富的内置指令，可以减少代码量，实现购物车、商品列表等，自定义指令和服务有效地提高了代码的复用性。另外，由于内部嵌入了 jQLite，使得由 JavaScript 控制视图模型变得简单，对于用户的交互事件，则利用$scope 的行为逻辑，通过视图模型来改变模型，通过$scope 的"脏检查机制"更新到 View，进而实现了视图和模型的分离。

Angular.js 使得开发现代的单一页面应用程序（Single Page Application，SPA）更加容易。总的来说，Angular.js 为程序开发者提供了以下便利：把应用程序数据绑定到 HTML 元素，可以克隆和重复 HTML 元素，可以隐藏和显示 HTML 元素，可以在 HTML 元素"背后"添加代码，支持输入验证。

Angular.js 是一种构建动态 Web 应用的结构化框架，是为了克服 HTML 在构建应用上的不足而设计的，它把应用程序数据绑定 HTML 元素，能在 HTML 元素"背后"添加代码，还可以克隆、重复、隐藏或显示 HTML 元素，支持输入验证，使得开发现代的单一页面应用程序变得更加容易。其优点有：

1）指令丰富，模板功能强大，自带了极其丰富的 Angular.js 指令，还可以自定义指令并能在项目中多次重复使用这些指令。

2）功能相对完善，包括模板、服务、数据双向绑定、模块化、路由、过滤器、依赖注入等功能。更多关注构建 CRUD（增、删、改、查）应用，适用于大多数项目，可应用于大型 Web 项目。

3）速度快，生产效率高。能将模板转换成代码，并能对代码进行优化，在服务器端渲染应用的首屏几乎瞬间展现，还能通过新的组件路由模块实现快速加载，可以自动拆分代码，为用户单独加载加速助力，利用简单强大的模板语法创建 UI 视图，大大提高了生产率。

4）强大的社区支持，它是由互联网巨人谷歌开发的，具有坚实的基础和强大的社区支持。

Angular.js 框架还存在一些缺点，比如：

1）对于特别复杂的应用场景，性能受浏览器限制，并且与某些浏览器的兼容性不是特别好，比如 IE 6.0。

2）在视图嵌套上存在缺陷，目前没有更好的方法实现多视图嵌套。

3）页面更新速度慢，当页面数据发生变化时，就会自动触发脏值检查机制，随着页面绑定的数据越来越多，页面更新就会变得越来越慢。

4）缺乏轻量级的版本，用户学起来相对不容易上手，表单校验需要手写指令提示错误，用起来相对麻烦。

1.6.2　React.js 框架

React.js 框架由 Facebook 内部团队开发，于 2013 年 5 月开源。React.js 问世后，其单页面应用、虚拟 DOM、高性能、组件化、单向数据流等特点是对整个前端领域的颠覆。在 React.js 中所提及的页面均由组件构成，实现逻辑由 JavaScript 动态生成。组件化的设计也充分体现了低耦合性能，最大限度地实现了高可复用性。

在 React.js 中采用虚拟 DOM 原理，通过 JSX 语法绘制出来的元素只是一种类似 DOM 的数据结构，并不是真正的 DOM，这种原理大大减少了 DOM 节点的操作频率，优化了性能。另外，React.js 中的数据流是单向的，数据通过组件 props 和 state 层层向下传递，如果要添加反向数据流，则需要通过父组件将回调函数传递给子组件。每当状态更新时，触发回调，父组件调用 setState 重新渲染页面。

1.6.3　Vue.js 框架

Vue.js 框架于 2014 年发布，是一款友好的、多用途且高性能的 JavaScript 框架，采用 MVVM 模式。其能够帮助创建可维护性和可测试性更强的代码，是目前所有主流框架中学习曲线最平缓的框架。Vue.js 框架是渐进式的，所谓的渐进式是指框架分层，最核心的部分是视图层渲染，向外依次为组件机制、路由机制、状态管理和构建工具。Vue.js 有足够的灵活性来适应不同的需求，除了引入虚拟 DOM 外，还提供支持 JSX 和 TypeScript，支持流式服务端渲染，提供了跨平台的能力等特征，很适合搭建类似于网页版"知乎"这种表单项繁多，且内容需要根据用户的操作进行修改的网页版应用。

Vue.js 框架与 Angular.js 框架有很多相似之处，例如数据双向绑定、指令、路由等均可以开发单页面应用。但是，两者在数据双向绑定上实现方式有所不同，由于 Angular.js 的脏检查机制，导致监听的数据越多，绑定实现得越慢；而 Vue.js 的数据劫持方式速度会快很多，只要监测到数据发生变化就会更新视图，尤其在数据增加时，Vue.js 框架的优势更加明显。

Vue.js 框架与 React.js 框架相比，均使用了虚拟 DOM，提供了响应式和组件化的视图组件，将注意力集中保持在核心库，而将其他功能（如路由和全局状态管理）交给相关的库。Vue.js 和 React.js 的区别在于：

1）React.js 组件的变化会导致重新渲染整个组件子树，而 Vue.js 系统能确定具体需要被渲染的组件，开发者不需要考虑组件渲染的优化。

2）React.js 是用 JavaScript 语言编写的一个库，是一个声明式、高效且灵活的用于构建用户界面的 JS 库，所有组件的渲染功能都依靠 JSX，而 Vue.js 有自带的渲染函数，支持 JSX，并且可以使用官方推荐的模板渲染视图。

3）React.js 通过 CSS-in-JS 方案实现 CSS 作用域，而 Vue.js 通过为 style 标签加 scoped 标记实现。

4）React.js 的路由库和状态管理库由社区维护，而 Vue.js 的路由库和状态管理库由官方维护，并且支持与核心库的同步更新。

1.6.4　Bootstrap 框架

Bootstrap 框架是基于 HTML、CSS、JavaScript 开发的简洁、直观、强悍的前端开发框架，具有特定网格系统和 CSS 媒体查询功能，能够确保响应式开发更具稳定性，以解决目前出现的浏览器兼容或者屏幕分辨率等问题，使得 Web 开发更加方便快捷。其优点有：

1）丰富的组件，使快速搭建漂亮、功能完备的前端界面成为可能，包含下拉菜单、按钮组、按钮下拉菜单、导航、导航条、路径导航、分页、排版、缩略图、警告对话框、进度条、媒体对象等组件。

2）支持插件，使组件动态化，包含模式对话框、标签页、滚动条、弹出框等插件。丰富的组件和插件为前端敏捷开发提供资源平台，从一定程度上可以节约素材搜寻时间和插件，提高开发效率。

3）跨浏览器、跨设备的响应式设计，可兼容现代所有主流浏览器，能够自适应不同分辨率的 PC、iPad 和手机端，并且不同设备屏幕之间可以来回切换，移动设备优先，适用于大型项目开发。

4）基于 Less 进行 CSS 预处理，可进行拓展并降低后期维护成本。

Bootstrap 框架还存在一些缺点，比如：

1）定制会产生大量代码冗余，不适合小型项目和特殊需求者。

2）对低版本的浏览器兼容性不好，页面显得死板。

3）数据加载和传达受地域网络限制。

目前，优秀的前端开发框架很多，建议选择：①与需求相匹配的框架；②与浏览器兼容性好的框架；③组件丰富，支持插件的框架；④文档丰富，社区大的框架；⑤高效的框架。

1.7　后端主流框架

首先要分清，Web 后端技术不等于后端框架技术。框架技术更复杂、更广泛。目前，优秀的后端开发框架很多，建议考虑：①与编程语言相匹配的框架；②尽量选择具有大量文档和大型社区的框架；③为库选择有更多灵活性的框架；④安全性好的框架；⑤可扩展性强的框架。

常见的后台框架有 Laravel 框架、Spring Boot 框架和 Django 框架。

1.7.1 Laravel 框架

Laravel 是一个基于 PHP 的后端框架，其语法整洁优雅，适用于各种开发模式，具有个性化的数据库迁移系统和强大的生态系统，适应大型团队的开发能力。其优点有：

1）对象关系映射实现，使从数据库中获取数据变得非常容易，而且不必考虑数据库的兼容性。

2）一站式路由处理，简单直观。用一个 Web.php 文件来处理所有路由，还具有路由分组和模型绑定功能，可以使视图直接从路由本身返回，跨过访问控制器。

3）按约定编程，忽略细节，使用户轻松地工作。

4）开箱即用，在设置用户身份验证的同时创建所有重要的组件，简单快捷。

5）提供最简练和最有用的命令行接口 Artisan，用户只需要传递命令，剩下的都交给框架来处理。

6）应用模板使渲染速度更快，测试驱动开发使测试自动化。

Laravel 还存在一些缺点，比如：

1）基于组件式的框架，比较臃肿，开发速度相对来说并不快。

2）框架大，运行效率低，内置支持较少。

3）框架较复杂，上手比一般框架要慢，学习成本高，缺乏指引文档，初学者并不容易上手。

1.7.2 Spring Boot 框架

Spring Boot 为基于 J2EE 架构的 Web 后端集成开发框架。Spring Boot 框架从 Spring 框架发展而来，在 Spring 框架的基础上简化了默认配置，如支持在应用程序中嵌入 Web 服务器实现可独立运行的 Web 应用，从而简化 Web 应用的部署。

Spring Boot 是一个基于 Java 的组件一站式框架，简化了新 Spring 应用的初始搭建以及开发过程。Spring Boot 使用特定的方式来进行配置，不再需要开发人员定义样板化的配置方案，从而简化使用 Spring 的难度。其优点有：

1）配置简单，具有自动配置特性，开发项目只需要非常少的配置就可以搭建项目。

2）应用命令行接口，结合自动化配置，进一步简化应用开发过程。

3）依赖分组整合功能，使构建能以一次性添加方式来完成。

4）快速体验，简化 Spring 编程模型。

Spring Boot 框架还存在一些缺点，比如：

1）依赖太多，造成冲突和冗余。

2）缺少服务的注册和发现等解决方案。

3）缺少监控集成和安全管理方案。

1.7.3　Django 框架

Django 是一个基于 Python 的高级全能型框架，功能完善、文档齐全、开发敏捷、配置简单，能够快速地完成项目开发。其优点有：

1）开源框架，拥有完善的文档。其广泛的实践案例和完善的在线文档，给开发者搜索在线文档解决问题带来了便利。

2）功能完善，各种要素应有尽有。自带大量常用工具和框架，适合快速开发企业级网站。

3）强大的数据库访问组件，自助式后台管理，使数据库操作和完整的后台数据管理变得异常容易。

4）可插播的 App 设计理念和详尽的 Debug 信息，为个性化应用和代码错误的排查提供了便利。

Django 框架还存在一些缺点，比如：

1）重量级框架，对一些轻量级应用来说会存在很多冗余。

2）过度封装使改动起来比较麻烦。

3）模板问题使其灵活度变低。

目前，优秀的后端开发框架很多，建议考虑：①与编程语言相匹配的框架；②尽量选择具有大量文档和大型社区的框架；③为库选择有更多灵活性的框架；④安全性好的框架；⑤可扩展性强的框架。

1.8　渲染引擎及网页渲染

浏览器自从 20 世纪 80 年代后期到 90 年代初期诞生以来，已经得到了长足的发展，其功能也越来越丰富，包括网络、资源管理、网页浏览、多页面管理、插件和扩展、书签管理、历史记录管理、设置管理、下载管理、账户和同步、安全机制、隐私管理、外观主题、开发者工具等。在这些功能中，为用户提供网页浏览服务无疑是重要的功能。

渲染引擎能够将 HTML、CSS、JavaScript 文本及相应的资源文件转换成图像结果。渲染引擎的主要作用是将资源文件转化为用户可见的结果。在浏览器的发展过程中，不同的厂商开发了不同的渲染引擎，如 Tridend（IE）、Gecko（FF）、WebKit（Safari、Chrome、Android 浏览器）等。WebKit 是由苹果 2005 年发起的一个开源项目，引起了众多公司的重视，几年间被很多公司所采用，在移动端更占据了垄断地位。更有甚者，开发出了基于 WebKit 的支持 HTML 5 的 Web 操作系统（如 Chrome OS、Web OS）。

一张网页要经历怎样的过程才能抵达用户面前？首先是网页内容，输入 HTML 解析器，由 HTML 解析器解析，然后构建 DOM 树，在这期间如果遇到 JavaScript 代码，则交给 JavaScript 引擎处理；如果有来自 CSS 解析器的样式信息，则构建一个内部绘图模型。该模型由布局模块计算模型内部各个元素的位置和大小信息，最后由绘图模块完成从该模型到图像的绘制。在网页渲染的过程中，大致可分为以下三个阶段。

第一阶段，从输入 URL 到生成 DOM 树，包括如下步骤：

1）在地址栏输入 URL，WebKit 调用资源加载器加载相应资源。

2）加载器依赖网络模块建立连接，发送请求并接收答复。

3）WebKit 接收各种网页或者资源数据，其中某些资源可能同步或异步获取。

4）网页交给 HTML 解析器转变为词语。

5）解释器根据词语构建节点，形成 DOM 树。

6）如果节点是 JavaScript 代码，则调用 JavaScript 引擎解释并执行。

7）JavaScript 代码可能会修改 DOM 树结构。

8）如果节点依赖其他资源，如图片\CSS、视频等，则调用资源加载器加载它们，但这些是异步加载的，不会阻碍当前 DOM 树继续创建；如果是 JavaScript 资源 URL（没有标记异步方式），则需要停止当前 DOM 树的创建，直到 JavaScript 加载并被 JavaScript 引擎执行后才继续 DOM 树的创建。

第二阶段，从 DOM 树到构建 WebKit 绘图上下文，包括如下步骤：

1）CSS 文件被 CSS 解释器解释成内部表示。

2）CSS 解释器完成工作后，在 DOM 树上附加样式信息，生成 RenderObject 树。

3）RenderObject 节点在创建的同时，WebKit 会根据网页层次结构构建 RenderLayer 树，同时构建一个虚拟绘图上下文。

第三阶段，绘图上下文到最终图像呈现。绘图上下文是一个与平台无关的抽象类，它将每个绘图操作桥接到不同的具体实现类，也就是绘图具体实现类。绘图实现类可能有简单的实现，也可能有复杂的实现，如软件渲染、硬件渲染、合成渲染等。绘图实现类将 2D 图形库或者 3D 图形库绘制结果保存，交给浏览器界面进行展示。

上述是一个完整的渲染过程，现代网页很多都是动态的，随着网页与用户的交互，浏览器需要不断地重复渲染过程。

1.8.1　JavaScript 引擎

JavaScript 本质上是一种解释型语言，与编译型语言不同的是它需要一边执行一边解析，而编译型语言在执行时已经完成编译，可直接执行，有更快的执行速度。JavaScript 代码是在浏览器端解析和执行的，如果需要的时间太长，会影响用户体验，那么提高 JavaScript 的解析速度就是当务之急。JavaScript 引擎和渲染引擎的关系如图 1-12 所示。

图 1-12

JavaScript 语言是解释型语言，为了提高性能，引入了 Java 虚拟机和 C++编译器中的众多技术。现在 JavaScript 引擎的执行过程大致是：源代码→抽象语法树→字节码→JIT→本地代码（V8 引擎没有中间字节码）。

　　V8 更加直接地将抽象语法树通过 JIT 技术转换成本地代码，放弃了在字节码阶段可以进行的一些性能优化，但保证了执行速度。在 V8 生成本地代码后，也会通过 Profiler 采集一些信息来优化本地代码。

　　JavaScript 语言的性能与 C 语言相比还有不小的距离，可预见的未来估计也只能接近 C 语言，因为这是从语言类型上已经确定的结果。

1.8.2　Chrome V8 引擎

　　随着 Web 相关技术的发展，JavaScript 所要承担的工作越来越多，早就超越了"表单验证"的范畴，这就需要更快速地解析和执行 JavaScript 脚本。Chrome V8 引擎就是为解决这一问题而生的，在 Node.js 中也是采用该引擎来解析 JavaScript 的。

　　Chrome V8 也可以简单地说成 V8，是一个开源的 JavaScript 引擎，它是由谷歌 Chromium 项目团队开发的，应用在 Chrome 和基于 Chromium 的浏览器上。这个项目由 Lars Bak 创建。V8 引擎的第一个版本发行时间和 Chrome 的第一个版本发行时间是一样的，都是在 2008 年 9 月 2 日发行的。V8 同样用在 Couchbase、MongoDB 和 Node.js 上。

　　V8 在执行 JavaScript 之前，会将 JavaScript 编译成本地机器代码，来代替更多的传统技术，比如解释字节码或者编译整个应用程序到机器码，且从一个文件系统执行它。编译代码是在运行时动态地优化，且基于代码执行情况的启发方式。

　　V8 可以编译成 x86、ARM 或者 MIPS 指令设置结构的 32 位或者 64 位版本。同样，它也被安装在 PowerPC 和 IBM S390 服务器上。V8 目前被使用在：①Google Chrome、Chromium、Opera、Vivaldi 浏览器中；②Couchbase 数据库；③Node.js 运行环境；④Electron 软件框架，Atom 和 Visual Studio Code 的底层构件。

　　V8 引擎最初由一些程序设计语言方面的专家所设计，后被谷歌收购，随后谷歌将其开源。V8 使用 C++开发，在运行 JavaScript 之前，相比其他的 JavaScript 引擎转换成字节码或解释执行，V8 将其编译成原生机器码（IA-32、x86-64、ARM、MIPS CPUs），并且使用了如内联缓存（inline caching）等方法来提高性能。有了这些功能，JavaScript 程序在 V8 引擎下的运行速度可以媲美二进制程序。V8 支持众多操作系统，如 Windows、Linux、Android 等，也支持其他硬件架构，如 IA32、X64、ARM 等，具有很好的可移植和跨平台特性。

1.9　Vue.js 的基本概念

　　Vue.js 是一个构建数据驱动的 Web 界面的库。Vue.js 的目标是通过尽可能简单的 API 实现响应的数据绑定和组合的视图组件。

　　Vue.js 是一套用于构建用户界面的渐进式框架。与其他大型框架不同的是，Vue.js 被设计为可以自底向上逐层应用。Vue.js 的核心库只关注视图层，不仅易于上手，还便于与第三方库或既有项目整合。另外，当与现代化的工具链以及各种支持类库结合使用时，Vue.js 也完全能够为复杂的单页应用提供驱动。

这里假设读者已经了解了关于 HTML、CSS 和 JavaScript 的中级知识。如果刚开始学习前端开发，将框架作为学习的第一步可能不是最好的主意，需要掌握好基础知识再来学习。之前有其他框架的使用经验会有帮助，但这不是必需的。HTML、CSS 和 JavaScript 是基础，希望学完后再来学 Vue.js。

Vue.js 的核心是一个响应的数据绑定系统，它让数据与 DOM 保持同步非常简单。在使用 jQuery 手工操作 DOM 时，我们的代码常常是命令式的、重复的与易错的。Vue.js 拥抱数据驱动的视图概念。通俗地讲，它意味着我们可以在普通 HTML 模板中使用特殊的语法将 DOM"绑定"到底层数据。一旦创建了绑定，DOM 将与数据保持同步。每当修改了数据，DOM 便相应地更新。这样我们应用中的逻辑就几乎都是直接修改数据了，不必与 DOM 更新搅在一起。这让我们的代码更容易撰写、理解与维护。

Vue.js 组件类似于自定义元素——它是 Web 组件规范的一部分。实际上，Vue.js 的组件语法参考了该规范。例如，Vue.js 组件实现了 Slot API 与 is 特性。但是，有几个关键的不同：

1）Web 组件规范仍然远未完成，并且没有浏览器实现。相比之下，Vue.js 组件不需要任何补丁，并且在所有支持的浏览器（IE 9 及更高版本）之下表现一致。必要时，Vue.js 组件也可以放在原生自定义元素之内。

2）Vue.js 组件提供了原生自定义元素所不具备的一些重要功能，比如组件间的数据流、自定义事件系统以及动态的、带特效的组件替换。

组件系统是用 Vue.js 构建大型应用的基础。另外，Vue.js 生态系统也提供了高级工具与多种支持库，它们与 Vue.js 一起构成了一个更加"框架"性的系统。

1.10 Vue.js 的优缺点

Vue.js 的优点如下：

1）轻量高效，简单易学。只关注构建数据的 View 层，大小只有 20 KB 左右，简单轻巧，虚拟 DOM，灵活渐进式，运行速度快，还具有丰富完善的中文文档，易于理解和学习。

2）组件化。通过组件将一个单页应用中的各种模块拆分到一个个单独的组件中，方便重复使用，简化调试步骤，提升整个项目的可维护性，便于协同开发。

3）响应式数据绑定。也称双向数据绑定，即数据变化更新视图，视图变化更新数据。其采用数据劫持结合发布者—订阅者模式，自动响应数据变化，进行双向更新，在浏览器渲染过程中节省了很多不必要的数据修改，提高了系统工作的效率。

4）用户体验好，速度快。视图、数据和结构的分离使数据的更改更为简单，不需修改逻辑代码，仅需操作数据就能完成相关操作。而且其内容的改变不需要重新加载整个页面，对服务器压力较小，给用户一个更为流畅和友好的体验。

Vue.js 框架还存在一些缺点，比如：

1）初次加载耗时多，效率低。

2）大量封装，不利于 SEO（Search Engine Optimization，搜索引擎优化），报错又不明显，复杂的页面代码非常累赘。

3）社区不大，功能仅限于 View 层，Ajax 等功能需要额外的库，这点对于开发人员要求比较高，同时存在浏览器支持的局限，不支持 IE 8 浏览器。

4）生态环境小，维护风险大。Vue.js 框架是由个人开发团队开发和维护的，其发展时间不长，随着用户的增多，维护风险会比较大。

第2章

Vue.js 3 的语言基础

TypeScript 语言作为 JavaScript 的超集，已经越来越流行。TypeScript 是一种由微软开发的、开源的编程语言，近两年发展迅猛，越来越多的 JavaScript 项目正在迁移到 TypeScript，主流前端框架及 Node.js 对 TypeScript 的支持也越来越友好。自 2012 年 10 月发布首个公开版本以来，它已得到了人们的广泛认可。

2020 年 9 月，Vue.js 3.0 正式发布，这一版进行了重构和重写。这一版本为什么要从头开始写？或者说重构之后的 Vue.js 3 解决了此前哪些必须解决的问题？重写的主要原因一个是类型系统，另一个是内部逻辑分层。Vue.js 2 项目先基于 JavaScript，中期加入了 Flow 做类型检查，导致类型覆盖不完整。Flow 本身又破坏性地更新频繁，工具链支持也不理想，Vue.js 2 的内部逻辑分层不够清晰，对于长期维护是一个负担，这是一个不重写就很难彻底改善的问题。所以，Vue.js 3 用 TypeScript 进行了重写。这样使得 TypeScript 成为开发 Vue.js 3 的语言，以后如果要阅读 Vue.js 3 的源码，就必须要先掌握 TypeScript。

本章主要是为了照顾初学者，如果读者已经有 JavaScript 或 TypeScript 基础，可以跳过本章。

2.1 从 JavaScript 标准说起

JavaScript 是一种具有函数优先的轻量级、解释型或即时编译型的编程语言。JavaScript 基于原型编程、多范式的动态脚本语言，并且支持面向对象、命令式、声明式、函数式编程范式。JavaScript 最初由 Netscape 的 Brendan Eich 设计，最初将其脚本语言命名为 LiveScript，后来 Netscape 在与 Sun 合作之后将其改名为 JavaScript。JavaScript 最初是受 Java 启发而开始设计的，目的之一就是"看上去像 Java"，因此语法上有类似之处，一些名称和命名规范也借自 Java，但 JavaScript 的主要设计原则源自 Self 和 Scheme。

JavaScript 的标准是 ECMAScript。截至 2012 年，所有浏览器都完整地支持 ECMAScript 5.1，

旧版本的浏览器至少支持 ECMAScript 3 标准。2015 年 6 月 17 日，ECMA 国际（European Computer Manufacturers Association，前身为欧洲计算机制造商协会）组织发布了 ECMAScript 的第 6 版，该版本的正式名称为 ECMAScript 2015，但通常被称为 ECMAScript 6 或者 ES 2015。

2.1.1　ECMAScript 概述

ECMAScript 是一种由 Ecma 国际（Ecma International）通过 ECMA-262 标准化的脚本程序设计语言。这种语言在万维网上应用广泛，它往往被称为 JavaScript 或 JScript，所以它可以理解为 JavaScript 的一个标准，但实际上后两者是 ECMA-262 标准的实现和扩展。ECMAScript 实际上是一种脚本在语法和语义上的标准。

ECMAScript 6 简称 ES 6，它的目标是使得 JavaScript 语言可以用来编写复杂的大型应用程序，成为企业级开发语言。ES 6 目前基本成为业界标准，它的普及速度比 ES 5 要快很多，主要原因是现代浏览器对 ES 6 的支持相当迅速，尤其是 Chrome 和 Firefox 浏览器，已经支持 ES 6 中绝大多数的特性。

2.1.2　ECMAScript 和 JavaScript 的关系

一个常见的问题是，ECMAScript 和 JavaScript 到底是什么关系？要讲清楚这个问题，需要回顾历史。1996 年 11 月，JavaScript 的创造者 Netscape 公司决定将 JavaScript 提交给标准化组织 ECMA，希望这种语言能够成为国际标准。次年，ECMA 发布 262 号标准文件（ECMA-262）的第一版，规定了浏览器脚本语言的标准，并将这种语言称为 ECMAScript，这个版本就是 1.0 版。该标准从一开始就是针对 JavaScript 语言制定的，但是之所以不叫 JavaScript，有两个原因：一是商标，Java 是 Sun 公司的商标，根据授权协议，只有 Netscape 公司可以合法地使用 JavaScript 这个名字，且 JavaScript 本身已经被 Netscape 公司注册为商标。二是想体现这门语言的制定者是 ECMA，而不是 Netscape，这样有利于保证这门语言的开放性和中立性。

实际上，JavaScript 是由 ECMAScript、DOM 和 BOM 三者组成的。总之，ECMAScript 和 JavaScript 的关系是：ECMAScript 是 JavaScript 的规格，JavaScript 是 ECMAScript 的一种具体实现。

2.1.3　ES 6 为何重要

这个问题可以换一种问法，就是学完 ES 6 会给我们的开发带来什么样的便利？简单地讲，就是有能力做一名全栈开发者，即胜任前端与后端，能利用多种技能独立完成产品的人。

谷歌浏览器中解释 JavaScript 的引擎叫作 V8，有一个人（Ryan Dahl，Node.js 创始人）把 V8 引擎转移到了服务器，于是服务器端也可以写 JavaScript，这种在服务器端运行的 JavaScript 语言就是 Node.js。Node.js 一经问世，它优越的性能就表现出来了，很多基于 Node.js 的 Web 框架也应运而生，Express 就是其一。JavaScript 越来越多地使用到 Web 领域的各个角落，JavaScript 能做的事情也越来越多。Node.js 是后端开发趋势，Vue.js 这种前端框架也是开发趋势，它们的语言标准都是 ES 6，因此 ES 6 被普及使用也是趋势。目前其他一些前端框架也都在使用 ES 6 语法，例如 React.js、D3 等，所以 ES 6 是学习好前端框架的基础。

2.2 调试一个 JavaScript 程序

既然 ES 6 标准如此重要，那么它的实现 JavaScript 在业界也是举足轻重。我们先来开发一个 JavaScript 程序，以示尊重。这里我们开发调试 JavaScript 程序的 IDE（Integrated Development Environment，集成开发环境）是 VSCode。

Visual Studio Code（简称 VSCode/VSC）是一款于 2015 年由微软推出的免费开源的现代化轻量级集成开发环境，支持几乎所有主流的开发语言的语法高亮、智能代码补全、自定义热键、括号匹配、代码片段、代码对比 Diff 等特性，支持插件扩展，并针对网页开发和云端应用开发做了优化。一般我们开发 Web 应用推荐使用 WebStorm，但是目前处于学习阶段，没必要装那么大的一个 IDE，VSCode 对于初学者来说足够了。下面简单介绍使用 VSCode 调试 JavaScript 代码环境的配置。

可以从官网（https://code.visualstudio.com/Download）直接下载 VSCode，软件很小，才 75MB，下载的文件是 VSCodeUserSetup-x64-1.60.0。其安装很简单，一直单击 Next 按钮即可，这里使用的安装目录是 D:\VS Code。

调试 JavaScript 需要用到浏览器，比如谷歌 Chrome 浏览器或 Firefox 浏览器等。本书使用 Chrome 浏览器，没有的话下载安装一个。

【例 2-1】调试第一个 JavaScript 程序

1）打开 VSCode，准备安装插件 Debugger for Chrome，单击左边工具栏的 Extensions，在搜索框中输入"Debugger for Chrome"，然后按回车键，就可以搜索到了，如图 2-1 所示。单击 Install 按钮进行安装。

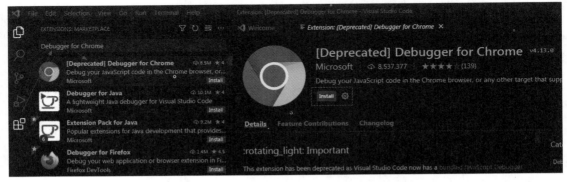

图 2-1

2）在本地创建一个目录，用来存放项目的静态文件，笔者这里创建的是 D:\demo。值得注意的是，如果没有创建项目的目录就没办法调试。

3）使用 VSCode 打开这个目录（File→Open Folder），并创建静态文件，这里创建两个文件：index.htm 和 index.js，index.htm 文件中引入 JavaScript 文件。这里是第一个例子，所以稍微啰唆一些，以帮助没有用过 VSCode 的朋友。新建文件的方法是在 EXPLORER 视图下单击 DEMO 右边第一个带加号的按钮，如图 2-2 所示。

图 2-2

然后会提示输入文件名，这里输入 index.htm 后按回车键即可。此时将出现编辑窗口，输入代码即可，此处带智能提示和自动缩进，代码输入过程非常轻松，代码如下：

```html
<!DOCTYPE html>
<html lang="en">
    <head>
        <meta charset="UTF-8">
        <meta name="viewport" content="width=device-width,initial-scale=1.0">
        <meta http-equiv="X-UA-Compatible" content="ie=edge">
        <title>我的第一个 JS 程序</title>
    </head>
    <body>
        a 和 b 的结果:
        <input type="text" id="text_1">
        <script src="index.js"></script>
    </body>
</html>
```

HTML 基本语法不准备多讲了，希望读者有 HTML 基础知识。我们通过标签<script>引用 index.js，index.js 是我们定义的 JavaScript 文件（后文若没有特别说明，JS 均为 JavaScript 的缩写形式），新建该文件的方法是在 EXPLORER 视图下单击 DEMO 右边第一个带加号的按钮，然后输入文件名 index.js，接着在编辑窗口中输入如下 JavaScript 代码：

```javascript
var a= 20;
var b=200;
console.log(a+b);
var a =a*10;
var b=b*10;
console.log(a+b);
document.getElementById("text_1").value = "a="+a+",b="+b;
```

逻辑很简单，就是 a 和 b 分别乘以 10，然后赋值到编辑框 text_1 中。

下面准备调试运行，直接按 F5 键，此时 IDE 中间上方会出现一个编辑框，让用户选择浏览器，这里选择第一个 Chrome，如图 2-3 所示。

图 2-3

单击 Chrome 后，VSCode 会自动帮助新建一个 launch.json 文件，该文件是用于调试的配置文件，比如指定调试语言环境、指定调试类型等。第一次调试运行程序的时候，就可以让 VSCode 自动帮我们创建出来，内容如下：

```
{
    // Use IntelliSense to learn about possible attributes.
    // Hover to view descriptions of existing attributes.
    // For more information, visit:
https://go.microsoft.com/fwlink/?linkid=830387
    "version": "0.2.0",
    "configurations": [
        {
            "type": "pwa-chrome",
            "request": "launch",
            "name": "Launch Chrome against localhost",
            "url": "http://localhost:8080",
            "webRoot": "${workspaceFolder}"
        }
    ]
}
```

这里我们准备使用静态方式调试，即使用 HTTP 服务器，所以将最后 3 行代码注释掉，并另外添加两行，修改后的内容如下：

```
{
    // Use IntelliSense to learn about possible attributes.
    // Hover to view descriptions of existing attributes.
    // For more information, visit:
https://go.microsoft.com/fwlink/?linkid=830387
    "version": "0.2.0",
    "configurations": [
        {
            "type": "pwa-chrome",
            "request": "launch",
            "name": "直接打开 index.htm",
            "file": "d:\\demo\\index.htm"
            //"name": "Launch Chrome against localhost",
            //"url": "http://localhost:8080",
            //"webRoot": "${workspaceFolder}"
        }
    ]
}
```

此时再按 F5 键，就会发现谷歌的 Chrome 浏览器自动打开 index.htm 网页，并在编辑框中显示 a 和 b 的值，如图 2-4 所示。

图 2-4

简直一气呵成，非常方便。下面我们设置断点进行单步调试。在 VSCode 中打开 index.js 文件，然后在第三行左边单击，此时会出现一个红点，这表示一个断点，程序运行到这里要暂停，如图 2-5 所示。

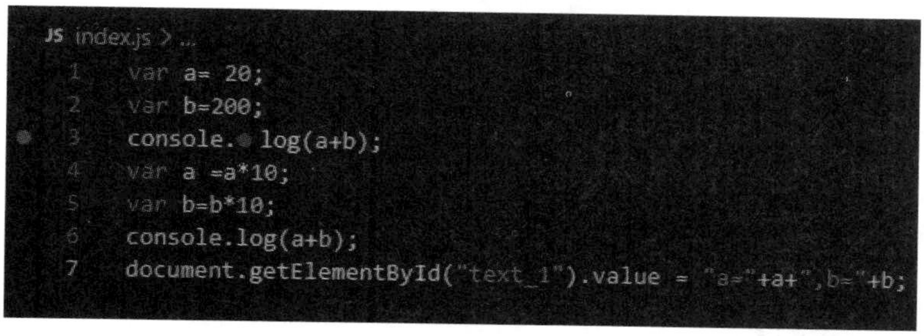

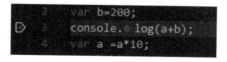

图 2-5

关闭 Chrome 浏览器，重新按 F5 键，此时程序运行到红点那一行就停下来了，而红点被一个箭头包围住了，如图 2-6 所示。

图 2-6

这个箭头表示程序当前运行到这一行，而且这一行还没运行，如果要运行这一行，就按 F10 键进行单步执行。并且，我们在 VSCode 左边可以看到一个 WATCH 视图，在这个视图中可以添加变量名称，比如 a 或 b，添加变量的方法是单击 WATCH 右边的加号按钮，然后就可以看到当前 a 或 b 的值了，如图 2-7 所示。

图 2-7

至此，调试功能就介绍完了。读者可以按 F10 键让程序单步运行试一下。VSCode 的调试能在一定程度上解决程序员调试 JavaScript 的难题，VSCode 的功能还是比较强大的。

另外，从这个例子可以看出，只需要有浏览器，就可以运行 JavaScript 程序。那没有浏览器能否运行 JavaScript 程序呢？答案是肯定的，如果有 JavaScript 程序的运行时环境，也是可以运行 JavaScript 程序的。这个运行时环境就是 Node.js。运行时是指一个程序在运行（或者在被执行）的环境依赖。

2.3 说说 JavaScript 运行时

当我们使用诸如 Chrome、Firefox、Edge 或者 Safari 等浏览器访问一个 Web 站点时，事实上每个浏览器都有一个 JavaScript 运行时环境。浏览器对外暴露的供开发者使用的 Web API 就位于其中。Ajax、DOM 树以及其他的 API 都是 JavaScript 的一部分，它们本质上就是浏览器提供的、在 JavaScript 运行时环境中可调用的、拥有一些列属性和方法的对象。除此之外，用来解析代码的 JavaScript 引擎也是位于 JavaScript 运行时环境中的。每一个浏览器的 JavaScript 引擎都有自己的版本。Chrome 浏览器用的是自产的 V8 引擎，后文中我们将以它为例进行分析。当 Chrome 接收到 JavaScript 代码或网页上的脚本，V8 引擎就开始解析工作。首先，它会检查语法错误，如果没有，按编写顺序解读代码，最终的目标是将 JavaScript 代码转换成计算机可以识别的机器语言。

我们可以把 JavaScript 的运行时环境看作一个大的容器，其中有一些其他的小容器。当 JavaScript 引擎解析代码时，就是把代码片段分发到不同的容器中。

2.3.1 Node.js 概述

讲完了 JavaScript 的语言标准，我们现在接着讲 JavaScript 的运行时。Node.js 不是一门语言，不是库，不是框架，而是一个 JavaScript 语言的运行环境，类似于 Java 语言的 JVM。它让 JavaScript 可以开发后端程序，实现几乎其他后端语言可以实现的所有功能，可以与 PHP、Java、Python、.NET、Ruby 等后端语言平起平坐。有了 Node.js，我们不用浏览器也可以执行 JavaScript 程序。

Node.js 基于 V8 引擎，V8 是谷歌发布的开源 JavaScript 引擎，本身就是用于 Chrome 浏览器的 JavaScript 解释部分，但是 Ryan Dah 把这个 V8 搬到了服务器上，用于做服务器的软件。在 Node.js 这个 JavaScript 执行环境中，为 JavaScript 提供了一些服务器基本的操作，比如文件读写、网络服务的构建、网络通信、HTTP 服务器的处理等。接下来介绍 Node.js 的优势。

1. Node.js 的语法完全是 JavaScript 语法

只要懂 JavaScript 基础就可以学会 Node.js 后端开发，Node.js 打破了过去 JavaScript 只能在浏览器中运行的局面。前后端编程环境统一，可以大大降低开发成本。

2. 超强的高并发能力

Node.js 的首要目标是提供一种简单的、用于创建高性能服务器及可在该服务器中运行的各种应用程序的开发工具。首先让我们来看一下现在的服务器端语言中存在着什么问题。在 Java、PHP 或者.NET 等服务器语言中，会为每一个客户端连接创建一个新的线程。而每个线程需要耗费大约 2MB 内存。也就是说，理论上，一个 8GB 内存的服务器可以同时连接的最大用户数为 4000 个左右。要让 Web 应用程序支持更多的用户，就需要增加服务器的数量，而 Web 应用程序的硬件成本当然就上升了。

Node.js 不会为每个客户连接创建一个新的线程，而是仅仅使用一个线程。当有用户连接了，就触发一个内部事件，通过非阻塞 I/O、事件驱动机制让 Node.js 程序宏观上也是并行的。使用 Node.js，一个 8GB 内存的服务器可以同时处理超过 4 万用户的连接。

3. 实现高性能服务器

严格地说，Node.js 是一个用于开发各种 Web 服务器的开发工具。在 Node.js 服务器中，运行的是高性能 V8 JavaScript 脚本语言，该语言是一种可以运行在服务器端的脚本语言。那么，什么是 V8 JavaScript 脚本语言呢？该语言是一种被 V8 JavaScript 引擎所解析并执行的脚本语言。V8 JavaScript 引擎是由谷歌公司使用 C++语言开发的一种高性能 JavaScript 引擎，该引擎并不局限于在浏览器中运行。Node.js 将其转用在了服务器中，并且为其提供了许多附加的具有各种不同用途的 API。例如，在服务器中，经常需要处理各种二进制数据。在 JavaScript 脚本语言中，只具有非常有限的对二进制数据的处理能力，而 Node.js 所提供的 Buffer 类则提供了丰富的对二进制数据的处理能力。

另外，在 V8 JavaScript 引擎内部使用了一种全新的编译技术。这意味着开发者编写的 JavaScript 脚本代码与开发者编写的 C 语言（更贴近硬件层）具有非常相近的执行效率，这也是 Node.js 服务器的一个重要特性。

2.3.2　安装 Node.js

这里首先强调一点，当前新版的 Node.js 已经不支持 Windows 7。事实上，从 14 版开始就不支持了，目前支持 Windows 7 的版本有 node-v13，但不建议读者使用了，因为和新版的 vue-cli 会有兼容性的问题。建议读者直接在 Windows 10 上使用新的长期支持版的 Node.js，该版本可以到官网（地址：https://nodejs.org/）去下载。这里下载的版本是 16.13.1 LTS，LTS 是长期支持的意思。下载下来的文件是 node-v16.13.1-x64.msi。双击该文件，开启傻瓜式安装，在安装过程中，同时会安装 npm 这个包管理器，而且默认添加了环境变量（见 Add to PATH），如图 2-8 所示。

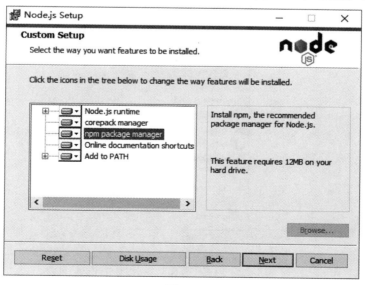

图 2-8

按照对话框的提示单击 Next 按钮直到出现 Finish 按钮。笔者安装在默认路径：C:\Program Files\nodejs\，读者也可以根据自己的喜好进行设置，不过建议采用默认设置。

安装完毕后，可以检查一下安装是否成功，按快捷键 WIN+R 打开命令提示符（CMD）窗口，输入 node -v 后按回车键，查看 Node.js 版本号，出现版本号则说明安装成功（以管理员身份启动命令提示符窗口，即右击命令提示符窗口图标，在弹出的快捷菜单中选择"以管理员身份运行"选项），如下所示：

```
C:\Users\Administrator>node -v
v16.13.1
```

成功安装 Node.js，就可以在命令行下用 node 命令来运行 JavaScript 程序。比如有一个 JavaScript 文件 main.js，在命令行下直接输入命令"node main.js"即可。但 Node.js 只认识纯 ES 6 的内容，像 JavaScript 程序中的 DOM（Document Object Model，文档对象模型）是无法识别的。HTML DOM 定义了访问和操作 HTML 文档的标准方法。

2.3.3　Node.js 的软件包管理器

npm（node package manager）是 Node.js 自带的软件包管理工具，简称包管理器。包管理器 npm 完全用 JavaScript 写成，最初由艾萨克·施吕特（Isaac Z. Schlueter）开发。艾萨克表示自己意识到"模块管理很糟糕"的问题，并看到了 PHP 的 Pear 与 Perl 的 CPAN 等软件的缺点，于是编写了 npm。npm 可以管理本地项目所需要的模块并自动维护依赖情况，也可以管理全局安装的 JavaScript 工具。总之，npm 是 Node.js 的包管理器，用于 Node.js 插件管理（包括安装、卸载、管理依赖等）。

npm 是集成在 Node.js 中的，所以前面我们安装 Node.js 时，npm 也自动安装上了，直接输入 npm -v 就会显示 npm 的版本信息，如下所示：

```
C:\Users\Administrator>npm -v
8.1.2
```

我们到 C:\Program Files\nodejs\下可以查看其内容，如图 2-9 所示。

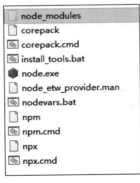

图 2-9

其中，node_modules 存放 Node.js 模块，npm.cmd 表示包管理器，node.exe 是 Node.js 的启动程序，它负责引导启动整个 JavaScript 引擎，读取配置，然后初始化环境。

默认情况下，通过 npm 安装的软件包，都会安装在如下路径：

```
C:\Users\Administrator\AppData\Roaming\npm\node_modules
```

Node.js 刚装好时，C:\Users\Administrator\AppData\Roaming\npm 是一个空目录。我们用 npm 命令安装其他软件包时，如果没有更改这个路径，则会存放到这里。可以用命令查看一下当前软件包的存储路径，在命令行下输入命令 npm config get prefix，执行结果如下：

```
C:\Users\Administrator>npm config get prefix
C:\Users\Administrator\AppData\Roaming\npm
```

由结果可知，存储路径是 C:\Users\Administrator\AppData\Roaming\npm。若要进一步证实 npm 成功安装好了，可试着用它来安装一个软件。在命令提示符窗口中输入如下命令：

```
npm install webpack -g
```

Webpack 是我们要安装的软件包。选项-g 相当于--global，表示要将软件包安装到 npm config get prefix 中指定的全局目录。

稍等片刻，安装完成。可以马上到 C:\Users\Administrator\AppData\Roaming\npm 下去查看，会发现有一堆东西了，如图 2-10 所示。

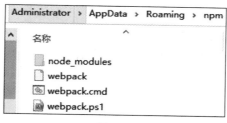

图 2-10

至此证明，软件包的确是安装到这个目录下的。这个 Webpack 软件包暂时用不着，我们可以先卸载它，在命令行下输入卸载命令：

```
npm uninstall webpack -g
```

有读者会问，以后随着其他软件包的增多会影响 C 盘的存储空间，能否把软件包安装到其他路径，比如 D 盘等？这是一个好问题，笔者也不喜欢把一大堆东西都装在 C 盘，幸运的是，npm 都帮助我们想好了，可以通过命令修改软件包的默认安装路径：

```
npm config set prefix="D:\mynpmsoft"
```

其中 D:\mynpmsoft 是自定义的目录，可以不必预先建立该文件夹。此时再查看安装路径，可以发现发生变化了：

```
C:\Users\Administrator>npm config get prefix
D:\mynpmsoft
```

好了，现在我们再来安装 Webpack 软件包，看看是否会存储到新路径中。在命令提示符窗口输入如下命令：

```
npm install webpack -g
```

稍等片刻安装完成，可以看到 D:\mynpmsoft 下有内容了，如图 2-11 所示。

图 2-11

这就说明软件包的安装路径修改成功。好奇的读者要问了，npm 如何知道新安装的软件存储在哪里？答案是通过配置文件，我们可以在命令行下输入编辑 npm 配置的命令：

```
npm config edit
```

按回车键后，将打开一个名为.npmrc 的文本文件，其中有一行内容"prefix=D:\mynpmsoft"，如图 2-12 所示。

图 2-12

该路径（D:\mynpmsoft）是我们刚才设置的软件包的存储路径，原来是在名为.npmrc 的文本文件中存储着呢。这个文件（.npmrc）存放地址为 C:\Users\Administrator，读者可以去看一下。我们终于知道背后的故事了。现在把 Webpack 卸载掉，在命令行输入卸载命令：

```
npm uninstall webpack -g
```

行文至此，似乎该结束本节了，但如果读者又想回到原来的默认位置，该怎么办呢？是不是卸载 Node.js 再重装就可以了呢？答案是否定的。不信可以试一下，即重装 Node.js 后，再安装 Webpack，看看它是否回到默认路径（C:\Users\Administrator\AppData\Roaming\npm）下。那么正确的方法是什么呢？答案是把 C:\Users\Administrator 的.npmrc 文件删除后，再安装 Webpack（npm install Webpack –g），可以发现 Webpack 又重新安装到默认路径（C:\Users\Administrator\AppData\Roaming\npm）下了。

至此，终于做到来去自如了。短短几行字，当初笔者研究了整整一天，卸载重装 Node.js 几十次，终于搞清了奥秘所在。现在我们依旧先删除 Webpack，然后设置安装路径到 D:\mynpmsoft，命令如下：

```
npm config set prefix="D:\mynpmsoft"
```

这个命令运行完毕，就会在 C:\Users\Administrator 下自动新建一个名为.npmrc 的文件。以后我们把软件包都安装在这个目录下，这样可以节省 C 盘空间。

2.3.4　包管理器 cnpm

　　npm 作为包管理器相对来说比较好用，但是由于服务器有时速度会慢一点，因此还可以使用淘宝的镜像及其命令 cnpm（即淘宝 npm），当然，如果读者在使用 npm 的过程中觉得还可以，也可以不安装 cnpm。

　　cnpm 是一个完整 npmjs.org 镜像，可以用此代替官方版本（只读），同步频率目前为 10 分钟一次，以保证尽量与官方服务同步，cnpm 就是 npm 在国内的镜像。以管理员身份打开命令提示符窗口，然后使用以下命令来安装 cnpm：

```
npm install -g cnpm --registry=https://registry.npm.taobao.org
```

稍等片刻安装完成，如图 2-13 所示。

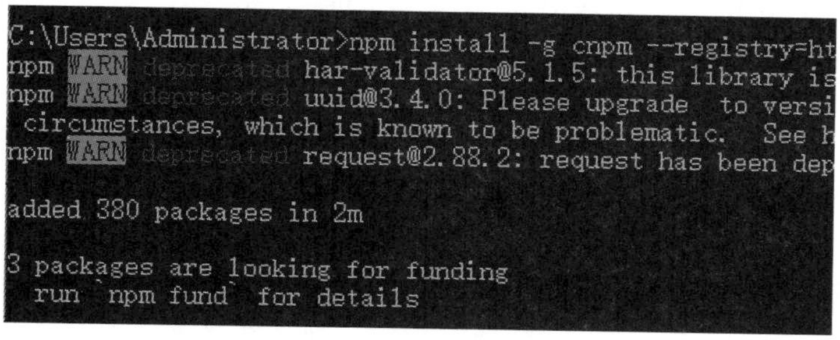

图 2-13

然后输入 cnpm -v 命令，查看版本，如图 2-14 所示。

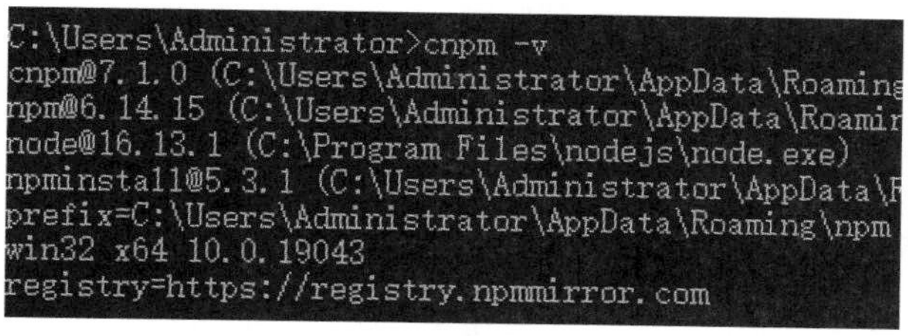

图 2-14

2.4　为何要学 TypeScript

　　如今的 JavaScript 已经不再是当初那个在浏览器网页中写写简单的表单验证、没事弹个 Alert 框吓吓人的跑龙套角色了。借助基于 V8 引擎的 Node.js Runtime 以及其他一些 JavaScript Runtime 的平台能力，JavaScript 已经在桌面端、移动端、服务端、嵌入端全面开花。

　　使用 JavaScript 做服务端开发，是笔者一直非常喜欢的一件事情。记得第一次使用 JavaScript 开发服务端程序，还是在笔者读研的时候，那时学习编写古老的 ASP 页面程序，默认是用 VBScript 编写的，可是笔者不太喜欢 VBScript 的语法，就去看微软的 MSDN 文档，发现居然也可以用 JScript（微软开发的一种 ECMAScript 规范的实现）来编写 ASP，非常兴奋，果断连夜把之前所有的 VBScript 代码用 JScript 替换了一遍。

到后来参加工作，JavaScript 也渐渐进入 Ajax 流行、封装工具库横行的时代。我们使用着各种 JavaScript 工具库（Prototype、jQuery、MooTools、YUI、Dojo 等），前端的开发工作开始慢慢出现了独立化、专业化的趋势，一些软件工程师们（不分前后端，写代码的都叫软件工程师）以及美工们（那时候的美工其实很能干的，既做平面设计，也做 HTML、JavaScript、CSS 的编写）也开始有点跟不上前端的发展速度了，开始做各自擅长的事情了，即所谓的纵向发展。而笔者是 Java 和 JavaScript 都在做，但是用 JavaScript 来统一做前后端的想法一直存在，并一直关注着这块的动向。没过多久，还真的出现了一个工具，就是开发了当时非常流行的前端开发工具 Aptana Studio 的公司所开发的服务端框架 Aptana Jaxer。用这个框架写出来的代码跟当初的 ASP 有点像，笔者还用 Jaxer 写了一些小项目，用起来还是非常不错的。只可惜，Jaxer 在开发圈子里没有真正火起来。

后来，Node.js 出现了。由于它基于 V8 所带来的性能、模块化系统、比较丰富的原生 API、原生扩展能力以及 npm 包管理，让整个围绕它形成的生态体系真正火了起来。而 Node.js 凭借它异步 IO 的优异性能、快速开发部署能力、前后端技术栈统一以及最近流行的 SSR 风潮，使得它在服务端开发领域真正占有了一席之地。并且，Node.js 的异步思想也带动了其他各种语言下服务端框架的进步与创新，比如 Java 的 Vert.x、WebFlux、Scala 的 AKA 等。

随着 JavaScript 在各种前后端项目中的使用量越来越大，开发团队间需要的协作越来越多，JavaScript 本来的动态性、灵活性由一个人见人爱的小可爱，变成了一只吃人的大老虎，不仅四处撕咬着缺乏足够经验的开发者，偶尔也会给高级开发者挖个坑、埋个雷。这时，做过静态语言开发的开发者会想念曾经用过的 C/C++、Java、C#，虽然静态类型检查在开发过程中带来了一些额外的工作量，但也真实地带来了开发质量的提高，以及更好的开发工具支持。

新事物总是在遇到问题和矛盾当中产生的，一些拥有类型检查特性的工具或可转译语言诞生了，比如 Flow、Dart，还有 TypeScript。尤其是 TypeScript，凭借着其"高富帅"背景微软以及自身的优质特性，经过多年的发展，社区越来越大，应用越来越广，着实受人欢迎，它已经成为 JavaScript 生态圈后续发展的一种明显趋势。各种前端框架和 Node.js 后端框架都竞相加入对 TypeScript 的支持，看来不用 TypeScript 都对不住它的热情。于是，以前用 JavaScript 开发的项目，比如 Vue.js 2.0，在升级到 3.0 的时候，就换成 TypeScript 来开发了。

2020 年 9 月，Vue.js 3.0 正式发布，相对于上一版，这一版进行了重构，几乎是从头开始写的。这一版用 TypeScript 语言重写。TypeScript 是 JavaScript 的超集，扩展了 JavaScript 的语法，因此现有的 JavaScript 代码可与 TypeScript 一起工作而无须任何修改，TypeScript 通过类型注解提供编译时的静态类型检查。而且，TypeScript 支持 ECMAScript 6 标准（JavaScript 语言的语法标准）。TypeScript 是 Vue.js 的语言基础，为了以后能深入学习 Vue.js，甚至研读其架构源码，我们很有必要打好 TypeScript 的基础。

总之，对于我们学习 Vue.js 3 来说，TypeScript 是语言基础。Vue.js 3 基于 TypeScript 前端框架，所以 TypeScript 和 Vue.js 3 就是编程语言和编程框架的关系。我们必须打好 TypeScript 的基础，否则基础不牢，地动山摇，甚至连 Vue.js 3 的源码都看不了。

2.5　TypeScript 基础

TypeScript（Typed JavaScript at Any Scale）就是添加了类型系统的 JavaScript，适用于任何规模的项目。TypeScript 是 JavaScript 的一个超集，主要提供了类型系统和对 ES6（ECMAScript 6）的支持，它由微软开发，代码开源于 GitHub 上。有微软这样的大公司在背后支持，这门语言的前景比较光明。

TypeScript 是 JavaScript 的类型的超集，它可以编译成纯 JavaScript。编译出来的 JavaScript 可以运行在任何浏览器上。TypeScript 编译工具可以运行在任何服务器和任何系统上。

TypeScript 是一门静态类型、弱类型的语言，它完全兼容 JavaScript，且不会修改 JavaScript 运行时的特性。TypeScript 可以编译为 JavaScript，然后运行在浏览器、Node.js（JavaScript 的运行时环境）等任何能运行 JavaScript 的环境中。TypeScript 拥有很多编译选项，类型检查的严格程度由用户决定。

2.6　TypeScript 的优点

TypeScript 作为开发语言界的后辈，肯定有其独特魅力。接下来详细介绍。

1. 类型系统

从 TypeScript 的名字就可以看出来，类型是其最核心的特性。我们知道，JavaScript 是一门非常灵活的编程语言，比如它没有类型约束，一个变量可能初始化时是字符串，过一会儿又被赋值为数字；由于隐式类型转换的存在，有的变量的类型很难在运行前就确定；基于原型的面向对象编程，使得原型上的属性或方法可以在运行时被修改。这些灵活性就像一把双刃剑，一方面使得 JavaScript 蓬勃发展，无所不能，从 2013 年开始就一直蝉联最普遍使用的编程语言排行榜冠军，另一方面也使得它的代码质量参差不齐，维护成本高，运行时错误多。而 TypeScript 的类型系统在很大程度上弥补了 JavaScript 的缺点。类型系统实际上是最好的文档，大部分的函数看看类型的定义就可以知道如何使用了。而且，在编译阶段就可以发现大部分错误，这总比在运行时出错好，这一点是 JavaScript 开发人员头疼的地方。有了类型系统，TypeScript 增加了代码的可读性和可维护性。

2. TypeScript 是静态类型语言

类型系统按照"类型检查的时机"来分类，可以分为动态类型和静态类型。动态类型是指在运行时才会进行类型检查，这种语言的类型错误往往会导致运行时错误。JavaScript 是一门解释型语言，没有编译阶段，所以它是动态类型，以下这段代码在运行时才会报错：

```
let foo = 1;
foo.split(' ');
// Uncaught TypeError: foo.split is not a function
// 运行时会报错（foo.split 不是一个函数），造成线上 Bug
```

静态类型是指编译阶段就能确定每个变量的类型，这种语言的类型错误往往会导致语法错误。TypeScript 在运行前需要先编译为 JavaScript，而在编译阶段就会进行类型检查，所以 TypeScript 是静态类型，这段 TypeScript 代码在编译阶段就会报错了：

```
let foo = 1;
foo.split(' ');
// Property 'split' does not exist on type 'number'.
// 编译时会报错（数字没有 split 方法），无法通过编译
```

读者可能会奇怪，这段 TypeScript 代码看上去和 JavaScript 没有什么区别。没错，大部分 JavaScript 代码都只需要经过少量的修改（或者完全不用修改）就可以变成 TypeScript 代码，这得益于 TypeScript 强大的"类型推论"，即使不去手动声明变量 foo 的类型，也能在变量初始化时自动推论出它是一个 number 类型。完整的 TypeScript 代码是这样的：

```
let foo: number = 1;
foo.split(' ');
// Property 'split' does not exist on type 'number'.
// 编译时会报错（数字没有 split 方法），无法通过编译
```

3. TypeScript 是弱类型语言

类型系统按照"是否允许隐式类型转换"来分类，可以分为强类型和弱类型。以下这段代码无论是在 JavaScript 中还是在 TypeScript 中都是可以正常运行的，运行时数字 1 会被隐式类型转换为字符串'1'，加号"+"被识别为字符串拼接，所以打印出的结果是字符串'11'。

```
console.log(1 + '1');
// 打印出字符串 '11'
```

TypeScript 是完全兼容 JavaScript 的，它不会修改 JavaScript 运行时的特性，所以它们都是弱类型。作为对比，Python 是强类型，以下代码会在运行时报错：

```
print(1 + '1')
# TypeError: unsupported operand type(s) for +: 'int' and 'str'
```

若要修复该错误，则需要进行强制类型转换：

```
print(str(1) + '1')
# 打印出字符串 '11'
```

强/弱是相对的，Python 在处理整型和浮点型相加时，会将整型隐式转换为浮点型，但是这并不影响 Python 是强类型的结论，因为大部分情况下 Python 并不会进行隐式类型转换。相比而言，JavaScript 和 TypeScript 中无论加号两侧是什么类型，都可以通过隐式类型转换计算出一个结果，而不是报错。所以 JavaScript 和 TypeScript 都是弱类型。

虽然 TypeScript 不限制加号两侧的类型，但是我们可以借助 TypeScript 提供的类型系统，以及 ESLint（ESLint 是一个插件化并且可配置的 JavaScript 语法规则和代码风格的检查工具）提供的代码检查功能，来限制加号两侧必须同为数字或同为字符串。这在一定程度上使得 TypeScript 向强类型更进一步。当然，这种限制是可选的。

这样的类型系统体现了 TypeScript 的核心设计理念，即在完整保留 JavaScript 运行时行为的基础上，通过引入静态类型系统来提高代码的可维护性，减少可能出现的 Bug。

4. 适用于任何规模

TypeScript 适用于大型项目，类型系统可以为大型项目带来更高的可维护性，以及更少的 Bug。在中小型项目中推行 TypeScript 的最大障碍就是认为使用 TypeScript 需要写额外的代码，降低开发效率。但事实上，由于有类型推论，大部分类型都不需要手动声明。相反，TypeScript 增强了 IDE 的功能，包括代码补全、接口提示、跳转到定义、代码重构等，这在很大程度上提高了开发效率。而且 TypeScript 有近百个编译选项，如果认为类型检查过于严格，那么可以通过修改编译选项来降低类型检查的标准。

TypeScript 还可以和 JavaScript 共存。这意味着如果我们有一个使用 JavaScript 开发的旧项目，又想使用 TypeScript 的特性，那么不需要急着把整个项目都迁移到 TypeScript，可以使用 TypeScript 编写新文件，然后在后续更迭中逐步迁移旧文件。如果一些 JavaScript 文件的迁移成本太高，TypeScript 也提供了一个方案，可以让我们在不修改 JavaScript 文件的前提下，编写一个类型声明文件，实现旧项目的渐进式迁移。

事实上，即使读者从来没学习过 TypeScript，也可能已经在不知不觉中使用了 TypeScript，在 VSCode 编辑器中编写 JavaScript 时，代码补全和接口提示等功能就是通过 TypeScript Language Service 实现的。

一些第三方库原生支持 TypeScript，在使用时就能获得代码补全，比如 Vue.js 3.0，如图 2-15 所示。

图 2-15

5. 与标准同步发展

TypeScript 的另一个重要的特性就是坚持与 ECMAScript 标准同步发展。ECMAScript 是 JavaScript 核心语法的标准，自 2015 年起，每年都会发布一个新版本，包含一些新的语法。一个新的语法从提案到变成正式标准，需要经历以下几个阶段：

Stage 0：展示阶段，仅仅是提出了讨论、想法，尚未正式提案。

Stage 1：征求意见阶段，提供抽象的 API 描述，讨论可行性、关键算法等。

Stage 2：草案阶段，使用正式的规范语言精确描述其语法和语义。

Stage 3：候选人阶段，语法的设计工作已完成，需要浏览器、Node.js 等环境支持，搜集用户的反馈。

Stage 4：定案阶段，已准备好将其添加到正式的 ECMAScript 标准中。

一个语法进入 Stage 3 阶段后，TypeScript 就会实现它。一方面，让我们可以尽早使用到最新的语法，帮助它进入下一个阶段；另一方面，处于 Stage 3 阶段的语法已经比较稳定了，基本不会有语法的变更，这使得我们能够放心地使用它。

除了实现 ECMAScript 标准之外，TypeScript 团队也推进了诸多语法提案，比如可选链操作符（?.）、空值合并操作符（??）、Throw 表达式、正则匹配索引等。

这就是背靠大佬的好处，标准方面没问题，因为微软本身就是业界标准制定的活跃参与者。

基于这么多优点，不少著名软件纷纷用其来开发，比如 Vue.js 3.0、VSCode、Angular.js 2 等。

2.7　TypeScript 的发展历史

TypeScript 出身名门，它的成长背景可谓一帆风顺。

2012 年 10 月：微软发布了 TypeScript 第一个版本（0.8），此前已经在微软内部开发了两年。

2014 年 04 月：TypeScript 发布了 1.0 版本。

2014 年 10 月：Angular.js 发布了 2.0 版本，它是一个基于 TypeScript 开发的前端框架。

2015 年 01 月：ts-loader 发布，Webpack 可以编译 TypeScript 文件了。

2015 年 04 月：微软发布了 Visual Studio Code，它内置了对 TypeScript 语言的支持，它自身也是用 TypeScript 开发的。

2016 年 05 月：@types/react 发布，TypeScript 可以开发 React.js 应用了。

2016 年 05 月：@types/node 发布，TypeScript 可以开发 Node.js 应用了。

2016 年 09 月：TypeScript 发布了 2.0 版本。

2018 年 06 月：TypeScript 发布了 3.0 版本。

2019 年 02 月：TypeScript 宣布由官方团队来维护 typescript-eslint，以支持在 TypeScript 文件中运行 ESLint 检查。

2020 年 05 月：Deno 发布了 1.0 版本，它是一个 JavaScript 和 TypeScript 运行时。

2020 年 08 月：TypeScript 发布了 4.0 版本。

截至目前，最新稳定版是 4.5，4.6 处于 Beta 版本状态。

2.8　搭建 TypeScript 开发环境

工欲善其事，必先利其器。首先我们需要安装 TypeScript 语言的编译器，然后分别在命令行下编译 TypeScript 程序，再到集成开发环境 VSCode 下编译、调试和全速运行 TypeScript 程序。

2.8.1　安装 TypeScript 编译器

安装好 Node.js 后，可以直接使用 npm 工具来安装 TypeScript，这个 TypeScript 的 Package 其实也是一个 Compiler，可以通过这个 Complier 将 TypeScript 编译成 JavaScript。打开命令提

示符窗口，进入控制台命令行（或其他终端），输入指令：

```
npm install -g typescript
```

默认情况下，npm 安装的软件包会存放到如下路径：

```
C:\Users\Administrator\AppData\Roaming\npm\node_modules\
```

安装完毕后，可以发现上述路径下有一个 typescript 文件夹。我们可以在命令行下用 tsc -v 来查看版本。

下面再安装 typings，它主要用来获取.d.ts 文件。当 TypeScript 使用一个外部 JavaScript 库时，会需要这个文件，当然好多编译器都用它来增加智能感知能力。输入命令：

```
npm install -g typings
```

最后安装 Node.js 的 .d.ts 库，输入命令：

```
typings install dt~node -global
```

全部安装后，我们可以查看编译器 tsc（把 TypeScript 文件编译为 JavaScript 文件的编译器）的版本：

```
C:\Users\Administrator>tsc -v
Version 4.5.5
```

这说明安装成功了。

2.8.2　命令行编译 TypeScript 程序

在命令行下，普通的运行 TypeScript 的方式，需要先通过 tsc 命令把 TypeScript 文件编译为 JavaScript 文件，然后运行 node xx.js。一共用了两条命令。

【例 2-2】第一个 TypeScript 程序

1）新建一个空目录，比如 D:\demo。

2）打开 VSCode，在 Demo 下新建一个文件，文件名为 hello.ts，然后输入一行代码：

```
console.log("hello,ts");
```

该行代码就是在控制台上输出一行文本字符串"hello,ts"。然后保存文件。

3）在命令行下编译 hello.ts：

```
tsc hello.ts
```

此时会在同目录下生成一个 hello.js 文件，我们运行它：

```
node hello.js
```

运行结果如图 2-16 所示。

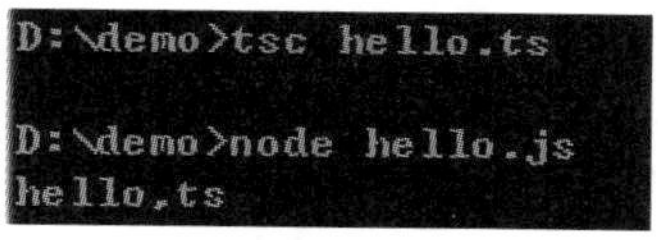

图 2-16

至此，第一个 TypeScript 程序成功了。另外，如果想一次性编译多个 TypeScript 文件，文件之间用空格隔开即可，比如：

```
tsc file1.ts file2.ts file3.ts
```

编译过程是不是感觉很简单？我们用两条命令就完成了，但能否用一条命令完成呢？答案是肯定的，那就是使用 ts-node 命令，使用前先安装它，在命令行下输入：

```
npm install -g ts-node
```

安装完毕后，再安装 tslib：

```
npm install -g tslib @types/node
```

其中-g 表示全局安装。安装完毕后，可以使用命令 ts-node -v 查看版本号，然后可以直接从 TypeScript 文件得到结果：

```
D:\demo>ts-node hello.ts
hello,ts
```

如果只是为了学习 TypeScript 语言，而不和网页打交道，其实在命令行下编译运行基本上够用了。

2.8.3　在 VSCode 下调试 TypeScript 程序

打开 VSCode，然后按快捷键 Ctrl+Shift+X 来打开 Extension，并在搜索框中输入 TypeScript Debugger，找到后单击 Install 按钮，如图 2-17 所示。

图 2-17

安装完成后如图 2-18 所示。

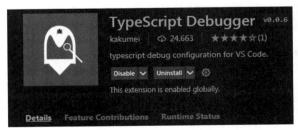

图 2-18

安装了这个插件后，就可以开始 TypeScript 程序的调试之旅了。

【例 2-3】调试 TypeScript 程序

1）新建一个空目录，比如 D:\demo。打开 VSCode，在 demo 下新建一个文件，文件名为

hello.ts，然后输入代码：

```
console.log("hello,ts!");
var str:string="hello,boy!"

console.log(str);
```

第一行和最后一行都是在控制台窗口上输出字符串。第二行我们定义了字符串变量 str，并对其赋值为"hello,boy!"。然后保存文件。

2）在 VSCode 中，按 F5 键（启动调试的快捷键），此时 VSCode 上方会出现一个搜索框，并提示我们选择调试环境，如图 2-19 所示。

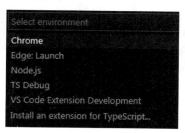

图 2-19

选择 TS Debug，此时会出来一个信息框，提示没有找到调试器的描述信息，如图 2-20 所示。

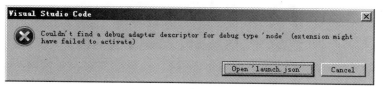

图 2-20

单击 Open 'launch.json'按钮，此时会提示再次选择 TS Debug，选择后就会出现 launch.json 文件的编辑窗口，我们把 runtimeArgs 部分删除，并添加 program 部分，其他不需要修改，最终修改后的内容如下：

```
{
    // Use IntelliSense to learn about possible attributes.
    // Hover to view descriptions of existing attributes.
    // For more information, visit:
https://go.microsoft.com/fwlink/?linkid=830387
    "version": "0.2.0",
    "configurations": [
        {
            "name": "ts-node",
            "type": "node",
            "request": "launch",
            "program": "D:/mynpmsoft/node_modules/ts-node/dist/bin.js",
            "args": [
                "${relativeFile}"
            ],

            "cwd": "${workspaceRoot}",
            "protocol": "inspector",
            "internalConsoleOptions": "openOnSessionStart"
```

```
    }
  ]
}
```

保存该文件，实际上 VSCode 会自动在当前工程根目录下的子文件夹.vscode 中建立该文件，子文件夹.vscode 也是 VSCode 自动帮助建立的。

在 VSCode 的左边双击 hello.ts，打开该文件的代码编辑窗口，然后在第二行的左边单击一下，使其出现一个红圈，这个红圈就是我们设置的断点，程序运行到这里会自动暂停，如图 2-21 所示。

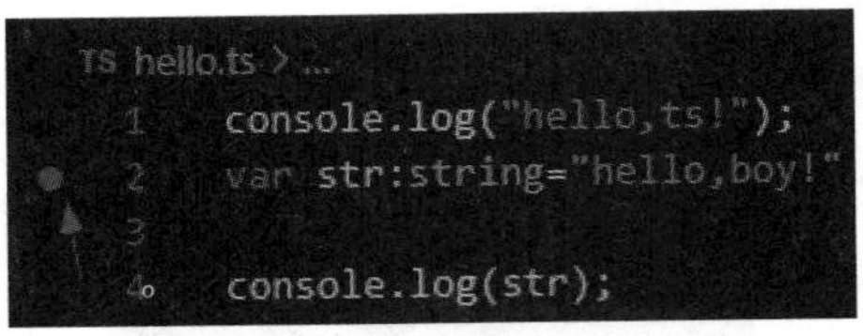

图 2-21

此时按 F5 键启动调试，稍等一会，红圈外面会被一个黄色箭头包围，表示程序在该行暂停，如图 2-22 所示。

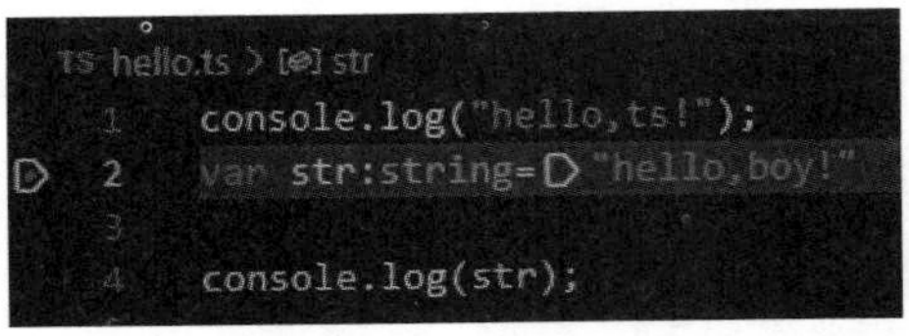

图 2-22

这表示该行还没有执行，因此此时 str 的值还是未知的，我们可以在左边的 Local 视图中看到 str 的内容是 undefined，意思是未定义，如图 2-23 所示。

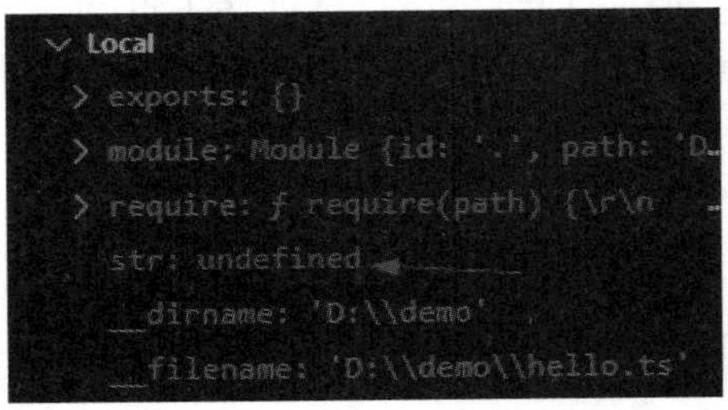

图 2-23

继续按 F10 键（单步执行的快捷键），此时代码编辑窗口中的黄色箭头就指向下一行代码了，如图 2-24 所示。

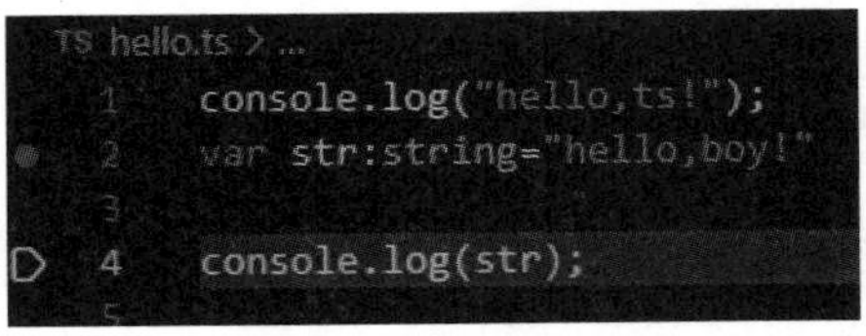

图 2-24

这就表示第二行已经执行完毕，现在准备执行第 4 行。此时我们可以到 Local 视图下看到 str 的内容变为"hello,boy!"了，如图 2-25 所示。

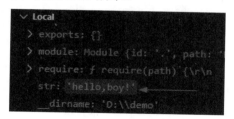

图 2-25

以上过程就是设置断点，查看变量的过程。如果要停止调试，可以按 VSCode 上方工具栏上的红色方框按钮，这个按钮表示停止调试，如图 2-26 所示。

图 2-26

或者，直接按快捷键 Shift+F5 也可以停止调试。这个红色方框按钮左边也是一些调试快捷键，比如从左边开始第一个是 Continue（F5），表示继续执行；第二个是 Step Over（F10），表示单步执行，但在碰到函数后不进入函数内部，并在调用函数的下一行代码处暂停；第三个是 Step Into（F11），表示单步执行，但碰到函数会进入函数；第四个是 Step Out（Shift+F11），表示在调用函数的下一行代码处暂停；第五个按钮是 Restart（Ctrl+Shift+F5），表示重启调试。

另外，在调试的过程中，在 VSCode 下方的 DEBUG CONSOLE 视图中会看到有字符串输出，如图 2-27 所示。

图 2-27

2.8.4　在 VSCode 下全速运行 TypeScript 程序

至此，我们调试 TypeScript 程序的任务完成了。有读者可能会问，如果不想调试，想直接全速运行代码，怎么办呢？通常有两种方式，一种是直接按快捷键 Ctrl+F5，此时将忽略所有断点，最终结果将在 VSCode 下方的 DEBUG CONSOLE 视图中看到。

另一种是使用 Code Runner 插件，按快捷键 Ctrl+Shift+X 切换到 VSCode 的 Extensions，然后在搜索框中输入 Code Runner，如图 2-28 所示。

图 2-28

单击 Install 按钮，安装完毕后，VSCode 的右上方会出现一个箭头，如图 2-29 所示。

图 2-29

此时如果打开上例文件夹，并打开 main.ts，然后单击这个箭头，就可以运行 main.ts，并在 VSCode 下方的 OUTPUT 视图中看到结果，如图 2-30 所示。

图 2-30

我们可以看出，其实这种方式和在命令行下手动输入 ts-node 是一样的。另外，直接按其对应的快捷键 Ctrl+Alt+N，就可以在 VSCode 下方的 OUTPUT 视图中看到执行结果。那么，全速运行的话，用 Ctrl+Alt+N 还是 Ctrl+F5 好呢？建议用 Ctrl+Alt+N，因为 Ctrl+Alt+N 运行方式能认识 Node.js 中的全局内置对象，比如 process。我们来看下例。

【例 2-4】process.stdout.write 输出字符串

1）新建一个空目录，比如 D:\demo。打开 VSCode，在 demo 下新建一个文件，文件名为 main.ts，然后输入代码：

```
process.stdout.write("hello ")
process.stdout.write("world!\n")
process.stdout.write("bye\n")
console.log(5);
var str:string="hello,boy!"
console.log(str);
```

process.stdout.write 也是在控制台上输出字符串，且只能输出字符串，而且输出后不会自动回车。console.log 是对 process.stdout.write 的上一层封装，且会自动回车换行，这一点很不好，不让开发者决定是否换行。但 console.log 有一个优点，就是不仅支持字符串输出，还支持其他数据类型输出。

2）如果按快捷键 Ctrl+F5 会发现，只有 console.log 的输出，而按快捷键 Ctrl+Alt+N，则既能输出 process.stdout.write，又能输出 console.log。

因此，对于要使用 process 等对象，Ctrl+Alt+N 方式全速运行更好，如果不习惯按快捷键，可以直接单击右上角的箭头按钮。但 Ctrl+Alt+N 方式有一个不智能的地方，那就是每次代码修改后，按 Ctrl+Alt+N 不会自动保存，执行的依然是上次保存的代码，所以需要每次手动去保存，甚是麻烦，关键有时候还记不住。而 Ctrl+F5 方式却可以先自动保存代码，然后执行，一气呵成。

　　开发环境搭建讲到这里，目前来说够用了，相信已经能对付 TypeScript 语言的学习任务了。下面开启 TypeScript 语言的学习之旅，学习的风格是北欧风，简约清楚抓重点，不啰唆，不拘泥奇技淫巧。

2.9　TypeScript 基础类型

　　为了让程序有价值，我们需要能够处理最简单的数据单元：数字、字符串、结构体、布尔值等。TypeScript 支持与 JavaScript 几乎相同的数据类型，此外还提供了实用的枚举类型方便使用。

2.9.1　常见类型

1. 布尔类型

　　布尔类型的关键字是 boolean，用来表示逻辑值，表示真或假的概念，它只有 true 和 false 两个值。true 表示真，false 表示假。比如：

```
let isDone: boolean = false;
```

　　其中 let 是声明变量的关键字；isDone 是变量名；boolean 表示变量的类型是布尔类型，其初始化值为 false。

2. 数字类型

　　与 JavaScript 一样，TypeScript 中的所有数字都是浮点数，严格来讲是双精度 64 位浮点数，它可以用来表示整数和小数。数字类型的关键字是 number。除了支持十进制和十六进制字面量外，Typescript 还支持 ECMAScript 2015 中引入的二进制和八进制字面量。比如：

```
let decLiteral: number = 6;              // 十进制整数
let hexLiteral: number = 0xf00d;         // 十六进制
let binaryLiteral: number = 0b1010;      // 二进制
let octalLiteral: number = 0o744;        // 八进制
let pi: number = 3.14;                   // 小数
```

3. 字符串

　　TypeScript 程序的另一项基本操作是处理网页或服务器端的文本数据。像其他语言一样，我们使用关键字 string 表示文本数据类型。与 JavaScript 一样，可以使用双引号（"）或单引号（'）来定界字符串。比如：

```
let str: string = "bob";  //声明字符串，并初始化赋值为"bob"
```

还可以使用模板字符串，它可以定义多行文本和内嵌表达式。这种字符串是被反引号包围（`），并且以${ expr }这种形式嵌入表达式：

```
let name: string = `Gene`;
let age: number = 37;
let sentence: string = `Hello, my name is ${ name }.
I'll be ${ age + 1 } years old next month.`;
console.log(sentence)
```

输出结果：

```
Hello, my name is Gene.
I'll be 38 years old next month.
```

我们看到，sentence 的初始化字符串换行了，结果输出也换行。这与下面定义 sentence 的方式效果相同：

```
let sentence: string = "Hello, my name is " + name + ".\n\n" +
    "I'll be " + (age + 1) + " years old next month.";
```

似乎用加号更加自然一些，但用了加号，如果要换行，则需要在字符串中用\n。

4. 任意类型

任意类型的关键字是 any，可以用于表示任意类型。有时，我们会想要为那些在编程阶段还不清楚类型的变量指定一个类型。这些值可能来自动态的内容，比如来自用户输入或第三方代码库。这种情况下，我们不希望类型检查器对这些值进行检查，而是直接让它们通过编译阶段的检查。那么可以使用任意类型来标记这些变量，比如：

```
let notSure: any = 4;
notSure = "maybe a string instead";
notSure = false; // okay, definitely a boolean
```

在对现有代码进行改写的时候，任意类型是十分有用的，它允许用户在编译时可选择地包含或移除类型检查。读者可能认为 Object 有相似的作用，就像它在其他语言中那样。但是 Object 类型的变量只是允许用户给它赋任意值，但是却不能够在它上面调用任意的方法，即便它真的有这些方法，比如：

```
let notSure: any = 4;
notSure.ifItExists(); // okay, ifItExists might exist at runtime
notSure.toFixed(); // okay, toFixed exists (but the compiler doesn't check)
let prettySure: Object = 4;
prettySure.toFixed(); // Error: Property 'toFixed' doesn't exist on type
'Object'.
```

当用户只知道一部分数据的类型时，任意类型也是有用的。比如，有一个数组，它包含不同的类型的数据：

```
let list: any[] = [1, true, "free"];
list[1] = 100;
```

总之，任意类型是 TypeScript 针对编程时类型不明确的变量使用的一种数据类型，它常用于以下三种情况。

第一种情况：当变量的值会动态改变时，比如来自用户的输入，任意类型可以让这些变量跳过编译阶段的类型检查，示例代码如下：

```
let x: any = 1;    // 数字类型
x = 'I am who I am';    // 字符串类型
x = false;    // 布尔类型
```

第二种情况：当改写现有代码时，任意类型允许在编译时可选择地包含或移除类型检查，示例代码如下：

```
let x: any = 4;
x.ifItExists(); // 正确，ifItExists 方法在运行时可能存在，但这里并不会检查
x.toFixed();    // 正确
```

第三种情况：当定义存储各种类型数据的数组时，示例代码如下：

```
let arrayList: any[] = [1, false, 'fine'];
arrayList[1] = 100;
```

5. 数组类型

TypeScript 像 JavaScript 一样可以操作数组元素。有两种方式可以定义数组。一种方式是在元素类型后面接上[]，表示由此类型元素组成的一个数组，比如：

```
let list: number[] = [1, 2, 3];
```

另一种方式是使用数组泛型，Array<元素类型>，比如：

```
let list: Array<number> = [1, 2, 3];
```

6. 元组

元组（Tuple）类型允许表示一个已知元素数量和类型的数组，各元素的类型不必相同。比如，用户可以定义一对值分别为 string 和 number 类型的元组。

```
// Declare a tuple type
let x: [string, number];
// Initialize it
x = ['hello', 10]; // OK
// Initialize it incorrectly
x = [10, 'hello']; // Error
```

当访问一个已知索引的元素时，会得到正确的类型：

```
console.log(x[0].substr(1)); // OK
console.log(x[1].substr(1)); // Error, 'number' does not have 'substr'
```

当访问一个越界的元素时，会使用联合类型替代：

```
x[3] = 'world'; // OK，字符串可以赋值给(string | number)类型
console.log(x[5].toString()); // OK, 'string' 和 'number' 都有 toString
x[6] = true; // Error，布尔不是(string | number)类型
```

7. 枚举

枚举类型的关键字是 enum，枚举类型是对 JavaScript 标准数据类型的一个补充。像 C#等其他语言一样，使用枚举类型可以为一组数值赋予易于理解的名字。比如：

```
enum Color {Red, Green, Blue};
let c: Color = Color.Green;
```

默认情况下，从 0 开始为元素编号。用户也可以手动指定成员的数值。例如，我们将上面的例子改成从 1 开始编号：

```
enum Color {Red = 1, Green, Blue};
let c: Color = Color.Green;
```

或者，全部都采用手动赋值：

```
enum Color {Red = 1, Green = 2, Blue = 4};
let c: Color = Color.Green;
```

枚举类型提供的一个便利是用户可以由枚举的值得到它的名字。例如，我们知道数值为 2，但是不确定它映射到 Color 里的哪个名字，我们可以查找相应的名字：

```
enum Color {Red = 1, Green, Blue};
let colorName: string = Color[2];
console.log(colorName);  //·Green
```

8. 空值类型

空值类型的关键字是 void。某种程度上来说，空值类型与任意类型相反，它表示没有任何类型。当一个函数没有返回值时，用户通常会见到其返回值类型是 void：

```
function warnUser(): void {
    alert("This is my warning message");
}
```

声明一个空值类型的变量没有什么大用，因为用户只能为它赋予 undefined 和 null：

```
let unusable: void = undefined;
```

9. undefined 和 null

在 TypeScript 中，undefined 和 null 两者各有自己的类型，分别叫作 undefined 和 null。与 void 相似，它们本身的类型用处不是很大，null 常用于表示"什么都没有"，undefined 用于初始化变量为一个未定义的值。比如：

```
// Not much else we can assign to these variables!
let u: undefined = undefined;
let n: null = null;
console.log(u)  //undefined
console.log(n)  //null
```

默认情况下，null 和 undefined 是所有类型的子类型。也就是说，用户可以把 null 和 undefined 赋值给 number 类型的变量。然而，当用户指定了--strictNullChecks 标记，null 和 undefined 只能赋值给 void 和它们自己。这能避免很多常见的问题，也许在某处用户想传入一个 string 或 null 或 undefined，可以使用联合类型 string | null | undefined。

10. never

never 类型是其他类型（包括 null 和 undefined）的子类型，表示的是那些永不存在的值的类型。例如，never 类型是那些总是会抛出异常或根本就不会有返回值的函数表达式或箭头函数表达式的返回值类型；变量也可能是 never 类型，当它们被永不为真的类型保护所约束时。never 类型也可以赋值给任何类型。然而，没有类型是 never 类型的子类型或可以赋值给 never 类型（除了 never 类型本身之外），即使任意类型也不可以赋值给 never 类型。

下面是一些返回 never 类型的函数：

```
// 返回 never 的函数必须存在无法达到的终点
function error(message: string): never {
    throw new Error(message);
}
// 推断的返回值类型为 never
function fail() {
    return error("Something failed");
}

// 返回 never 的函数必须存在无法达到的终点
function infiniteLoop(): never {
    while (true) {
    }
}
```

最后，值得注意的是，TypeScript 和 JavaScript 没有专门的整数类型。

2.9.2　类型断言

类型断言可以用来手动指定一个值的类型，即允许变量从一种类型更改为另一种类型。

有时候用户会遇到这样的情况，自己比 TypeScript 更了解某个值的详细信息。通常这会发生在用户清楚地知道一个实体具有比它现有类型更确切的类型。

通过类型断言这种方式可以告诉编译器，"相信我，我知道自己在干什么"。类型断言好比其他语言中的类型转换，但是不进行特殊的数据检查和解构。它没有运行时的影响，只是在编译阶段起作用。TypeScript 会假设程序员已经进行了必需的检查。

类型断言有两种形式。一个是"尖括号"语法：<类型>值。比如：

```
var str = '1'
var str2:number = <number> <any> str  //str、str2 是 string 类型
console.log(str2)  //1
```

编译后，以上代码会生成如下 JavaScript 代码：

```
var str = '1';
var str2 = str;  //str、str2 是 string 类型
console.log(str2);
```

另一个是 as 语法：

```
let someValue: any = "this is a string";

let strLength: number = (someValue as string).length;
```

两种形式是等价的。至于使用哪个，大多数情况下凭个人喜好。然而，当用户在 TypeScript 中使用 JSX 时，只有 as 语法断言是被允许的。

当 S 类型是 T 类型的子集，或者 T 类型是 S 类型的子集时，S 能被成功断言成 T。这是为了在进行类型断言时提供额外的安全性，完全毫无根据地断言是危险的，如果用户想这么做，可以使用 any。它之所以不被称为类型转换，是因为转换通常意味着某种运行时的支持。但是，类型断言纯粹是一个编译时语法，同时，它也为编译器提供关于如何分析代码的方法。

2.9.3 类型推断

当没有给出类型时，TypeScript 编译器利用类型推断来推断类型。如果由于缺乏声明而不能推断出类型，那么它的类型被视作默认的动态任意类型。

```
var num = 2;     // 类型推断为 number
console.log("num 变量的值为 "+num);
num = "12";  // 编译错误，error TS2322: Type '"12"' is not assignable to type
'number'.
console.log(num);
```

第一行代码声明了变量 num，并设置初始值为 2。注意声明变量没有指定类型。因此，程序使用类型推断来确定变量的数据类型，第一次赋值为 2，num 设置为数字类型。第三行代码，当我们再次为变量设置字符串类型的值时，这时编译会出错。因为变量已经设置为了数字类型。

2.10　TypeScript 变量声明

变量是一种使用方便的占位符，用于引用计算机内存地址。我们可以把变量看作存储数据的容器。关键字 let 和 const 是 JavaScript 中相对较新的变量声明方式。像我们之前提到过的，let 在很多方面与 var 是相似的，但是可以帮助用户避免在 JavaScript 中常见的一些问题。const 是对 let 的一个增强，它能阻止对一个变量再次赋值。

因为 TypeScript 是 JavaScript 的超集，所以它本身就支持 let 和 const。下面我们会详细说明这些新的声明方式以及为什么推荐使用它们来代替 var。

如果读者之前使用 JavaScript 时没有特别在意，那么本节内容会唤起读者的回忆。如果已经对 var 声明的怪异之处了如指掌，那么可以轻松地略过本节。

TypeScript 变量的命名规则：

1）变量名称可以包含数字和字母。
2）除了下画线"_"和美元符号"$"外，不能包含其他特殊字符，包括空格。
3）变量名不能以数字开头。

2.10.1　var 声明变量

以前我们都是通过 var 关键字定义 JavaScript 变量，现在用得更多的是 let 关键字。声明变量具体可以分为以下 4 种方式。

1. 声明变量的类型同时设置初始值

语法格式：var [变量名] : [类型] = 值;，每个变量都要有类型，比如字符串类型、布尔类型等，比如：

```
var str:string = "Runoob";
```

我们声明了一个名为 str 的变量，其类型是 string，表示字符串，初始值是"Runoob"，注意不要忘记结尾的分号。

2. 声明变量的类型，但没有初始值

这种情况下，变量值会设置为 undefined。语法格式：var [变量名] : [类型];，例如：

```
var str:string;
```

3. 声明变量并设置初始值，但不设置类型

这种情况下，该变量可以是任意类型。语法格式：var [变量名] = 值;，比如：

```
var str = "Runoob";
var a = 10;
```

4. 声明变量，没有设置类型和初始值

这种情况下，类型可以是任意类型，默认初始值为 undefined，语法格式：var [变量名];，例如：

```
var uname;
```

> **注　意**
>
> 变量名不要使用 name，否则会与 DOM 中的全局 window 对象下的 name 属性重名。

【例 2-5】 var 声明变量

1）打开 VSCode，新建 main.ts，并输入如下代码：

```
var uname:string = "Runoob";    // 声明了一个字符串变量，并初始化为"Runoob"
var score1:number = 50;         // 声明一个数字变量，并初始化为 50
var score2:number = 42.50       // 声明一个数字变量，并初始化为 42.50
var sum = score1 + score2       // 两者两加
console.log("Your Name: "+uname)
console.log("Grade of the first subject: "+score1)
console.log("Grade of the second subject "+score2)
console.log("Total score: "+sum)
```

在代码中，声明了 3 个变量，并调用 console.log 函数输出结果。//表示注释符号，注释符号后面的内容不会得到执行。

2）按快捷键 Ctrl+F5 运行程序，运行结果如下：

```
Your Name: Runoob
Grade of the first subject: 50
Grade of the second subject 42.5
Total score: 92.5
```

TypeScript 遵循强类型，如果将不同的类型赋值给变量，编译会报错，比如：

```
var num:number = "hello"     // 这句代码编译会报错
```

如果把这句代码放到上述例子中，并按快捷键 Ctrl+F5 来执行，会发现报错，而且可以在 VSCode 下方的 PROBLEMS 窗口中看到具体信息，如图 2-31 所示。

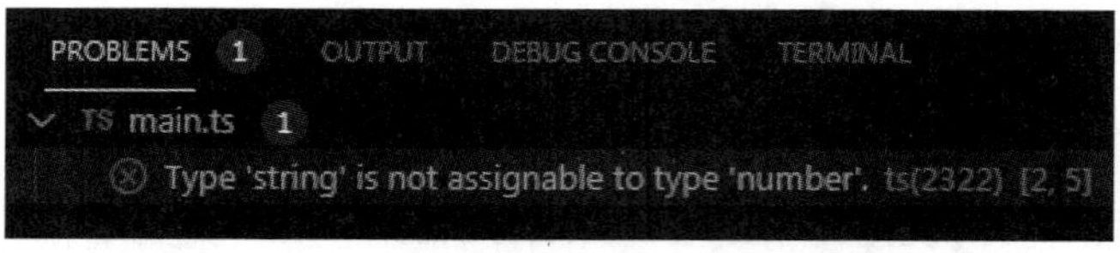

图 2-31

双击这条错误信息，会在编辑窗口中定位到错误代码行。

2.10.2　变量作用域

变量作用域指定了变量起作用的范围。程序中变量的可用性由变量作用域决定。TypeScript 有以下几种作用域：

- 全局作用域：全局变量定义在程序结构的外部，它可以在代码的任何位置使用。
- 类作用域：这个变量也可以称为字段。类变量声明在一个类中，但在类的方法外面。该变量可以通过类的对象来访问。类变量也可以是静态的，静态的变量可以通过类名直接访问。
- 局部作用域：局部变量，局部变量只能在声明它的一个代码块（如方法）中使用。

以下实例说明了三种作用域的使用：

```
var global_num = 12          // 全局变量
class Numbers {
  num_val = 13;              // 类实例变量
  static sval = 10;          // 类静态变量

  storeNum():void {
    var local_num = 14;      // 函数局部变量
  }
}
console.log(global_num)    //12
console.log(Numbers.sval)  //10
var obj = new Numbers();
console.log(obj.num_val)   //13
```

如果我们在方法外部调用局部变量 local_num，就会报错：

```
error TS2322: Could not find symbol 'local_num'.
```

2.10.3　var 的问题

var 的最大问题是：var 没有块级作用域的限制，容易造成变量污染。对于熟悉其他语言的人来说，var 声明的作用域规则有些奇怪。看下面的例子：

```
function f(shouldInitialize: boolean) {
  if (shouldInitialize) {
    var x = 10;
  }
  return x;
}
f(true);  // returns '10'
```

```
f(false); // returns 'undefined'
```

有些同学可能要多看几遍这个例子。变量 x 定义在 if 语句中，但是我们却可以在 if 语句的外面访问它。这是因为 var 声明的变量可以在包含它的函数、模块、命名空间或全局作用域内部任何位置被访问。有些人称此为 var 作用域或函数作用域。函数参数也使用函数作用域。这些作用域规则可能会引发一些错误。其中之一就是，多次声明同一个变量并不会报错：

```
function sumMatrix(matrix: number[][]) {
    var sum = 0;
    for (var i = 0; i < matrix.length; i++) {
        var currentRow = matrix[i];
        for (var i = 0; i < currentRow.length; i++) {
            sum += currentRow[i];
        }
    }

    return sum;
}
```

这里很容易看出一些问题，里层的 for 循环会覆盖变量 i，因为所有 i 都引用相同的函数作用域内的变量。有经验的开发者很清楚，这些问题可能在代码审查时漏掉，引发无穷的麻烦。

ES 5 之前因为 if 和 for 都没有块级作用域的这一概念，所以在很多具体的应用场景，我们都必须借助 function 的作用域来解决应（调）用外面变量的问题。在 ES 6 家庭中加入了 let 和 (const)，使 if 和 for 语句有了块级作用域的存在（原先的 var 并没有块级作用域的概念）。let 的出现，通过上述例子，可以说很好地弥补了 var 现存的缺陷，我们可以把 let 看成完美的 var，或者是对 var 的修整、升级和优化。一句话，尽量用 let 吧。

2.10.4 let 声明变量

现在读者已经知道了 var 存在的一些问题，这恰好说明了为什么用 let 语句来声明变量。除了名字不同外，let 与 var 的写法一致。

```
let hello = "Hello!";
```

主要的区别不在语法上，而是语义，我们接下来会深入研究。当用 let 声明一个变量，它使用的是词法作用域或块作用域。不同于使用 var 声明的变量，可以在包含它们的函数外访问，块作用域变量在包含它们的块或 for 循环之外是不能访问的。

```
function f(input: boolean) {
    let a = 100;
    if (input) {
        // Still okay to reference 'a'
        let b = a + 1;
        return b;
    }

    // Error: 'b' doesn't exist here
    return b;
}
```

这里我们定义了两个变量 a 和 b。a 的作用域是 f 函数体内，而 b 的作用域是 if 语句块中。

在 catch 语句中声明的变量也具有同样的作用域规则。

```
try {
    throw "oh no!";
}
catch (e) {
    console.log("Oh well.");
}

// Error: 'e' doesn't exist here
console.log(e);
```

拥有块级作用域的变量的另一个特点是，它们不能在被声明之前读或写。虽然这些变量始终"存在"于它们的作用域中，但是直到声明它的代码之前的区域都属于时间死区。它只是用来说明我们不能在 let 语句之前访问它们，幸运的是 TypeScript 可以告诉我们这些信息。

```
a++; // illegal to use 'a' before it's declared;
let a;
```

注意一点，我们仍然可以在一个拥有块作用域的变量被声明前获取它，只是我们不能在变量声明前去调用那个函数。

```
function foo() {
    // okay to capture 'a'
    return a;
}
// 不能在'a'被声明前调用'foo'
// 运行时应该抛出错误
foo();
let a;
```

另外，let 声明具有重定义屏蔽功能，以前使用 var 声明时，它不在乎用户声明了多少次，得到的都是同一个变量，比如：

```
function f(x) {
    var x;
    var x;
    if (true) {
        var x;
    }
}
```

在上面的例子中，所有 x 的声明实际上都引用一个相同的 x，并且这是完全有效的代码。这经常会成为 Bug 的来源。现在，let 声明就不会这么宽松了。

```
let x = 10;
let x = 20; // 错误，不能在 1 个作用域中多次声明'x'
```

下列情况也会报错：

```
function f(x) {
    let x = 100; // error: interferes with parameter declaration
}
function g() {
    let x = 100;
    var x = 100; // error: can't have both declarations of 'x'
}
```

并不是说块级作用域变量不能在函数作用域内声明，而是块级作用域变量需要在不用的块中声明，比如：

```
function f(condition, x) {
    if (condition) {
        let x = 100;
        return x;
    }

    return x;
}

f(false, 0); // returns 0
f(true, 0);  // returns 100
```

在一个嵌套作用域中引入一个新名字的行为称为屏蔽。它是一把双刃剑，可能会不小心地引入新问题，同时也可能会解决一些错误。例如：

```
function sumMatrix(matrix: number[][]) {
    let sum = 0;
    for (let i = 0; i < matrix.length; i++) {
        var currentRow = matrix[i];
        for (let i = 0; i < currentRow.length; i++) {
            sum += currentRow[i];
        }
    }

    return sum;
}
```

这段代码的循环能得到正确的结果，因为内层循环的 i 可以屏蔽掉外层循环的 i。通常来说应该避免使用屏蔽，因为我们需要写出清晰的代码。同时也有些场景适合利用它，用户可以好好设计一下。

这些概念在 C/C++中很自然，JavaScript 当初设计时为了简单，做成了玩具语言，现在用途愈发广泛，就又要把 C/C++中的概念一点点地添加进去，一旦一种语言承担企业级开发了，慢慢地都会趋向严谨。

2.10.5　const 声明变量

const 是声明变量的另一种方式，比如：

```
const numLivesForCat = 9;
```

它与 let 声明相似，但是就像它的名字所表达的，被赋值后不能再改变。换句话说，它拥有与 let 相同的作用域规则，但是不能对它重新赋值。这很好理解，即它引用的值是不可变的。比如：

```
const numLivesForCat = 9;
const kitty = {
    name: "Aurora",
    numLives: numLivesForCat,
}
```

```
// Error
kitty = {
    name: "Danielle",
    numLives: numLivesForCat
};

// all "okay"
kitty.name = "Rory";
kitty.name = "Kitty";
kitty.name = "Cat";
kitty.numLives--;
```

如果一个变量不需要对它写入，其他使用这些代码的人也不能够写入它们，都应该使用const，这是最小特权原则。

2.11　TypeScript 运算符

运算符用于执行程序代码运算，会针对一个以上操作数的项目来进行运算。考虑以下计算：

```
7 + 5 = 12
```

以上实例中，7、5 和 12 是操作数。运算符"+"用于加值，运算符"="用于赋值。TypeScript主要包含以下几种运算：算术运算符、逻辑运算符、关系运算符、按位运算符、赋值运算符、三元/条件运算符、字符串运算符和类型运算符。

2.11.1　算术运算符

算术运算符就是用来运算算术的，假定 y=5，表 2-1 解释了算术运算符的操作。

表 2-1　算术运算符的操作

运算符	描述	例子	x 运算结果	y 运算结果
+	加法	x=y+2	7	5
−	减法	x=y−2	3	5
*	乘法	x=y*2	10	5
/	除法	x=y/2	2.5	5
%	取模（余数）	x=y%2	1	5
++	自增	x=++y	6	6
		x=y++	5	6
——	自减	x=——y	4	4
		x=y——	5	4

【例 2-6】运算符的使用

1）打开 VSCode，新建 main.ts，并输入如下代码：

```
var num1:number = 10
```

```
var num2:number = 2
var res:number = 0
res = num1 + num2
console.log("num1 + num2="+res);
res = num1 - num2;
console.log("num1 - num2="+res)
res = num1*num2
console.log("num1 * num2"+res)
res = num1/num2
console.log("num1 / num2"+res)
res = num1%num2
console.log("num1 % num2"+res)
num1++
console.log("num1++= "+num1)
num2--
console.log("num2-- = "+num2)
```

2）按快捷键 Ctrl+F5 运行程序，运行结果如下：

```
num1 + num2=12
num1 - num2=8
num1 * num220
num1 / num25
num1 % num20
num1++= 11
num2-- = 1
```

2.11.2　关系运算符

关系运算符用于计算结果是否为 true 或者 false。假定 x=5，表 2-2 解释了关系运算符的操作。

表 2-2　关系运算符的操作

运算符	描述	比较	返回值
==	等于	x==8	false
		x==5	true
!=	不等于	x!=8	true
>	大于	x>8	false
<	小于	x<8	true
>=	大于或等于	x>=8	false
<=	小于或等于	x<=8	true

【例 2-7】关系运算符的使用

1）打开 VSCode，新建 main.ts，并输入如下代码：

```
var num1:number = 5;
var num2:number = 9;
console.log("num1: "+num1);
console.log("num2:"+num2);
var res = num1>num2
console.log("num1 > num2: "+res)
res = num1<num2
```

```
console.log("num1 < num2: "+res)
res = num1>=num2
console.log("num1 >= num2: "+res)
res = num1<=num2
console.log("num1 <= num2: "+res)
res = num1==num2
console.log("num1 == num2: "+res)
res = num1!=num2
console.log("num1 != num2: "+res)
```

2）按快捷键 Ctrl+F5 运行程序，运行结果如下：

```
num1: 5
num2:9
num1 > num2: false
num1 < num2: true
num1 >= num2: false
num1 <= num2: true
num1 == num2: false
num1 != num2: true
```

2.11.3　逻辑运算符

逻辑运算符用于测定变量或值之间的逻辑。假定 x=6 以及 y=3，表 2-3 描述了逻辑运算符的操作。

表 2-3　逻辑运算符

运算符	描述	例子
&&	and	(x < 10 && y > 1) 为 true
||	or	(x==5 || y==5) 为 false
!	not	!(x==y) 为 true

【例 2-8】逻辑运算符的使用

本实例将介绍逻辑运算符的使用，操作步骤如下：

1）打开 VSCode，新建 main.ts，并输入如下代码：

```
var avg:number = 20;
var percentage:number = 90;

console.log("avg: "+avg+" ,percentage 值为: "+percentage);

var res:boolean = ((avg>50)&&(percentage>80));
console.log("(avg>50)&&(percentage>80): ",res);

var res:boolean = ((avg>50)||(percentage>80));
console.log("(avg>50)||(percentage>80): ",res);

var res:boolean=!((avg>50)&&(percentage>80));
console.log("!((avg>50)&&(percentage>80)): ",res);
```

2）按快捷键 Ctrl+F5 运行程序，运行结果如下：

```
avg: 20 ,percentage 值为: 90
(avg>50)&&(percentage>80):  false
(avg>50)||(percentage>80):  true
!((avg>50)&&(percentage>80)):  true
```

&&与 || 运算符可用于组合表达式。&&运算符只有在左右两个表达式都为 true 时才返回 true。比如:

```
var a = 10
var result = ( a<10 && a>5)
```

在代码中, a<10 与 a>5 是使用了&&运算符的组合表达式, 第一个表达式返回 false, 由于 &&运算需要两个表达式都为 true, 因此如果第一个表达式为 false, 就不再执行后面的判断(a>5 跳过计算), 直接返回 false。||运算符只要其中一个表达式为 true, 则该组合表达式就会返回 true。考虑以下实例:

```
var a = 10
var result = ( a>5 || a<10)
```

以上实例中, a>5 与 a<10 是使用了||运算符的组合表达式, 第一个表达式返回 true, 由于 ||组合运算只需要一个表达式为 true, 因此如果第一个为 true, 就不再执行后面的判断(a<10 跳过计算), 直接返回 true。

2.11.4　位运算符

位操作是程序设计中对位模式按位或二进制数的一元和二元操作, 表 2-4 列出了位运算符的相关操作。

表 2-4　位运算符

运算符	描述	例子	类似于	结果	十进制
&	AND, 按位与处理两个长度相同的二进制数, 两个相应的二进位都为 1, 该位的结果值才为 1, 否则为 0	x = 5 & 1	0101& 0001	0001	1
|	OR, 按位或处理两个长度相同的二进制数, 两个相应的二进位中只要有一个为 1, 该位的结果值就为 1	x = 5 | 1	0101 | 0001	0101	5
~	取反, 取反是一元运算符, 对一个二进制数的每一位执行逻辑反操作。使数字 1 成为 0, 0 成为 1	x = ~ 5	~0101	1010	–6
^	异或, 按位异或运算, 对等长二进制模式按位或二进制数的每一位执行逻辑异或操作。操作的结果是如果某位不同则该位为 1, 否则该位为 0	x = 5 ^ 1	0101^ 0001	0100	4
<<	左移, 把 << 左边的运算数的各二进位全部左移若干位, 由 << 右边的数指定移动的位数, 高位丢弃, 低位补 0	x = 5 << 1	0101 << 1	1010	10

（续）

运算符	描述	例子	类似于	结果	十进制
>>	右移，把 >> 左边的运算数的各二进位全部右移若干位，>> 右边的数指定移动的位数	x = 5 >> 1	0101 >> 1	0010	2
>>>	无符号右移，与有符号右移位类似，除了左边一律使用 0 补位	x = 2 >>> 1	0010 >>> 1	0001	1

类似的位运算符也可以与赋值运算符联合使用：<<=、>>=、>>=、&=、|=与^=。

【例 2-9】位运算符的使用

本实例将介绍位运算符的使用，操作步骤如下：

1）打开 VSCode，新建 main.ts，并输入如下代码：

```
var a: number = 12
var b: number = 10
a = b
console.log("a = b: "+a)
a += b
console.log("a+=b: "+a)
a -= b
console.log("a-=b: "+a)
a *= b
console.log("a*=b: "+a)
a /= b
console.log("a/=b: "+a)
a %= b
console.log("a%=b: "+a);
```

2）按快捷键 Ctrl+F5 运行程序，运行结果如下：

```
a = b: 10
a+=b: 20
a-=b: 10
a*=b: 100
a/=b: 10
a%=b: 0
```

2.11.5　三元运算符

三元运算有 3 个操作数，并且需要判断布尔表达式的值。三元运算符（?）主要是决定哪个值应该赋值给变量。语法如下：

```
Test ? expr1 : expr2
```

其中，Test 指定条件语句；expr1 表示如果条件语句 Test 返回 true，则返回该值；expr2 表示如果条件语句 Test 返回 false，则返回该值。

看以下实例，实例中用于判断变量是否大于 0：

```
var num:number = -2
var result = num > 0 ? "> 0" : "< 0, or == 0"
```

```
console.log(result)  // < 0, or == 0
```

2.11.6　类型运算符

typeof 是一元运算符，返回操作数的数据类型。实例如下：

```
var num = 12
console.log(typeof num);  //number
```

2.11.7　负号运算符

负号运算符的关键字是"-"，它用于更改操作数的符号，比如：

```
var x:number = 4
var y = -x;
console.log(x);  //4
console.log(y);  //-4
```

2.11.8　字符串连接运算符

字符串连接运算符的关键字是"+"，它可以拼接两个字符串，比如：

```
var msg:string = "Tom is"+" a boy."
console.log(msg)  //Tom is a boy.
```

2.12　TypeScript 条件语句

条件语句用于基于不同的条件来执行不同的操作。TypeScript 条件语句是通过一条或多条语句的执行结果（true 或 false）来决定执行的代码块。

通常在写代码时，总是需要为不同的决定来执行不同的操作。此时可以在代码中使用条件语句来完成该任务。在 TypeScript 中，可以使用以下条件语句：

1）if 语句：当 if 条件为 true 时，执行 if 代码块。

2）if⋯else 语句：当 if 条件为 true 时执行 if 代码块，当 if 条件为 false 时执行 else 代码块。

3）if⋯else if⋯else 语句：使用该语句来选择多个代码块中的一个来执行。

4）switch⋯case 语句：使用该语句来选择多个代码块中的一个来执行。

2.12.1　if 语句

if 语句由一个布尔表达式后跟一个或多个语句组成。语法格式如下：

```
if(boolean_expression){  // boolean_expression 是 if 的布尔表达式, 简称 if 条件
   # 在布尔表达式 boolean_expression 为 true 时执行
}
```

```
// 闭括号后续代码
...
```

如果布尔表达式 boolean_expression 为 true，则 if 语句内的代码块将被执行；如果布尔表达式为 false，则 if 语句结束后的第一组代码（闭括号后）将被执行。比如：

```
var num:number = 5
if (num > 0) {      // 如果条件成立，则执行大括号里面的代码
    console.log("num is a positive number.")
}
```

因为 num 是 5，所以 if 判断结果是 true，执行 if 代码块（if 大括号里面的代码），这段代码将输出"num is a positive number."。

2.12.2　if…else 语句

一个 if 语句后可跟一个可选的 else 语句，else 语句在 if 的布尔表达式为 false 时执行。语法格式如下：

```
if(boolean_expression){   // boolean_expression 是 if 的布尔表达式，简称 if 条件
    # 在布尔表达式 boolean_expression 为 true 执行
}else{
    # 在布尔表达式 boolean_expression 为 false 执行
}
```

如果 if 布尔表达式 boolean_expression 为 true，则执行 if 块内的代码；如果布尔表达式为 false，则执行 else 块内的代码。比如：

```
var num:number = 11;
if (num % 2==0) {
    console.log("even number");
} else {
    console.log("odd number");
}
```

因为 11 不能整除 2，所以 11 是一个奇数，则 if 条件为 false，将执行 else 块内的代码，最终打印输出"odd number"。

2.12.3　if…else if…else 语句

if…else if…else 语句在执行多个判断条件时很有用。语法格式如下：

```
if(boolean_expression 1) {
    # 在布尔表达式 boolean_expression 1 为 true 时执行
} else if( boolean_expression 2) {
    # 在布尔表达式 boolean_expression 2 为 true 时执行
} else if( boolean_expression 3) {
    # 在布尔表达式 boolean_expression 3 为 true 时执行
} else {
    # 布尔表达式的条件都为 false 时执行
}
```

　　在 if…else if…else 语句中，最后一个 else 是可选的，如果不需要可以不写，就变为：if…
else if；else if 也是可选的，如果不需要，就变为 if…else 语句；如果 else if 和 else 语句都存在，
则 else if 可以有一个或多个，但 else 语句只能有一个，并且必须在最后，一旦执行了 else…if
内的代码，后面的 else…if 或 else 将不再执行。比如：

```
var num:number = 0
if(num > 0) {
    console.log(num+" is a positive number.")
} else if(num < 0) {
    console.log(num+" is a negative number.")
} else {
    console.log(num+" is neither positive nor negative.")
}
```

　　变量 num 等于 0，它既不是正数又不是负数，因此输出"0 is neither positive nor negative."。

2.12.4　switch…case 语句

　　一个 switch 语句用来测试一个 switch 中的表达式结果是否等于某个 case 值的情况，如果
等于，则执行该 case 后面的语句，匹配的过程从第一个 case 开始。switch 语句的语法如下：

```
switch(expression){
    case constant-expression :
        statement(s);
        break; /* 可选的 */
    case constant-expression :
        statement(s);
        break; /* 可选的 */

    /* 可以有任意数量的 case 语句 */
    default : /* 可选的 */
        statement(s);
}
```

　　switch 语句中的 expression 是一个常量表达式，必须是一个整型或枚举类型。在一个 switch
语句中可以有任意数量的 case 语句。每个 case 后跟一个要比较的值和一个冒号。case 的
constant-expression 必须与 switch 中的变量具有相同的数据类型，并且必须是一个常量或字面
量。当 switch 表达式的结果等于某个 case 中的常量时，该 case 后跟的语句将被执行，直至遇
到 break 语句为止。当遇到 break 语句时，switch 终止，控制流将跳转到 switch 语句后的下一
行。不是每一个 case 都需要包含 break。如果 case 语句不包含 break，控制流将会继续匹配后
续的 case 常量。一个 switch 语句可以有一个可选的 default，出现在 switch 的结尾。default 可
用于上面所有 case 都不为真时执行一个任务。比如：

```
var grade:string = "A";
switch(grade) {
    case "A": {
        console.log("excellent");
        break;
    }
    case "B": {
        console.log("good");
```

```
            break;
    }
    case "C": {
        console.log("pass");
        break;
    }
    case "D": {
        console.log("fail");
        break;
    }
    default: {
        console.log("illegal input");
        break;
    }
}
```

字符串变量 grade 的值是 "A"，所以将和第一个 case 匹配成功，因此输出 "excellent"。

2.13　TypeScript 循环

有时，我们可能需要多次执行同一块代码。一般情况下，语句是按顺序执行的：函数中的第一个语句先执行，接着是第二个语句，以此类推。TypeScript 提供了多种循环语句。

2.13.1　for 循环

for 循环用于多次执行一个语句序列，简化管理循环变量的代码。语法格式如下：

```
for ( init; condition; increment ){
    statement(s);
}
```

for 循环的控制流程解析：

1）init 首先会被执行，并且只会执行一次。这一步允许用户声明并初始化任何循环控制变量。用户也可以不在这里写任何语句，只要有一个分号出现即可。

2）接下来会判断 condition。如果为 true，则执行循环主体；如果为 false，则不执行循环主体，并且控制流会跳转到紧接着 for 循环的下一条语句。

3）在执行完 for 循环主体后，控制流会跳回上面的 increment 语句。该语句允许用户更新循环控制变量。该语句可以留空，只要在条件后有一个分号出现即可。

4）条件再次被判断。如果为 true，则执行循环，这个过程会不断重复（循环主体，然后增加步值，再重新判断条件）。在条件变为 false 时，for 循环终止。

在这里，statement(s)可以是一条语句，也可以是几条语句组成的代码块。condition 可以是任意的表达式，当条件为 true 时执行循环，当条件为 false 时退出循环。比如以下代码计算 5 的阶乘，for 循环生成从 5 到 1 的数字，并计算每次循环数字的乘积。

```
var num:number = 5;
var i:number;
```

```
var factorial = 1;

for(i = num;i>=1;i--) {
    factorial *= i;
}
console.log(factorial)  //120
```

2.13.2　for…in 循环

for…in 语句用于一组值的集合或列表进行迭代输出。语法格式如下：

```
for (var val in list) {
    // 语句
}
```

Val 应为 string 或 any 类型。比如：

```
var j:any;
var n:any = "a b c"

for(j in n) {
    process.stdout.write(n[j])
}
// 输出：a b c
```

2.13.3　for…of 循环

for…of 语句创建一个循环来迭代可迭代的对象。在 ES 6 中引入了 for…of 循环，以替代 for…in 和 forEach()，并支持新的迭代协议。for…of 允许用户遍历 Array（数组）、String（字符串）、Map（映射）、Set（集合）等可迭代的数据结构。比如：

```
let someArray = [1, "string", false];

for (let entry of someArray) {
    console.log(entry); // 1, "string", false
}
```

2.13.4　while 循环

while 语句在给定条件为 true 时，重复执行语句或语句组。循环主体执行之前会先测试条件。语法格式如下：

```
while(condition)
{
    statement(s);
}
```

在这里，statement(s)可以是一条语句，也可以是几条语句组成的代码块。condition 可以是任意的表达式，当条件为 true 时执行循环。当条件为 false 时，程序流将退出循环。比如：

```
var num:number = 5;
var factorial:number = 1;
```

```
while(num >=1) {
    factorial = factorial * num;
    num--;
}
console.log("5 的阶乘为: "+factorial);
```

2.13.5 do…while 循环

不像 for 和 while 循环，它们是在循环头部测试循环条件。do…while 循环是在循环的尾部
检查它的条件。

```
do
{
   statement(s);
}while( condition );
```

注意，条件表达式出现在循环的尾部，所以循环中的 statement(s)会在条件被测试之前至
少执行一次。如果条件为 true，控制流会跳转回上面的 do，然后重新执行循环中的 statement(s)。
这个过程会不断重复，直到给定条件变为 false 为止。比如：

```
var n:number = 10;
do {
    console.log(n);
    n--;
} while(n>=0);
```

结果输出 10 到 0。

2.13.6 break 语句

break 语句有以下两种用法：

1）当 break 语句出现在一个循环内时，循环会立即终止，且程序流将继续执行紧接着循
环的下一条语句。

2）它可用于终止 switch 语句中的一个 case。

如果用户使用的是嵌套循环（即一个循环内嵌套另一个循环），break 语句会停止执行最
内层的循环，然后开始执行该块之后的下一行代码。比如：

```
var i:number = 1
while(i<=10) {
    if (i % 5 == 0) {
        console.log ("Between 1 and 10, the first number divided by 5 is "+i)
        break    // 找到一个后跳出循环
    }
    i++
} // 输出 5，然后程序执行结束
```

这段代码输出 "Between 1 and 10, the first number divided by 5 is 5"。

2.13.7　continue 语句

continue 语句有点像 break 语句，但它不是强制终止，continue 语句会跳过当前循环中的代码，强迫开始下一次循环。对于 for 循环，continue 语句执行后自增语句仍然会执行。对于 while 和 do…while 循环，continue 语句重新执行条件判断语句。比如：

```
var num:number = 0
var count:number = 0;

for(num=0;num<=20;num++) {
    if (num % 2==0) {
        continue
    }
    count++
}
console.log ("The count of odd number between 0 and 20 is "+count)
```

这段代码输出 "The count of odd number between 0 and 20 is 10"。

2.13.8　无限循环

无限循环就是一直在运行，不会停止的循环。for 和 while 循环都可以创建无限循环。for 创建无限循环的语法格式如下：

```
for(;;) {
    // 语句
}
```

while 创建无限循环的语法格式如下：

```
while(true) {
    // 语句
}
```

2.14　TypeScript 函数

函数是一组一起执行一个任务的语句。用户可以把代码划分到不同的函数中。如何划分代码到不同的函数中是由用户来决定的，但在逻辑上，划分通常是根据每个函数执行一个特定的任务来进行的。函数声明告诉编译器函数的名称、返回类型和参数。函数定义提供了函数的实际主体。

2.14.1　函数定义

函数就是包裹在花括号中的代码块，前面使用了关键词 function，function 后面跟的是用户自定义的函数名，函数名后加一对圆括号，根据是否需要传入参数，圆括号内可以为空或者写参数。这里我们先不讲参数。如果函数不需要返回值，则称无类型函数，其语法格式如下：

```
function function_name()   // 定义无类型的函数
{
    // 执行代码
}
```

比如我们定义一个函数：

```
function myfunction_name() {    // 定义无类型的函数
    console.log("调用函数")
}
```

函数如果需要返回内容，还需要定义函数的类型，这里我们定义的函数不需要返回结果，因此无须定义函数的返回类型，也称无类型函数。有（返回）类型的函数语法格式如下：

```
function function_name():return_type {    // 定义有返回类型的函数
    return value; // 函数返回
}
```

比如我们定义一个有类型的函数：

```
// 定义一个返回值是 string 类型的函数
function greet():string { // 返回一个字符串
    return "Hello World"
}
```

2.14.2 调用函数

定义函数后就可以调用函数了。函数只有通过调用才可以执行函数内的代码。语法格式如下：

```
function_name()
```

比如：

```
function test() {    // 函数定义
    console.log("This is a function.")
}
test()               // 调用函数
```

2.14.3 函数返回值

有时，我们会希望函数将执行的结果返回到调用它的地方。通过使用 return 语句就可以实现。在使用 return 语句时，函数会停止执行，并返回指定的值。如果函数中需要返回结果，就要在定义函数时指定函数的返回类型（return_type），语法格式如下：

```
function function_name():return_type {    // 定义有返回类型的函数
    return value; // 函数返回
}
```

return_type 是返回值的类型，return 关键词后面跟着要返回的结果。函数中可以有一条或多条 return 语句。返回值的类型需要与函数定义的返回类型（return_type）一致。比如：

```
// 定义一个返回值是 string 类型的函数
function greet():string { // 返回一个字符串
    return "Hello World"
}
// 定义一个无类型的函数
function caller() {
    var msg = greet() // 调用 greet()函数
    console.log(msg)
}
caller()  // 调用函数
```

代码中定义了函数 greet，返回值的类型为 string。greet 函数通过 return 语句返回给调用它的语句处，即变量 msg，之后输出该返回值。

2.14.4　带参数函数

在调用函数时，可以向其传递值，这些值被称为参数。这些参数可以在函数中使用。可以向函数发送多个参数，每个参数使用逗号 "," 分隔。语法格式如下：

```
function func_name( param1 [:datatype], param2 [:datatype]) {
    // 函数内的语句
}
```

比如：

```
function add(x: number, y: number): number {
    return x + y;
}
console.log(add(1,2))
```

代码中定义了函数 add，返回值的类型为 number。add 函数中定义了两个 number 类型的参数，函数内将两个参数相加并返回。这段代码最终输出 3。

2.14.5　可选参数

在 TypeScript 函数中，如果我们定义了参数，则必须传入这些参数，除非将这些参数设置为可选，可选参数使用问号 "?" 标识。比如我们将 lastName 设置为可选参数：

```
function buildName(firstName: string, lastName?: string) {
    if (lastName)
        return firstName + " " + lastName;
    else
        return firstName;
}

let result1 = buildName("Bob");  // 正确，可以不必传可选参数
let result2 = buildName("Bob", "Adams", "Sr.");  // 错误，参数太多了
let result3 = buildName("Bob", "Adams");  // 正确
```

可选参数必须跟在必需参数后面。如果我们想让 firstName 可选，lastName 必选，就要调整它们的位置，把 firstName 放在后面。如果都是可选参数就没关系。

2.14.6 默认参数

我们也可以设置参数的默认值，这样在调用函数时，如果不传入该参数的值，则使用默认认参数，语法格式如下：

```
function function_name(param1[:type],param2[:type] = default_value) {
}
```

以下示例函数的参数 rate 设置了默认值为 0.50，调用该函数时如果未传入参数，则使用该默认值：

```
function calculate_discount(price:number,rate:number = 0.50) {
   var discount = price * rate;
   console.log("result: ",discount);
}
calculate_discount(1000)
calculate_discount(1000,0.30)
```

结果输出：

```
result:  500
result:  300
```

2.14.7 剩余参数

有一种情况，我们不知道要向函数传入多少个参数，这时就可以使用剩余参数来定义。剩余参数语法允许我们将一个不确定数量的参数作为一个数组传入。语法格式如下：

```
function buildName(firstName: string, ...restOfName: string[]) {
   return firstName + " " + restOfName.join(" ");
}
let employeeName = buildName("Joseph", "Samuel", "Lucas", "MacKinzie");
```

函数的最后一个命名参数 restOfName 以"…"为前缀，它将成为一个由剩余参数组成的数组，索引值从 0（包括）到 restOfName.length（不包括）。示例代码如下：

```
function addNumbers(...nums:number[]) {
   var i;
   var sum:number = 0;

   for(i = 0;i<nums.length;i++) {
      sum = sum + nums[i];
   }
   console.log("sum: ",sum)
}
addNumbers(1,2,3)
addNumbers(10,10,10,10,10)
```

输出结果：

```
sum:  6
sum:  50
```

2.14.8　匿名函数

匿名函数是一个没有函数名的函数。匿名函数在程序运行时动态声明，除了没有函数名外，其他的与标准函数一样。我们可以将匿名函数赋值给一个变量，这种表达式称为函数表达式。语法格式如下：

```
var res = function( [arguments] ) { ... }
```

比如定义一个不带参数的匿名函数：

```
var msg = function() {
    return "hello world";
}
console.log(msg())  //hello world
```

比如定义一个带参数的匿名函数：

```
var res = function(a:number,b:number) {
    return a*b;
};
console.log(res(12,2))  //24
```

2.14.9　匿名函数自调用

匿名函数自调用在函数体之后使用()即可，比如：

```
(function () {
    var x = "Hello!!";
    console.log(x)      // Hello!!
})()
```

2.14.10　递归函数

递归函数即在函数内调用函数自身，比如：

```
function factorial(number) {
    if (number <= 0) {          // stop
        return 1;
    } else {
        return (number * factorial(number - 1));     // Call itself
    }
};
console.log(factorial(6));      //720
```

2.14.11　箭头函数

箭头函数也称为 Lambda 函数。箭头函数表达式的语法比函数表达式更短。函数只有一行语句：([param1, parma2,…,param n])=>statement;。以下实例声明了 Lambda 表达式函数，函数返回两个数的和：

```
var foo = (x:number)=>10 + x
```

```
console.log(foo(100))        //110
```

函数还可以是一个语句块：

```
( [param1, parma2,…param n] )=> {

    // 代码块
}
```

以下示例声明了 Lambda 表达式函数，函数返回两个数的和：

```
var foo = (x:number)=> {
    x = 10 + x
    console.log(x)
}
foo(100)  //110
```

另外，我们可以不指定函数参数的具体类型，用 any 类型即可，然后在函数内部来推断参数类型：

```
var func = (x:any)=> {
    if(typeof x=="number") {
        console.log(x+" is a number.")
    } else if(typeof x=="string") {
        console.log(x+" is a string.")
    }
}
func(12)     // 12 is a number.
func("Tom")  //Tom is a string.
```

无参数时也可以设置空括号：

```
var disp =()=> {
    console.log("Function invoked");
}
disp();  // Function invoked
```

2.15　数　　组

数组是使用单独的变量名来存储一系列的值。数组的用途非常广泛，假如用户有一组数据（例如网站名字），存在如下单独变量：

```
var site1="Google";
var site2="Runoob";
var site3="Taobao";
```

如果有 10 个、100 个变量，这种方式就变得很不实用，这时我们可以使用数组来解决：

```
var sites:string[];
sites = ["Google","Runoob","Taobao"]
```

这样看起来就简洁多了。TypeScript 声明数组的语法格式如下：

```
var array_name[:datatype];        // 声明
array_name = [val1,val2,valn..]   // 初始化
```

或者直接在声明时初始化：

```
var array_name[:data type] = [val1,val2…valn]
```

如果数组声明时未设置类型，则会被认为是 any 类型，在初始化时根据第一个元素的类型来推断数组的类型。比如创建一个 number 类型的数组：

```
var numlist:number[] = [2,4,6,8]
```

整个数组结构如图 2-32 所示。

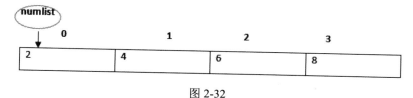

图 2-32

索引值第一个为 0，我们可以根据索引值来访问数组元素：

```
var sites:string[];
sites = ["Google","sina","Taobao"]
console.log(sites[0]);  // Google
console.log(sites[1]);  // sina
```

以下实例在声明时直接初始化：

```
var nums:number[] = [1,2,3,4]
console.log(nums[0]);  //1
console.log(nums[1]);  //2
console.log(nums[2]);  //3
console.log(nums[3]);  //4
```

2.16　联合类型

联合类型（Union Type）可以通过管道（|）将变量设置为多种类型，赋值时可以根据设置的类型来赋值。注意：只能赋值为指定的类型，如果赋值为其他类型就会报错。创建联合类型的语法格式如下：

```
Type1|Type2|Type3
```

声明一个联合类型：

```
var val:string|number
val = 12
console.log(val)  //12
val = "sina"
console.log(val)  //sina
```

如果赋值为其他类型就会报错：

```
var val:string|number
val = true  //error
```

也可以将联合类型作为函数参数使用：

```
function disp(name:string|string[]) {
    if(typeof name == "string") {
        console.log(name)
    } else {
        var i;
        for(i = 0;i<name.length;i++) {
            process.stdout.write(name[i]+",")
        }
    }
}
disp("sina")
disp(["baidu","Google","Taobao","Facebook"])
```

输出结果如下：

```
sina
baidu,Google,Taobao,Facebook,
```

也可以将数组声明为联合类型：

```
var arr:number[]|string[];
var i:number;
arr = [1,2,4]
console.log("**Numeric array**")

for(i = 0;i<arr.length;i++) {
    console.log(arr[i])
}

arr = ["qq","Google","Taobao"]
console.log("**String array**")

for(i = 0;i<arr.length;i++) {
    process.stdout.write(arr[i]+" ")
}
```

输出结果如下：

```
**Numeric array**
1
2
4
**String array**
qq Google Taobao
```

2.17　接　　口

接口是一系列抽象方法的声明，是一些方法特征的集合，这些方法都应该是抽象的，需要由具体的类去实现，然后第三方就可以通过这组抽象方法调用,让具体的类执行具体的方法。在 TypeScript 中，接口的定义如下：

```
interface interface_name {
}
```

以下示例中，我们定义了一个接口 IPerson，接着定义了一个变量 customer，它的类型是 IPerson。customer 实现了接口 IPerson 的属性和方法。

```
interface IPerson {
    firstName:string,
    lastName:string,
    sayHi: ()=>string
}

var customer:IPerson = {
    firstName:"Tom",
    lastName:"Hanks",
    sayHi: ():string =>{return "Hi there"}
}

console.log("Customer ")
console.log(customer.firstName)
console.log(customer.lastName)
console.log(customer.sayHi())

var employee:IPerson = {
    firstName:"Jim",
    lastName:"Blakes",
    sayHi: ():string =>{return "Hello!!!"}
}

console.log("Employee")
console.log(employee.firstName)
console.log(employee.lastName
```

注意，接口不能转换为 JavaScript，它只是 TypeScript 的一部分。

```
Customer
Tom
Hanks
Hi there
Employee
Jim
Blakes
```

2.18　类

TypeScript 是面向对象的语言。类描述了所创建的对象共同的属性和方法。TypeScript 支持面向对象的所有特性，比如类、接口等。在 TypeScript 中，类的定义如下：

```
class class_name {
    // 类作用域
}
```

定义类的关键字为 class，后面紧跟类名，类可以包含以下几个模块（类的数据成员）：

1）字段：字段是类里面声明的变量。字段表示对象的有关数据。

2）构造函数：类实例化时调用，可以为类的对象分配内存。

3）方法：方法为对象要执行的操作。

比如创建一个 Person 类：

```
class Person {
}
```

2.18.1　创建类的数据成员

以下示例中我们声明了 Car 类，包含字段为 engine，构造函数在类实例化后初始化字段 engine。this 关键字表示当前类实例化的对象。注意构造函数的参数名与字段名相同，this.engine 表示类的字段。此外，我们也在类中定义了一个方法 disp( )。

```
class Car {
    // 字段
    engine:string;

    // 构造函数
    constructor(engine:string) {
        this.engine = engine
    }

    // 方法
    disp():void {
        console.log("Engine is: "+this.engine)
    }
}
```

2.18.2　实例化对象

可用 new 关键字来实例化类的对象，语法格式如下：

```
var object_name = new class_name([ arguments ])
```

类实例化时会自动调用构造函数，例如：

```
var obj = new Car("Engine 1")
```

类中的字段属性和方法可以使用 “.” 来访问：

```
// 访问属性
obj.field_name

// 访问方法
obj.function_name()
```

以下示例创建了一个 Car 类，然后通过关键字 new 来创建一个对象并访问属性和方法：

```
class Car {
    engine:string;  // 类的字段

    constructor(engine:string) {   // 类的构造函数
        this.engine = engine
    }

    disp():void {    // 类的方法
```

```
      console.log("The engine model is displayed in the function: "+this.engine)
   }
}

var obj = new Car("XXSY1")  // 创建一个对象
console.log("Read engine model: "+obj.engine)  // 访问字段
obj.disp()  // 访问方法
```

输出结果：

```
Read engine model: XXSY1
The engine model is displayed in the function: XXSY1
```

2.18.3　类的继承

TypeScript 支持继承类，即我们可以在创建类的时候继承一个已存在的类，这个已存在的类称为父类，继承它的类称为子类。类继承使用关键字 extends，子类除了不能继承父类的私有成员（方法和属性）和构造函数外，其他的都可以继承。TypeScript 一次只能继承一个类，不支持继承多个类，但 TypeScript 支持多重继承（A 继承 B，B 继承 C）。语法格式如下：

```
class child_class_name extends parent_class_name
```

下面示例中创建了 Shape 类，Circle 类继承了 Shape 类，Circle 类可以直接使用 Area 属性：

```
class Shape {
   Area:number

   constructor(a:number) {
      this.Area = a
   }
}

class Circle extends Shape {
   disp():void {
      console.log("Area of circle: "+this.Area)
   }
}

var obj = new Circle(223);
obj.disp()   // Area of circle: 223
```

需要注意的是，子类只能继承一个父类，TypeScript 不支持继承多个类，但支持多重继承，示例如下：

```
class Root {
   str:string;
}

class Child extends Root {}
class Leaf extends Child {}   // 多重继承，继承了 Child 类和 Root 类

var obj = new Leaf();
obj.str ="hello"
console.log(obj.str)  // hello
```

2.18.4　继承类的方法重写

类继承后，子类可以对父类的方法重新定义，这个过程称为方法的重写。其中 super 关键字是对父类的直接引用，该关键字可以引用父类的属性和方法。比如：

```
class PrinterClass {
  doPrint():void {
    console.log("doPrint() method of parent class")
  }
}

class StringPrinter extends PrinterClass {
  doPrint():void {
    super.doPrint()        // 调用父类的函数
    console.log("doPrint() method of subclass")
  }
}
var obj = new StringPrinter();
obj.doPrint();
```

输出结果：

```
doPrint() method of parent class
doPrint() method of subclass
```

2.18.5　static 关键字

static 关键字用于定义类的数据成员（属性和方法）为静态，静态成员可以直接通过类名调用。示例代码如下：

```
class StaticMem {
  static num:number;

  static disp():void {
    console.log("num: "+ StaticMem.num)
  }
}

StaticMem.num = 12      // 初始化静态变量
StaticMem.disp()        // 调用静态方法，结果：num: 12
```

2.18.6　instanceof 运算符

instanceof 运算符用于判断对象是不是指定的类型，如果是则返回 true，否则返回 false。

```
class Person{ }
var obj = new Person()
var isPerson = obj instanceof Person;  //true
console.log("Is the obj object instantiated from the person class? " + isPerson);
```

2.18.7　访问控制修饰符

在 TypeScript 中，可以使用访问控制符来保护对类、变量、方法和构造方法的访问。TypeScript 支持 3 种不同的访问权限：

1）public（默认）：公有的，可以在任何地方被访问。
2）protected：受保护，可以被其自身及其子类访问。
3）private：私有的，只能被其定义所在的类访问。

以下示例定义了两个变量 str1 和 str2，str1 为 public，str2 为 private，实例化后可以访问 str1，如果要访问 str2，则编译会报错。

```
class Encapsulate {
    str1:string = "hello"
    private str2:string = "world"
}

var obj = new Encapsulate()
console.log(obj.str1)    // 可访问
console.log(obj.str2)    // 编译报错，str2 是私有的
```

2.18.8　类和接口

类可以实现接口，使用关键字 implements，并将 interest 字段作为类的属性使用。以下示例 AgriLoan 类实现了 ILoan 接口：

```
interface ILoan {
    interest:number
}

class AgriLoan implements ILoan {
    interest:number
    rebate:number

    constructor(interest:number,rebate:number) {
        this.interest = interest
        this.rebate = rebate
    }
}

var obj = new AgriLoan(10,1)
console.log("profit: "+obj.interest+", Commission: "+obj.rebate )//profit: 10, Commission: 1
```

2.19　命名空间

命名空间一个最明确的目的就是解决重名问题。假设这样一种情况：当一个班上有两个名叫小明的学生时，为了明确区分他们，我们在使用名字之外，不得不使用一些额外的信息，

比如他们的姓（王小明、李小明），或者他们父母的名字等。

命名空间定义了标识符的可见范围，一个标识符可在多个名字空间中定义，它在不同名字空间中的含义是互不相干的。这样，在一个新的名字空间中可定义任何标识符，它们不会与任何已有的标识符发生冲突，因为已有的定义都处于其他名字空间中。

在 TypeScript 中，命名空间使用 namespace 来定义，语法格式如下：

```
namespace SomeNameSpaceName {
    export interface ISomeInterfaceName {       }
    export class SomeClassName {        }
}
```

以上定义了一个命名空间 SomeNameSpaceName，如果我们需要在外部调用 SomeNameSpaceName 中的类和接口，则需要在类和接口中添加 export 关键字。在另一个命名空间调用的语法格式如下：

```
SomeNameSpaceName.SomeClassName;
```

如果一个命名空间在一个单独的 TypeScript 文件中，则应使用三斜杠"///"引用它，语法格式如下：

```
/// <reference path = "SomeFileName.ts" />
```

以下示例演示了命名空间的使用，定义在不同的文件中。

IShape.ts 文件代码：

```
namespace Drawing {
    export interface IShape {
        draw();
    }
}
```

Circle.ts 文件代码：

```
/// <reference path = "IShape.ts" />
namespace Drawing {
    export class Circle implements IShape {
        public draw() {
            console.log("Circle is drawn");
        }
    }
}
```

Triangle.ts 文件代码：

```
/// <reference path = "IShape.ts" />
namespace Drawing {
    export class Triangle implements IShape {
        public draw() {
            console.log("Triangle is drawn");
        }
    }
}
```

TestShape.ts 文件代码：

```
/// <reference path = "IShape.ts" />
/// <reference path = "Circle.ts" />
```

```
/// <reference path = "Triangle.ts" />
function drawAllShapes(shape:Drawing.IShape) {
    shape.draw();
}
drawAllShapes(new Drawing.Circle());
drawAllShapes(new Drawing.Triangle());
```

使用 tsc 命令编译以上代码：

```
tsc --out app.js TestShape.ts
```

输出结果如下：

```
Circle is drawn
Triangle is drawn
```

2.20　模　　块

TypeScript 模块的设计理念是可以更换的组织代码。模块是在其自身的作用域中执行，并不是在全局作用域，这意味着定义在模块中的变量、函数和类等在模块外部是不可见的，除非明确地使用 export 导出它们。类似地，我们必须通过 import 导入其他模块导出的变量、函数、类等。两个模块之间的关系是通过在文件级别上使用 import 和 export 建立的。

模块使用模块加载器去导入其他的模块。在运行时，模块加载器的作用是在执行此模块代码前去查找并执行这个模块的所有依赖。大家熟知的 JavaScript 模块加载器有服务于 Node.js 的 CommonJS 和服务于 Web 应用的 Require.js。此外，还有 SystemJS 和 Webpack。模块导出使用关键字 export，语法格式如下：

```
// 文件名：SomeInterface.ts
export interface SomeInterface {
    // 代码部分
}
```

要在另一个文件中使用该模块，就需要使用 import 关键字来导入：

```
import someInterfaceRef = require("./SomeInterface");
```

IShape.ts 文件代码：

```
/// <reference path = "IShape.ts" />
export interface IShape {
    draw();
}
```

Circle.ts 文件代码：

```
import shape = require("./IShape");
export class Circle implements shape.IShape {
    public draw() {
        console.log("Circle is drawn (external module)");
    }
}
```

Triangle.ts 文件代码：

```
import shape = require("./IShape");
export class Triangle implements shape.IShape {
   public draw() {
       console.log("Triangle is drawn (external module)");
   }
}
```

TestShape.ts 文件代码:

```
import shape = require("./IShape");
import circle = require("./Circle");
import triangle = require("./Triangle");

function drawAllShapes(shapeToDraw: shape.IShape) {
   shapeToDraw.draw();
}

drawAllShapes(new circle.Circle());
drawAllShapes(new triangle.Triangle());
```

使用 tsc 命令编译以上代码:

```
tsc --module amd TestShape.ts
```

输出结果如下:

```
Circle is drawn (external module)
Triangle is drawn (external module)
```

2.21　TypeScript 对象

一个对象是包含一组键值对集合的实例。值可以是标量值或函数,甚至是其他对象的数组。语法如下:

```
var object_name = {
   key1: "value1", //scalar value
   key2: "value",
   key3: function() {
     //functions
   },
   key4:["content1", "content2"] //collection
};
```

如上所示,一个对象可以包含标量值、函数和结构(如数组和元组)。示例代码如下:

```
var person = {
   firstname:"Tom",
   lastname:"Hanks"
};
//access the object values
console.log(person.firstname)  // Tom
console.log(person.lastname)   // Hanks
```

2.22　声明文件

在 TypeScript 中以.d.ts 为后缀的文件，我们称之为 TypeScript 声明文件。它的主要作用是描述 JavaScript 模块内所有导出接口的类型信息。

TypeScript 作为 JavaScript 的超集，在开发过程中不可避免要引用其他第三方的 JavaScript 的库。虽然通过直接引用可以调用库的类和方法，但是却无法使用 TypeScript 诸如类型检查等特性功能。为了解决这个问题，需要将这些库中的函数和方法体去掉后只保留导出类型声明，而产生一个描述 JavaScript 库和模块信息的声明文件。通过引用这个声明文件，就可以借用 TypeScript 的各种特性来使用库文件了。

如果 JS 的文件名是 xxx.js，那么类型声明文件的文件名后缀是 xxx.d.ts。

【例 2-10】在 TypeScript 程序中使用 JS 库

本实例将在 TypeScript 程序中使用 JS 库，操作步骤如下：

1）首先建立一个 JS 文件，存储在一个空文件夹中，比如 D:\demo，然后在 D:\demo 下建立文件夹 jslib。打开 VSCode，在 jslib 下新建一个 JS 文件，文件名是 mylib.js，并输入如下代码：

```
function sum(a, b) {
    return a + b
}

module.exports = sum
```

代码很简单，就定义了一个 sum 函数，它返回参数 a 和 b 的和。module.exports 提供了暴露接口的方法，这里对外暴露的接口函数是 sum。同时在 jslib 目录下新建一个类型声明文件，并输入如下代码：

```
declare function sum(a: number, b: number): number

export default sum
```

我们用关键字 declare 声明了一个函数，包括参数的定义和返回值的定义。export default 用于导出单个常量、函数、文件、模块等，这里导出的是 sum 函数。至此，我们的 JS 库创建完成。

2）下面实现调用者 TS 文件。在 VSCode 中，在 D:\demo 下新建一个 TS 文件，文件名是 main.ts，然后输入如下代码：

```
import sum from './jslib/mylib'
console.log(sum(3, 5))
```

默认情况下，import xx from 'xx' 的语法只适用于 ES 6 的 export default 导出。这里从./jslib/mylib 模块中导入 sum 函数。然后调用 sum 函数，并输出结果。

3）按快捷键 Ctrl+F5 运行程序，输出结果如下：

8

2.23　理解 TypeScript 配置文件

TypeScript 程序的编译命令为 tsc，当我们在命令行中直接输入 tsc 时，会打印出如图 2-33 所示的使用说明。

如果仅仅是编译少量的文件，可以直接使用 tsc，通过其选项来设置编译配置，比如：

```
tsc --outFile file.js --target es3 --module commonjs file.ts
```

如果是编译整个项目，而且项目包括很多文件，推荐的做法是使用 tsconfig.json 文件，这样就不用每次编译时都还得手动配置，而且也便于团队协作。tsconfig.json 作为 tsc 命令的配置文件，它主要包含两块内容：①指定待编译的文件，②定义编译选项。另外，一般来说，tsconfig.json 文件所处的路径就是当前 TypeScript 项目的根路径。

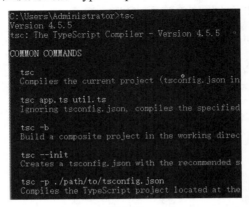

图 2-33

以下是让 tsc 使用 tsconfig.json 的两种方式：

1）不显式指定 tsconfig.json，此时编译器会从当前路径开始寻找 tsconfig.json 文件，如果没有找到，则继续往上级路径逐步寻找，直到找到为止。

2）通过--project（或缩写-p）指定一个包含 tsconfig.json 的路径，或者包含配置信息的.json 文件路径。

注意，tsc 的命令行选项具有优先级，会覆盖 tsconfig.json 中的同名选项。

通过命令 tsc --init 可以在当前目录下创建文件 tsconfig.json，如下所示：

```
D:\demo>tsc --init

Created a new tsconfig.json with:
                                                          TS
  target: es2016
  module: commonjs
  strict: true
  esModuleInterop: true
  skipLibCheck: true
  forceConsistentCasingInFileNames: true
```

```
You can learn more at https://aka.ms/tsconfig.json
```

此时在 D:\demo 下就会有 tsconfig.json 文件了。内容较长，这里不列出，仅对其常用编译选项的含义进行说明。

1）target 用于指定编译之后的版本目录，比如：

```
"target": "es5"
```

2）module 用来指定要使用的模板标准，比如：

```
"module": "commonjs"
```

3）lib 用于指定要包含在编译中的库文件，比如：

```
"lib":[
  "es6",
  "dom"
],
```

4）allowJs 用来指定是否允许编译 JS 文件，默认为 false，即不编译 JS 文件，比如：

```
"allowJs": true,
```

5）checkJs 用来指定是否检查和报告 JS 文件中的错误，默认为 false，比如：

```
"checkJs": true,
```

6）指定 JSX 代码使用的开发环境：preserve、react-native 或 React.js，比如：

```
"jsx": "preserve",
```

7）declaration 用来指定是否在编译的时候生成相应的 d.ts 声明文件，如果设为 true，则编译每个 TS 文件之后都会生成一个 JS 文件和一个声明文件，但是 declaration 和 allowJs 不能同时设为 true，比如：

```
"declaration": true,
```

8）declarationMap 用来指定编译时是否生成.map 文件，比如：

```
"declarationMap": true,
```

9）sourceMap 用来指定编译时是否生成.map 文件，比如：

```
"sourceMap": true,
```

10）outFile 用于指定输出文件合并为一个文件，只有设置 module 的值为 amd 和 system 模块时才支持这个配置，比如：

```
"outFile": "./",
```

11）outDir 用来指定输出文件夹，值为一个文件夹路径字符串，输出的文件都将放置在这个文件夹，比如：

```
"outDir": "./",
```

12）rootDir 用来指定编译文件的根目录，编译器会在根目录查找入口文件，比如：

```
"rootDir": "./",
```

13）composite 用来指定是否编译构建引用项目，比如：

```
"composite": true,
```

14）removeComments 用来指定是否将编译后的文件注释删除，设为 true 即删除注释，默认为 false，比如：

```
"removeComments": true,
```

15）noEmit 用来指定不生成编译文件，比如：

```
"noEmit": true,
```

16）importHelpers 用来指定是否导入 tslib 中的复制工具函数，默认为 false，比如：

```
"importHelpers": true
```

17）当 target 为 ES 5 或 ES 3 时，为 for-of、spread 和 destructuring 中的迭代器提供完全支持，比如：

```
"downlevelIteration": true
```

18）isolatedModules 用来指定是否将每个文件作为单独的模块，默认为 true，它不可以和 declaration 同时设置，比如：

```
"isolatedModules": true
```

19）strict 用来指定是否启动所有类型检查，如果设为 true，则会同时开启下面这几个严格检查，默认为 false，比如：

```
"strict": true
```

20）noImplicitAny 如果没有为一些值明确设置类型，编译器会默认这个值为 any 类型，如果将 noImplicitAny 设为 true，则没有明确设置类型会报错，默认值为 false，比如：

```
"noImplicitAny": true
```

21）strictNullChecks 设为 true 时，null 和 undefined 不能赋值给非这两种类型的值，别的类型的值也不能赋给它们，除了 any 类型之外，还有个例外就是 undefined 可以赋值给 void 类型，比如：

```
"strictNullChecks": true
```

22）strictFunctionTypes 用来指定是否使用函数参数双向协变检查，比如：

```
"strictFunctionTypes": true
```

23）strictBindCallApply 设为 true 后，对 bind、call 和 apply 绑定的方法的参数的检测是严格检测，比如：

```
"strictBindCallApply": true
```

24）strictPropertyInitialization 设为 true 后，会检查类的非 undefined 属性是否已经在构造函数中初始化，如果要开启此项，则需要同时开启 strictNullChecks，默认为 false，比如：

```
"strictPropertyInitialization": true
```

25）当 this 表达式的值为 any 类型时，生成一个错误，比如：

```
"noImplicitThis": true
```

26）alwaysStrict 用来指定始终以严格模式检查每个模块，并且在编译之后的 JS 文件中加入 use strict 字符串，用来告诉浏览器该 JS 文件为严格模式，比如：

```
"alwaysStrict": true
```

27）noUnusedLocals 用来检查是否有定义了但是没有使用的变量，对于这一点的检测，使用 ESLint 可以在书写代码时进行提示，用户可以配合使用，它的默认值为 false，比如：

```
"noUnusedLocals": true
```

28）noUnusedParameters 用来检查是否有在函数中没有使用的参数，比如：

```
"noUnusedParameters": true
```

29）noImplicitReturns 用来检查函数是否有返回值，设为 true 后，如果函数没有返回值则会提示，默认为 false，比如：

```
"noImplicitReturns": true
```

30）noFallthroughCasesInSwitch 用来检查 switch 语句区块中是否有 case 没有使用 break 跳出，默认为 false，比如：

```
"noFallthroughCasesInSwitch": true,
```

31）moduleResolution 用来选择模块解析策略，有 node 和 classic 两种类型，比如：

```
"moduleResolution": "node",
```

32）baseUrl 用来设置解析非相对模块名称的基本目录，相对模块不会受到 baseUrl 的影响，比如：

```
"baseUrl": "./",
```

33）paths 用来设置模块名到基于 baseUrl 的路径映射，比如：

```
"paths": {
    "*":["./node_modules/@types", "./typings/*"]
},
```

34）rootDirs 可以指定一个路径列表，在构建时编译器会将这个路径中的内容都放到一个文件夹中，比如：

```
"rootDirs": [],
```

35）typeRoots 用来指定声明文件或文件夹的路径列表，如果指定了此项，则只有在这里列出的声明文件才会被加载，比如：

```
"typeRoots": [],
```

36）types 用来指定需要包含的模块，只有在这里列出的模块的声明文件才会被加载，比如：

```
"types": [],
```

37）allowSyntheticDefaultImports 用来指定允许从没有默认导出的模块中默认导入，比如：

```
"allowSyntheticDefaultImports": true,
```

38）esModuleInterop 通过导入内容创建命名空间，实现 CommonJS 和 ES 模块之间的互操作性，比如：

```
"esModuleInterop": true,
```

39）preserveSymlinks 表示不把符号链接解析为真实路径，比如：

```
"preserveSymlinks": true,
```

40）sourceRoot 用来指定调试器应该找到 TypeScript 文件而不是源文件的位置，这个值会被写进.map 文件中，比如：

```
"sourceRoot": "",
```

41）mapRoot 用来指定调试器找到映射文件而非生成文件的位置，指定 Map 文件的根路径，该选项会影响 Map 文件中的 sources 属性，比如：

```
"mapRoot": "",
```

42）inlineSourceMap 用来生成单个 sourcemaps 文件，而不是将 sourcemaps 生成不同的文件，如果设为 true，则 Map 文件的内容会以//#sourceMappingURL=开头，然后接 base64 字符串的形式插入 JS 文件底部，比如：

```
"inlineSourceMap": true,
```

43）inlineSources 用来指定是否进一步将 TS 文件的内容也包含到输出文件中，比如：

```
"inlineSources": true,
```

44）experimentalDecorators 用来指定是否启用实验性的装饰器特性，比如：

```
"experimentalDecorators": true,
```

45）emitDecoratorMetadata 用来指定是否为装饰器提供元数据支持，元数据是 ES 6 的新标准，可以通过 Reflect 提供的静态方法获取元数据，如果需要使用 Reflect 的一些方法，则需要引用 ES2015.Reflect 这个库，比如：

```
"emitDecoratorMetadata": true,
```

我们来看一个简单的配置示例：

```
{
  "compilerOptions": {
    "module": "commonjs",
    "noImplicitAny": true,
    "removeComments": true,
    "preserveConstEnums": true,
    "sourceMap": true
  },
  "files": [
    "app.ts",
    "foo.ts",
  ]
}
```

　　重要的选项是 files，用来指定待编译文件。这里的待编译文件是指入口文件，任何被入口文件依赖的文件，比如 foo.ts 依赖 bar.ts，这里并不需要写上 bar.ts，编译器都会自动把所有的依赖文件纳为编译对象。也可以使用 include 和 exclude 来指定和排除待编译文件：

```
{
  "compilerOptions": {
    "module": "commonjs",
    "noImplicitAny": true,
    "removeComments": true,
    "preserveConstEnums": true,
    "sourceMap": true
  },
  "include": [
    "src/**/*"
  ],
  "exclude": [
    "node_modules",
    "**/*.spec.ts"
  ]
}
```

　　指定待编译文件有两种方式：一是使用 files 属性，二是使用 include 和 exclude 属性。开发者可以按照自己的喜好使用其中任意一种。但它们不是互斥的，在某些情况下两者搭配起来使用效果更佳。files 属性是一个数组，数组元素可以是相对文件路径和绝对文件路径。include 和 exclude 属性也是一个数组，但数组元素是类似 glob 的文件模式。它支持的 glob 通配符包括：

　　1）* ：匹配 0 个或多个字符（注意：不含路径分隔符）。
　　2）? ：匹配任意单个字符（注意：不含路径分隔符）。
　　3）**/ ：递归匹配任何子路径。

　　在继续说明之前，有必要先了解一下在编译器眼里什么样的文件才算是 TS 文件。TS 文件指后缀名为.ts、.tsx 或.d.ts 的文件。如果开启了 allowJs 选项，那么.js 和.jsx 文件也属于 TS 文件。如果仅仅包含一个*或者.*，那么只有 TS 文件才会被包含。如果 files 和 include 都未设置，那么除了 exclude 排除的文件之外，编译器会默认包含路径下的所有 TS 文件。如果同时设置 files 和 include，那么编译器会把两者指定的文件都引入。如果未设置 exclude，那么其默认值为 node_modules、bower_components、jspm_packages 和编译选项 outDir 指定的路径。exclude 只对 include 有效，而对 files 无效，即 files 指定的文件如果同时被 exclude 排除，那么该文件仍然会被编译器引入。前面提到，任何被 files 或 include 引入的文件的依赖都会被自动引入。反过来，如果 B.ts 被 A.ts 依赖，那么 B.ts 不能被 exclude 排除，除非 A.ts 也被排除了。有一点要注意的是，编译器不会引入疑似为输出的文件。比如，如果引入的文件中包含 index.ts，那么 index.d.ts 和 index.js 就会被排除。通常来说，只有拓展名不一样的文件命名法是不推荐的。tsconfig.json 也可以为空文件，这种情况下会使用默认的编译选项来编译所有默认引入的文件。

第 **3** 章

搭建 Vue.js 开发环境

　　Vue.js 应用程序开发方式有两种：一种是非工程化方式，针对学习和小规模项目比较适合，通常只需要 JS 或 TS 文件，再搭配 HTML 文件即可实现，项目文件结构比较简单；另一种是使用脚手架（一个 Vue.js 提供的向导工具）的工程化方式，这种方式主要针对较大规模的项目，这种方式主要使用了一个后缀名为 .vue 的文件，业务逻辑和展现都在这个文件中完成，但浏览器不认识 Vue.js 文件，因此还涉及打包的过程，需要把 Vue.js 文件翻译成 HTML 文件。作为初学者，不建议开始就进入工程化的开发，最好先从 Vue.js 的基本语法开始学习，从最简单、最少量的代码开始，循序渐进，逐步增加功能和难度，然后进入脚手架的工程化开发，那时看到向导生成的一大堆代码和文件就不会发怵了。

　　"千里之行，始于足下。"这也是本书的一大特色，对初学者非常友好，学习曲线非常平稳，不会一开始就列出一大堆文件、工具和术语，打击学习的热情。因此，我们先搭建非工程化的 Vue.js 开发环境。

3.1　使用 VSCode 开发 JavaScript 程序

　　虽然 Vue.js 3 是用 TypeScript 开发的，但 JavaScript 在 Vue.js 应用工程中广泛存在，因此 JavaScript 的开发环境也要搭建好。这里，我们依然用 VSCode 来开发 JavaScript 程序。VSCode 的下载安装在第 2 章已经讲述过了，这里不再赘述。如果仅仅调试 JS 文件，则只需要安装 Node.js 即可，Node.js 的安装也已经在第 2 章介绍过了，Node.js 用的版本是 node-v16.13.1-x64.msi。如果在 HTML 网页文件中调用 JS 文件，此时调试还需要用到浏览器，并需要安装对应浏览器的调试插件。浏览器用谷歌 Chrome 浏览器或 Firefox 浏览器都可以，本书使用 Chrome 浏览器。

　　如果要在命令下运行 JS 程序，直接使用 node 命令即可，比如 node test.js，但一般开发调试都是在集成开发环境下。

【例 3.1】调试独立的 JS 文件

调试独立的 JS 文件的方法如下：

1）在本地磁盘创建一个目录，用来存放项目的静态文件，笔者这里创建的是 D:\demo，以后默认用这个目录。值得注意的是，如果没有创建项目的目录就没办法调试。另外，假设已经安装了 Node.js。

2）打开 VSCode，在 D:\demo 下新建一个 JS 文件，文件名是 test.js，并输入如下代码：

```
var a=20,b=200;
console.log(a+b);  // 第 2 行，在控制台上输出 a+b 的和
var a =a*10;
var b=b*10;
console.log(a+b);  // 在控制台上输出 a+b 的和
```

在第 2 行的左边开头单击，此时会出现红色圆圈，这个就是断点，如图 3-1 所示。

按 F5 键开始调试，如果是第一次开启调试，VSCode 会提示我们选择一个环境，如图 3-2 所示。

图 3-1

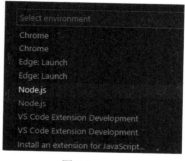

图 3-2

我们选择 Node.js，此时会执行到第 2 行暂停，红圈外部会出现箭头，如图 3-3 所示。

此时可以在左边的 VARIABLES 视图中下看到 a 和 b 的值，如图 3-4 所示。

图 3-3

图 3-4

接着，继续按 F10 键单步执行，直到最后一行结束，此时可以在 VSCode 下方的 DEBUG CONSOLE 视图下看到两次输出的 a+b 的和，如图 3-5 所示。

图 3-5

这说明我们调试单独的 JavaScript 文件成功了。如果不想调试，想全速前进（碰到断点也

不停下），则可以按快捷键 Ctrl+F5。下面开始调试嵌入 HTML 文件中的 JavaScript 程序。

此外，我们还可以在 VSCode 中调试嵌入 HTML 文件中的 JavaScript 程序。这个过程可以参考第 2 章的第一个实例，这里不再赘述。

至此，调试功能介绍完了，读者可以按 F10 键让程序单步运行。VSCode 的调试能在一定程度上解决程序员调试 JavaScript 的难题，VSCode 的功能还是比较强大的。

3.2 Vue.js 的引用方式

Vue.js 是一种 JavaScript 框架，必须在 HTML 文件中引用后才能使用，通常有 3 种引用方式。

1. 下载 Vue.js 后引用

这种方式的优点是离线使用 Vue.js，只需要首次下载即可。到目前为止，可以打开网站 https://unpkg.com/vue@3.2.29/dist/vue.global.js，然后另存为到本地磁盘上，本书中把 vue.global.js 重命名为 vue.js，然后放到 D 盘下，这样就可以直接使用 script 标签去引入这个 JS 文件，比如：

```
<script src= "d:/vue.js"></script>
```

Vue.js 会被注册为一个全局变量。其实，Vue.js 同样也相当于 JavaScript 中的一个库，其使用方式和 jQuery 一样简单。

2. CDN 方式

CDN（Content Delivery Network，内容分发网络）方式不需要下载 Vue.js 文件，但需要保持网络在线。常用的 CDN 有 unpkg：https://unpkg.com/vue@next，这样会保持与 NPM 发布的新版本一致（推荐使用）。比如：

```
<script src="https://unpkg.com/vue@next"></script>
```

3. NPM 方法

在用 Vue.js 构建大型应用时推荐使用 NPM 安装方法，NPM 方法能很好地和诸如 Webpack 或者 Browserify 模块打包器配合使用。Vue.js 也提供配套工具来开发单文件组件。但不推荐初学者一开始就使用 NPM 方法，尤其是在还不熟悉基于 Node.js 的构建工具时。

3.3 第一个 Vue.js 3 程序

老规矩，先来一个 HelloWorld 程序作为开胃菜。我们这个程序的功能很简单，就是在网页上显示一段文本字符串。通常，每个 Vue.js 应用都是通过用 createApp 函数创建一个新的应用实例开始的，然后通过 mount 函数挂载到页面上某个 dom 元素。总之，Vue.createApp 是用来创建应用实例的，它返回一个提供应用上下文的应用实例，应用实例挂载的整个组件树共享同一个上下文，该应用实例提供相关的应用 API 和维护相关的状态。在应用实例创建的过程中，会创建一个渲染器对象 Renderer，渲染器承担 Vue.js 3 视图渲染相关的功能。

当我们使用 Vue.createApp 方法创建了一个 Vue.js 应用时，如何能获取根组件呢？答案是通过 mount 函数，该函数实现应用实例的挂载并返回根组件。当我们挂载应用时，该组件被用作渲染的起点。一个应用需要被挂载到一个 dom 元素中。例如，如果我们想把一个 Vue.js 应用挂载到<div id="app"></div>，应该向 mount 函数传递 "#app" 作为参数。

大致了解了这个过程后，我们可以开启 Vue.js 3 版的 HelloWorld 实例了。

【例 3-2】第一个 Vue.js 3 程序

创建第一个 Vue.js 3 程序的步骤如下：

1）在本地新建一个目录，比如 D:\demo，这个目录以后默认作为我们的工程文件夹。每个例子开始前，都要清空该文件夹。

2）打开 VSCode，在 D:\demo 下新建一个文件 index.htm，然后添加如下代码：

```
<!DOCTYPE html>
<html>
<head>
<meta charset="utf-8">
<title>My first vue3 program</title>
<script src="d:/vue.js"></script>
</head>
<body>
<div id="app">
  {{ message }}
</div>

<script>
const HelloVueApp = {
  data() {
    return {
      message: 'Hello world from Vue3 !!'
    }
  }
}
// 每个 Vue 应用都是从用 createApp 函数创建一个新的应用实例开始的
const app = Vue.createApp(HelloVueApp);   // 创建 Vue.js 应用的实例（对象）
const rootComponent = app.mount("#app");  // 挂载 dom 元素，并返回根组件
</script>
</body>
</html>
```

可以看到，我们通过 Script 标签引用了 D:/下的 vue.js 文件，注意，vue.js 两边的双引号是英文输入法下的双引号。<div>标签可以把文档分割为独立的、不同的部分。它可以用作严格的组织工具，并且不使用任何格式与其关联，双大括号会将数据解释为普通文本，而非 HTML 代码。

Vue.js 的核心是一个允许采用简洁的模板语法来声明式地将数据渲染进 DOM 的系统。{{message}}两边的大括号会被 Vue.js 解析，这种两个大括号的语法，里面的内容会被当作类似 JS 的语句来解析，例如{{1+1}}的结果是 2，{{typeof 1}}的结果是 number。但是太复杂的解析不了，例如 if 语句就会报错。{{message}}中的 message 就会去 Vue.js 对象的 data 属性中

查找，在 Vue.js 中，所有的数据都放在 data 属性中。

　　Vue.createApp 函数创建一个新的 Vue.js 实例，每个 Vue.js 应用都是从用 createApp 函数创建一个新的应用实例开始的。Vue.js 就是 Vue.js 这个框架，所以 Vue.createApp 的意思就是用 Vue.js 框架来创建一个 Vue.js 应用实例。传递给 createApp 的参数是选项对象，用于配置根组件。createApp 方法接收的参数是根组件的选项对象，并返回了一个有 mount 方法的应用实例对象。这里的根组件的选项对象是 HelloVueApp，里面只定义了 data 选项。

　　mount 函数用于挂载应用实例到 DOM 元素，每个 Vue.js 应用需要被挂载到一个 DOM 元素中。例如，如果我们想把一个 Vue.js 应用挂载到<div id="app"></div>，应该向 mount 函数传递#app。mount 挂载之后的返回值是根组件。

　　createApp 和 mount 也可以写成一行：

```
Vue.createApp(HelloVueApp).mount('#app')
```

　　当我们挂载应用时，该组件被用作渲染的起点。在单个 Web 页面中，开发者可以添加任意多个 Vue.js 应用。只需要为每个应用创建新的 Vue.js 实例并挂载到不同的 DOM 元素即可。

　　3）在 VSCode 中按快捷键 Ctrl+F5 运行程序，此时将自动打开谷歌浏览器，运行结果如图 3-6 所示。

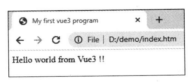

图 3-6

　　如果我们把 Script 脚本中的 "d:/vue.js" 改为 "https://unpkg.com/vue@next"，则效果一样，只是稍微慢了一些，读者可以尝试一下。

　　两个 message 是怎么对应起来的？这就是 Vue.js 背后的默认机制，data 中所有的属性都是直接绑定到 App 下的，感觉就像是同步一样。

第4章

Vue.js 基础入门

从本章开始，我们将正式开始学习 Vue.js 的语法和函数，将从最小的程序开始逐步深入，尽量让学习曲线变得平缓。

4.1　创建应用实例并挂载

通常，每个 Vue.js 应用都是从用 createApp 函数创建一个新的应用实例开始的，然后通过 mount 函数挂载到页面上某个 dom 元素，其中传递给 createApp 的选项用于配置根组件。当挂载应用时，该组件被用作渲染的起点。createApp 函数声明如下：

```
const app = createApp({
  data() {   // data()函数是用于配置根组件的其中之一的选项，此外还有 methods、computed
等
    return {
      ...          // 定义各项数据属性
    }
  },
  methods: {…},   // 方法 methods 也是根组件选项
    template:{…}, // HTML 模板 template 也是根组件选项
  computed: {…}  // 计算属性 computed 也是根组件选项
  ...
})
```

该函数接收一个根组件选项对象作为最基本的参数，这是一个对象形式的参数"{}"。这个选项对象就是告诉 Vue.js 应该如何展现我们的根组件，其中选项 data 表示根组件的数据（相当于定义数据）、选项 methods 表示根组件有哪些可供调用（相当于定义行为）、选项 template 表示根组件的网页模板（相当于定义外观）、选项 computed 表示根组件的计算属性，这些选项不一定全部都出现。值得注意的是，该函数返回一个 Vue.js 应用上下文实例（简称应用实例），相当于创建一个上下文。该函数调用时，必须由框架 Vue.js 来调用，比如：

```
<script>
    const app = Vue.createApp({
        data() {          // data()函数是用于配置根组件的选项之一
            return {
                message: 'hello'    // 具体定义了一个message字符串变量
            }
        },
        template: `<h2>{{message}}</h2>` // 根组件的模板选项，用键盘上Tab键上面的
那个键的上档字符作为定界字符，不是用单引号作为定界字符
    })
    app.mount("#box")   //box是来自<div id=box>…</div>

//-------------更清晰的代码可以这样写----------------
const RootComponentConfig = {
    // data() 函数是用于配置根组件的选项之一，此外还有 methods()、computed() 等
    data() {
        return {
            message: 'hello'   // 具体定义了一个message字符串变量
        }
    },
    template: `<h2>{{message}}</h2>`    // 根组件的模板选项
}
// RootComponentConfig 用于配置根组件实例
// 虽然根组件是调用 mount()才返回的，但是就好像提前占一个位置，预定一样
const applicationInstance = Vue.createApp(RootComponentConfig)
const rootComponentInstance = applicationInstance.mount('#box')  // box 是来
自<div id=box>…</div>
    console.log(rootComponentInstance.message);  // 得到了根组件实例，就可以通过它引
用根组件的属性
</script>
```

当应用实例使用 mount 方法（即挂载）时，表明这个应用实例（此时应该是根组件了）被用作渲染的起点。mount 方法不会返回应用实例，而是会返回根组件实例。应用实例最终需要挂载到一个 DOM 元素中，如<div id="box"></div>，于是我们给 mount 传递"#box"。其中，template："<h2>{{message}}</h2>"定义了根组件的网页模板选项，这里就是在网页上以<h2>的形式来显示字符串变量 message 的值，一对{{}}表示文本插值，{{message}}能获得变量 message 的值。

Vue.createApp 函数功能就是返回应用上下文实例对象的，该对象提供应用 API 外，还存在一些内部属性，我们可以看一下其内部代码：

```
const app = (context.app = {
    _uid: uid$1++,
    _component: rootComponent,
    _props: rootProps,
    _container: null,
    _context: context,
    _instance: null,
    version,
    get config() { return context.config; },
    set config(v) {
        {
            warn(`app.config cannot be replaced. Modify individual options
instead.`);
        }
```

```
    },
    // 应用 API
    use(plugin, ...options) {},
    mixin(mixin) {},
    component(name, component) {},        // 全局方式注册组件的函数
    directive(name, directive) {},
    mount(rootContainer, isHydrate, isSVG) {},
    unmount() {},
    provide(key, value) {}
});
```

其中_context 表示应用上下文实例；_component 表示根组件；_container 表示挂载点容器；_instance 表示根组件实例对象。总之，Vue.createApp 是用来创建应用实例的，它返回一个提供应用上下文的应用实例，应用实例挂载的整个组件树共享同一个上下文，该应用实例提供相关的应用 API 和维护相关的状态。在应用实例创建过程中，会创建一个渲染器对象 Renderer，渲染器承担 Vue.js 3 视图渲染相关的功能。

当使用 Vue.createApp 方法创建了一个 Vue.js 应用上下文实例，如何能获取根组件呢？答案是通过 mount 函数，该函数实现应用实例的挂载并返回根组件。当挂载应用时，该组件被用作渲染的起点。这个应用实例用来注册一个全局信息，在整个 Vue.js 应用中的所有组件都可以使用这个全局信息，应用实例相当于一个进程，而组件就相当于一个线程，线程之间可以相互合作并共享进程的信息。

一个应用需要被挂载到一个 DOM 元素中，当挂载应用时，根组件被用作渲染的起点。例如，如果想把一个 Vue.js 应用挂载到<div id="box"></div>，应该向 mount 函数传递'#box'作为参数。

【例 4.1】创建应用实例并挂载

创建应用实例并进行挂载的操作步骤如下：

1）在本地新建一个目录，比如 D:\demo。打开 VSCode，在 D:\demo 下新建一个文件 index.htm，然后添加如下代码：

```
<!DOCTYPE html>
<html>
<head>
<meta charset="utf-8">
<title>My vue3 program</title>
<script src="d:/vue.js"></script>
</head>
<body>
<div id="hello">
    <p>His name:{{name}}</p>
    <p>His age:{{age}}</p>
    <p>His gender:{{gender}}</p>
    <p>His wife's name:{{wife.name}}</p>
    <p>His wife's age:{{wife.age}}</p>
</div>

<script>
const user = {        // 定义根组件配置对象
  data(){             // 定义数据
    return{
```

```
          name:'Tom',
          age:28,
          gender:'man',
          wife:{
            name:'Alice',
            age:25
          }
        }
      }
}
const app = Vue.createApp(user);  // 创建应用实例
const rootComponent = app.mount("#hello");  // 挂载应用实例到 DOM 元素("hello")
console.log(rootComponent.name);  // 得到了根组件实例后，就可以通过它引用根组件的属性
</script>
</body>
</html>
```

该例中，我们在 data 选项定义了多项数据属性，比如 name、age、gender、wife.name 等，这些都是 data 选项的属性，每个属性冒号右边的内容是属性值，比如'Tom'、28、'man'、'Alice'等，然后创建应用实例并挂载。挂载后，页面上通过文本插值（{{...}}）就可以显示具体的数据，比如{{name}}、{{age}}等。另外，得到了根组件实例后，就可以通过它引用根组件的属性，比如 rootComponent.name、rootComponent.age 等。我们可以在 VSCode 的下方控制台窗口中看到 console.log 的输出结果，或者在浏览器中按 F12 键打开的终端窗口中也可以看到这个输出结果。

经过 mount 函数的调用，根组件就和 div 为 hello 的 dom 元素联系起来了，这个 dom 元素将作为根组件的外观，我们可以在这个 div 中写根组件的外观表现形式，比如红色字体、放置按钮或其他表单元素等。div 中的 HTML 代码是否必须写在该 div 中呢？也不一定，因为根组件配置选项中还有一个名为 template 的模板选项，这个模板选项中也可以写 HTML 代码来定义根组件的外观，这样页面上 div 为 hello 的节点中就不需要再写 HTML 代码了，也就是说，可以把原来 div 为 hello 的节点中的 HTML 代码放到 template 模板选项中，比如：

```
<div id="hello">
</div>

<script>
const user = {
    data(){         // 使用 data 选项
      return{
        name:'Tom',
        age:28,
        gender:'man',
        wife:{
          name:'Alice',
          age:25
        }
      }
    }
    template:`      // 使用模板选项
  <p>His name:{{name}}</p>
  <p>His age:{{age}}</p>
  <p>His gender:{{gender}}</p>
  <p>His wife's name:{{wife.name}}</p>
```

```
            <p>His wife's age:{{wife.age}}</p>`
    }
```

效果是一样的。代码文件保存为 index2.htm。

2）在 VSCode 中按快捷键 Ctrl+F5 运行程序，此时将自动打开 Chrome 浏览器，运行结果如图 4-1 所示。

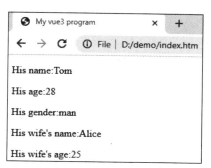

图 4-1

至此，我们应该已经学会在网页上输出数据。下面开始学习修改数据，毕竟前端基本的任务就是展现数据，修改数据后再展现数据。

4.2　数据选择

Vue.js 实例中可以通过 data（数据）选项定义数据属性，这些数据可以在实例对应的模板中进行绑定并使用。当 Vue.js 实例被创建时，它会尝试获取在 data 中定义的所有属性，用于视图的渲染，并且监视 data 中的属性变化，data 一旦发生改变，所有相关的视图都将重新渲染，这就是"响应式"系统。

【例 4.2】在 HTML 页面中显示 data 定义的数据

在 HTML 页面中显示 data 定义的数据的方法如下：

1）在 VSCode 中打开目录（D:\demo），新建一个文件 index.htm，然后添加代码，代码如下：

```
<!DOCTYPE html>
<html>
    <head>
        <meta charset="utf-8">
        <title></title>
    </head>
    <body>
        <div id="box1">
            {{myname}}
        </div>
        <div id="box2">
            {{myname}}
        </div>
    </body>
```

```
<script src="d:/vue.js"></script>
<script>
  const user = {
   data(){              //定义数据
     return{
       myname:'Tom',
     }
 }
}
const app = Vue.createApp(user);      //创建应用实例
const rc = app.mount("#box1");        //把应用实例挂载到 DOM 元素("box1")
</script>
</html>>
```

在代码中，我们在 box1 节和 box2 节都引用了{{myname}}，但是由于 Vue.js 对象只作用于 box1 节，因此 Tom 只会在 box1 节中显示，box2 节中只会显示{{myname}}。

2）按 F5 键运行程序，运行结果如下：

```
Tom
{{myname}}
```

【例 4.3】监视 data 中的属性变化

监视 data 中的属性变化的方法如下：

1）在 VSCode 中打开目录（D:\demo），新建一个文件 index.htm，然后添加代码，核心代码如下：

```
<!DOCTYPE html>
<html>
    <head>
        <meta charset="utf-8">
        <title></title>
    </head>
    <body>
        <div id="box1">
            <p>your name: {{name}}</p>
            <p>your age: {{age}}</p>
        </div>
    </body>
    <script src="d:/vue.js"></script>
    <script>
      const user = {
       data(){
         return{
           name:'Tom',
           age:18
         }
     }
}
const app = Vue.createApp(user);
const rc = app.mount("#box1");
</script>
</html>
```

我们通过插值表达式{{name}}和{{age}}将数据属性 name 和 age 的属性值显示在页面上。运行后，可以在控制台修改 name 和 age 的属性值，这样会同步更新页面的显示。

2）按快捷键 Ctrl+F5 运行程序，运行结果如下：

```
your name: Tom

your age: 18
```

此时，在浏览器上按 F12，打开控制台窗口，然后在控制台的命令行提示符旁输入"rc.name='Jack'"后按回车键，然后页面上 Tom 就变为 Jack 了，如图 4-2 所示。

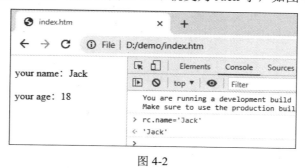

图 4-2

"{{ }}"是 Vue.js 的插值表达式（Mustache 语法），主要作用是进行数据绑定，它会自动将我们双向绑定的数据实时显示出来，比如 View 部分中有一个{{myname}}，Vue.js 对象中定义的变量 myname 发生了改变，插值处的内容就会更新。{{}}里面可以是表达式、字符串、函数、正则表达式、布尔等。

4.3　响应式系统的原理

Vue.js 3 中使用 Proxy（代理）重写了响应式系统，响应式系统又是 Vue.js 3 的核心。响应式是指当数据改变后，Vue.js 会通知到使用该数据的代码。例如，视图渲染中使用了数据，数据改变后，视图也会自动更新。这是 Vue.js 最独特的特性之一，因此 Vue.js 被称为响应式系统。数据模型仅仅是普通的 JavaScript 对象，当用户修改它们时，视图会更新。

在 Vue.js 2 中，利用 Object.defineProperty 来劫持 data 数据的 getter 和 setter 操作，这使得 data 在被访问或赋值时，会动态更新绑定的 template 模块。每个数据属性都有一对 getter 和 setter，这些 getter 和 setter 对用户来说是不可见的，但是在内部它们让 Vue.js 能够追踪到数据属性，在数据属性被访问和修改时通知变更，从而网页得到更新。这种方式有一些缺点，对于对象，会递归地去循环 Vue.js 的每一个属性，这也是浪费性能的地方，如果有 10000 个属性，就要循环去遍历，并且要给每个属性增加一对 getter 和 setter。而且，只有当属性发生变化的时候才会更新视图，对象只监控自带的属性，新增的属性不监控，页面也就不生效。另外，对于数组，数组的索引发生变化或者数组的长度发生变化不会触发实体更新。对于这些缺点，Vue.js 3 进行了升级。

在 Vue.js 3 中，采用 Proxy 对象重写了响应式系统，通过 Proxy 可以拦截对 data 任意属性的任意操作（13 种），包括查（get）、增（add）、改（set）和删（delete）等。Proxy 消除了之前 Vue.js 2 中基于 Object.defineProperty 的实现所存在的这些限制：无法监听属性的添加和删除、数组索引和长度的变更，并且可以支持 Map、Set、WeakMap 和 WeakSet。

另外，对被代理对象的属性进行操作不是直接进行操作，而是通过反射对象 Reflect 来进行，Reflect 是一个内置的对象，它提供拦截 JavaScript 操作的方法。它把事做完后，会返回一个布尔值。

什么是 Proxy 呢？Proxy 的意思是代理，Proxy 对象的作用是：通过 Proxy 创建一个代理对象，然后通过操作代理对象允许用户对指定的对象的一些行为进行自定义处理（如属性查找、赋值、枚举、函数调用等）。其实就是在对目标对象的操作之前提供拦截，可以对外界的操作进行过滤和改写，修改某些操作的默认行为，这样可以不直接操作对象本身，而是通过操作对象的代理对象来间接操作原对象。比如例 4-3 中的 user 可以认为是一个目标对象，要修改其内容，可以通过 Proxy 对象来进行，而且不是直接对目标对象进行修改，比如 user.name='Jack'。

Proxy 的用法如下：

```
const p = new Proxy(target, handler)
```

Proxy 构造函数接收两个对象，第 1 个参数 target 是要处理的对象，即要使用 Proxy 包装的目标对象（可以是任何类型的对象，包括原生数组、函数和另一个代理）；第 2 个参数 handler 是要自定义处理的方法的合集（也就是一个对象）。

与 JS 中的 Object.defineProperty 很像，Proxy 也可以对某个属性的读写行为进行控制，而且 Proxy 更灵活和强大，它能做到很多访问器属性做不到的事情，比如监听属性删除和添加事件等。Proxy 支持拦截的操作一共有 13 种：

1）get(target, propKey, receiver)：拦截对象属性的读取，比如 proxy.foo 和 proxy['foo']。

2）set(target,propKey,value,receiver)：拦截对象属性的设置，比如 proxy.foo = v 或 proxy['foo'] = v，返回一个布尔值。

3）has(target, propKey)：拦截 propKey in proxy 的操作，返回一个布尔值。

4）deleteProperty(target, propKey)：拦截 delete proxy[propKey]的操作，返回一个布尔值。

5）ownKeys(target)：拦截 Object.getOwnPropertyNames(proxy)、Object.getOwnProperty-Symbols(proxy)、Object.keys(proxy)、for…in 循环，返回一个数组。该方法返回目标对象所有自身属性的属性名，而 Object.keys()的返回结果仅包括目标对象自身的可遍历属性。

6）getOwnPropertyDescriptor(target, propKey)：拦截 Object.getOwnPropertyDescriptor(proxy, propKey)，返回属性的描述对象。

7）defineProperty(target, propKey, propDesc)：拦截 Object.defineProperty(proxy, propKey, propDesc)、Object.defineProperties(proxy, propDescs)，返回一个布尔值。

8）preventExtensions(target)：拦截 Object.preventExtensions(proxy)，返回一个布尔值。

9）getPrototypeOf(target)：拦截 Object.getPrototypeOf(proxy)，返回一个对象。

10）isExtensible(target)：拦截 Object.isExtensible(proxy)，返回一个布尔值。

11）setPrototypeOf(target, proto)：拦截 Object.setPrototypeOf(proxy, proto)，返回一个布尔值。如果目标对象是函数，那么还有两种额外操作可以拦截。

12）apply(target, object, args)：拦截 Proxy 实例作为函数调用的操作，比如 proxy(...args)、proxy.call(object, ...args)、proxy.apply(...)。

13）construct(target,args)：拦截 Proxy 实例作为构造函数调用的操作,比如 new proxy(...args)。

接下来的例子中，我们把某些属性变为"私有"，如不允许读取 id 属性。然后定义 set 方法，不允许修改 id、name、age 属性，只允许修改 school 属性，并且修改时使用 Reflect.set(target, prop, value)。

【例 4.4】Proxy 和 Reflect 的使用

Proxy 和 Reflect 的使用步骤如下：

1）在本地新建一个目录，比如 D:\demo。打开 VSCode，在 D:\demo 下新建一个文件 test.js，然后添加如下代码：

```
var user = {      //定义被代理对象，也就是目标对象，或称原对象
    id : 1,
    name : 'Tom',
    age : 10,
    school : 'primary school',
    sister:{   //sister 是 user 的属性对象
        name:'Alice',
        age:12
    }
}
var handler = {
    // 当读取目标对象属性值时，将调用 get
    get(target,prop){
        if(prop == 'id'){
            return undefined;
        }
        // return target[prop];  //如果用这句也可以
        return Reflect.get(target,prop); //利用反射对象 Reflect 来读取
    },
    // 当修改目标对象的属性值和为目标对象添加新的属性时，将调用 set
    set(target,prop,value){
        if(prop == 'id' || prop == 'name' ){
            console.log(`Property ${prop} modification is not allowed.`)
        }else{
            // target[prop] = value;  //用这句也可以
            return Reflect.set(target,prop,value);//利用反射对象 Reflect 来修改
        }
    },
    // 删除目标对象上的某个属性时将调用 deleteProperty
    deleteProperty(target,prop){
        console.log('deleteProperty is called');
        return Reflect.deleteProperty(target,prop); //不要写成 defineProperty
    }
};
var proxyUser = new Proxy(user,handler);  // 实例化代理对象

// 通过代理对象获取目标对象中的某个属性值
console.log(proxyUser.id);        //id 获取不到，因为 get 函数里面拦截了
console.log(proxyUser.name);      //可以得到
console.log(proxyUser.age);       //可以得到
console.log(proxyUser.school);    //可以得到
console.log(proxyUser.sister.ages);  //可以得到
```

```
// 通过代理对象更新目标对象中的某个属性值
proxyUser.id = 2;              // 修改不了，因为我们在 set 函数中拦截了
proxyUser.name = 'Jack';        // 修改不了，因为我们在 set 函数中拦截了
proxyUser.age = 9;              // 可以修改成功
proxyUser.sister.age = 13;  // 可以修改成功
console.log(user);

// 通过代理向目标对象中增加一个新的属性
proxyUser.gender='boy';
console.log(user);

// 通过代理对象删除目标对象中的某个属性
delete proxyUser.age;
console.log(user);

// 通过代理对象更新目标对象中的属性值
proxyUser.sister.age=14;
console.log(user.sister.age);
```

在代码中，我们定义 user 为被代理对象，也就是目标对象或称原对象，而 proxyUser 为代理对象，现在我们通过代理对象来读取或修改原对象。在 get 函数中，如果用户试图读取属性 id（比如 console.log(proxyUser.id);），则直接返回 undefined，因此最终打印的 proxyUser.id 为 undefined，这样就做到了属性 id 的私有化，即不允许外部读取。在 set 函数中，只允许修改 age 和 school 属性，其他属性不允许修改，当尝试对 id 赋值的时候，比如 proxyUser.id=2，就会调用 set 函数，然后 set 函数中的 if 语句进行判断，如果是 id，则打印 "Property id modification is not allowed."。随后，我们通过代理向目标对象中增加一个新的属性，再通过代理对象更新目标对象中的属性对象的属性值。

2）按快捷键 Ctrl+F5 运行程序，运行结果如下：

```
undefined
Tom
10
primary school
undefined
Property id modification is not allowed.
Property name modification is not allowed.
{id: 1, name: 'Tom', age: 9, school: 'primary school', sister: {…}}
{id: 1, name: 'Tom', age: 9, school: 'primary school', sister: {…}, …}
deleteProperty is called
{id: 1, name: 'Tom', school: 'primary school', sister: {…}, gender: 'boy'}
14
```

本节的学习目的主要是为了了解 Vue.js 3 响应式系统背后的一些基本原理。

4.3.1 方法选项

Vue.js 实例中除了可以定义数据选项外，也可以定义方法选项，并且在 Vue.js 的作用范围内使用。可以通过选项 methods 对象来定义方法，并且使用 v-on 指令来监听 DOM 事件。可以使用 v-on 指令（通常缩写为@符号）来监听 DOM 事件，并在触发事件时执行一些 JavaScript。用法为 v-on:click="methodName"，或使用快捷方式 @click="methodName"。

【例 4-5】监听页面按钮事件

监听页面按钮事件的步骤如下：

1）在 VSCode 中打开目录（D:\demo），新建一个文件 index.htm，然后添加代码，核心代码如下：

```
<!DOCTYPE html>
<html>
    <head>
        <meta charset="utf-8">
        <title></title>
    </head>
    <body>
        <div id="box">
            {{name}}
         <br>
         <button v-on:click="onSubmit">submit</button>
        </div>
    </body>
    <script src="d:/vue.js"></script>
    <script>
      const user = {
      data(){
        return{
          name:'Tom',        // 相当于 MVVM 中的 Model 这个角色
        }
      },

      methods:{
          onSubmit(){
                console.log(this.name+"submit ok.") // 在 VSCode 的 "DEBUG
CONSOLE" 内显示
                alert("Hello,"+this.name+",you are welcome.");// 在页面上弹出
          }
        }
      }
  const app = Vue.createApp(user);
  const rc = app.mount("#box");
</script>
</html>
```

在代码中，我们定义了 methods 选项，这个选项专门用来存放函数；定义了 onSubmit 函数，当单击按钮时，将调用该函数，因为通过 v-on:click="onSubmit"将按钮的单击事件和 onSubmit 函数进行了绑定，v-on 是 Vue.js 中的指令，用于绑定 HTML 事件，v-on:click 缩写为 @click，下一章会具体讲解。

2）按快捷键 Ctrl+F5 运行程序，当我们单击 submit 按钮时，会出现一个信息框，并且 VSCode 下方的 DEBUG CONSOLE 窗口内会显示 "Tom submit ok."，同时还会弹出一个信息框，运行结果如图 4-3 所示。

注意，指令 v-on:可以简写为 @。

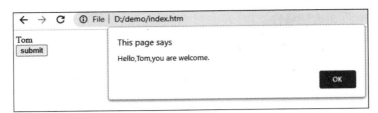

图 4-3

【例 4-6】显示整型、字符串与日期变量的值

本实例将显示整型、字符串与日期变量的值，具体步骤如下：

1）在 VSCode 中打开目录（D:\demo），新建一个文件 index.htm，然后添加如下代码：

```html
<!DOCTYPE html>
<html>
    <head>
        <meta charset="utf-8">
        <title></title>
    </head>
    <body>
        <div id="box">
            {{a}}+{{b}}={{a+b}}<br>
            {{hello + ' World !'}}<br>
            {{hello == 'Hello' ? 'yes' : 'no'}}<br>
            {{ hello.split('ll').reverse().join('-') }}<br>
            {{ mydate }}<br>
            {{ judge(hello) }}
         <br>
        </div>
    </body>
<script src="d:/vue.js"></script>
<script>
    const user = {
      data(){
        return{
          a:5,b:6,
          hello:'Hello',
          mydate: new Date ()

        }
      },
      methods:{
          judge(str){
              //判断 Hello 是否与 World 相等，如果相等，则返回 true；如果不相等，则返回
false
              return str == 'World' ? true : false ;
          }
      }
    }
const app = Vue.createApp(user);
const rc = app.mount("#box");
</script>
</html>
```

在代码中，a 和 b 是整型变量，hello 是字符串变量，mydate 是日期变量，judge 是一个方法，返回 true 或 false，它们都将在页面中显示。在 "{{ hello.split('ll').reverse().join('aa') }}" 中，

split 方法用于把一个字符串分割成字符串数组，reverse 方法用于颠倒数组中元素的顺序，join()
方法用于把数组中的所有元素组成一个字符串的形式输出，并且每个元素之间以 join 的参数
为间隔，所以"{{ hello.split('ll').reverse().join('-') }}"先把"Hello"以"ll"为分割符，切分成
"He"和"o"两个元素，然后逆置这两个元素，变为{'o','He'}，再调用 join('-')组成一个字符
串，并且以"-"间隔，即"o-He"。

　　2）按快捷键 Ctrl+F5 运行程序，运行结果如下：

```
5+6=11
Hello World !
yes
o-He
Sat Feb 05 2022 22:59:05 GMT+0800 (China Standard Time)
false
```

插值表达式是我们表达数据内容的重要手段。

4.3.2　模板选项

　　模板选项可以让原本写在 HTML 中的代码写在模板选项 template 中。比如 HTML 中有这
样一段代码：

```
<div id="box">
  {{n}}
  <button @click="add">+1</button>
</div>
```

现在我们将其写在模板选项中。

【例 4-7】HTML 代码写在模板选项中

1）在 VSCode 中打开目录（D:\demo），新建一个文件 index.htm，然后添加如下代码：

```
<!DOCTYPE html>
<html>
    <head>
        <meta charset="utf-8">
        <title></title>
    </head>
    <body>
        <div id="box">{{msg}}
        </div>
        Good!
    </body>
    <script src="d:/vue.js"></script>
    <script>
      const user = {
        data(){
          return{
            msg:'hello',
            n:5,
          }
        },
        // 注意定界模板选项起止的不是单引号，而是键盘上 Tab 键上面的那个键的上档字符
        template: `
```

```
            {{n}}
            <button @click="add">+1</button>
        `,
        methods:{
            add(){     //定义方法 add
                this.n++;  //累加
                return this.n;
            }
        }
    }
const app = Vue.createApp(user);
const rc = app.mount("#box");
</script>
</html>
```

在上述程序代码中，我们定义了两个数据选项，一个是 msg，另一个是 n。如果没有模板选项 template，页面上的{{msg}}将显示 "hello"，现在有了模板选项，将覆盖掉 "hello"，而最终显示模板选项中的 HTML 代码，即显示 n 的值，并显示一个按钮，按钮的标题是 "+1"，如果单击按钮，将调用 add 方法，该方法累加 n，并返回 n 的值。值得注意的是，模板选项的定界符号不是一对单引号，而是一对键盘上 Tab 键上面的那个键的上档字符。另外，我们的挂载点（mount 的参数）是 "#box"，因此只会影响 "<div id="box"></div>" 中的范围，其后面的 "Good！" 不会受到影响，将正常显示。

2）按快捷键 Ctrl+F5 运行程序，单击几下按钮，得到的结果如图 4-4 所示。

图 4-4

由上面的介绍可知，被 mount 挂载的 div 中的内容，既可以直接写在该<div>中，也可以写在模板选项中，这种写法比较直观，但是如果模板中的 HTML 代码太多，不建议这么写。我们还可以使用另一种写法，即把 HTML 代码写在<template>标签中。<template>标签是 HTML 5 提供的新标签，更加规范和语义化，它能保留页面加载时隐藏的内容，即该标签用作容纳页面加载时对用户隐藏的 HTML 内容的容器。如果用户有一些需要重复使用的 HTML 代码，则可以使用<template>标签，使用<template>标签的灵活性更大。

【例 4-8】HTML 代码写在<template>标签中

本实例将 HTML 代码写在<template>标签中，具体步骤如下：

1）在 VSCode 中打开目录（D:\demo），新建一个文件 index.htm，然后添加如下代码：

```
<!DOCTYPE html>
<html>
    <head>
        <meta charset="utf-8">
        <title></title>
    </head>
    <body>
        <template id="myh">
            {{n}}
            <button @click="add">+1</button>
```

```
      </template>
      <div id="box">{{msg}}</div>
      Good!
</body>
<script src="d:/vue.js"></script>
<script>
    const user = {
     data(){
       return{
         msg:'hello',
         n:5,
       }
     },
     template: '#myh',  //引用 id 为 myh 的 template 标签中的 HTML 代码，注意这里用
单引号包围
     methods:{
        add(){
           this.n++;
           return this.n;
        }
     }
    }
const app = Vue.createApp(user);
const rc = app.mount("#box");
</script>
</html>
```

在上述代码中，我们定义了 id 为 myh 的<template>标签，以后模板选项 template 可以通过'#myh'来引用，在这种场景中，#myh 用一对单引号定界起止。

2）按快捷键 Ctrl+F5 运行程序，单击几下按钮，得到的结果如图 4-5 所示。

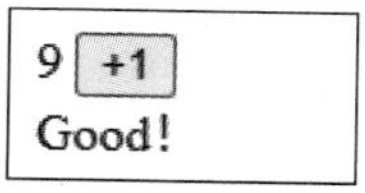

图 4-5

如果不想写在<template>标签中，还可以写在<script>标签中，只需把<template>标签的内容替换为：

```
<script type="text/x-template" id="myh">
    {{n}}
    <button @click="add">+1</button>
</script>
```

其效果类似，这里不再赘述。我们已经学习了 template 的三种写法，以后学习到 vue-cli 时还会学一种 xxx.vue 的写法，这里暂不介绍。

4.3.3　生命周期

每个 Vue.js 实例在被创建时都要经过一系列的初始化过程，例如需要设置数据监听、编译模板、将实例挂载到 DOM 并在数据变化时更新 DOM 等。同时，在这个过程中也会运行一些叫作生命周期钩子的函数，这给了用户在不同阶段添加自己的代码的机会。Vue.js 比较常用

的生命周期钩子有：

1）created：Vue.js 实例创建完成后调用，此时数据尚未挂载，这对于初始化处理一些数据比较有用。

2）mounted：dom 元素挂载到 Vue.js 应用实例上后调用，通常这里可以开始我们的第一个业务逻辑。

3）beforeDestroy：实例销毁之前调用，主要解绑一些使用 addEventListener 监听的事件等。

【例 4-9】在挂载之前执行代码

本实例将在挂载之前执行代码，具体步骤如下：

1）在 VSCode 中打开目录（D:\demo），新建一个文件 index.htm，然后添加代码，核心代码如下：

```
created: function () {
        alert('hello,'+this.msg);
        console.log('hello,' + this.msg)   // this 指向 rc 实例
    },
methods:{…}
```

其他代码基本与上例一样。这个 created 钩子函数不需要写在 methods 中，我们在 created 钩子函数中调用 alert，从而看到 alert 信息框先出来，等信息框关闭后，才能在页面上显示出其他内容。执行 created 函数中的内容时，数据尚未挂载。

2）按快捷键 Ctrl+F5 运行程序，得到的结果如图 4-6 所示。

图 4-6

果然，alert 信息框已经显示出来了。当挂载 DOM 对象成功后，会自动调用 mounted 钩子函数。

4.4 绑定数据

Vue.js 是一个响应式的数据绑定系统，建立绑定后，DOM 将和数据保持同步，这样就无须手动维护 DOM，使代码更加简洁易懂，进而提升效率。

4.4.1 了解代码中的 MVVM

既然是 Vue.js 程序，肯定要符合 MVVM 模式，现在我们来为代码写点注释，搞清代码中的 Model（模型）、View（视图）和 ViewModel（视图模型）。比如，HTML 代码 "<div

id="box">{{name}}</div>" 很明显用来显示 name 的值，所以它就相当于 View；name 相当于 Model；Vue.js 的应用实例既挂载了 box 节（View），也关联到了 name，因此相当于 ViewModel，起控制（Control）作用。我们在下面的例子中将 Model、View 和 ViewModel 都进行注释。

【例 4-10】把 MVVM 单独分出来

本实例将 MVVM 单独分出来，具体步骤如下：

1）在 VSCode 中打开目录（D:\demo），新建一个文件 index.htm，然后添加代码，代码如下：

```
<!DOCTYPE html>
<html>
    <head>
        <meta charset="utf-8">
        <title></title>
    </head>
    <body>
        <!--View-->
        <div id="box">{{name}}</div>
    </body>
    <script src="d:/vue.js"></script>
    <script>
        //Model
        const user = {
        data(){
          return{
            name:'Tom',
          }
        }
    }
    //ViewModel
    const app = Vue.createApp(user);
    const rc = app.mount("#box");
</script>
</html>
```

在上述代码中，首先写了 "<div id="box">{{name}}</div>"，它相当于 View。接着在脚本中分别定义了数据属性 name，它相当于 Model。然后调用 createApp 创建 Vue.js 应用实例，并调用 mount 挂载到"#box"，这两个函数相当于 ViewModel。我们对这 3 部分分别写了注释，把 Vue.js 相关的代码清晰化，明确各个角色的定位。这样可以更好地理解 MVVM 模式。

2）按快捷键 Ctrl+F5 运行程序，运行结果如下：

```
Tom
```

通过这个例子，我们知道了 View 和 ViewModel 的位置关系。另外，打开开发者工具，单击菜单 More tools→Develop tools，然后切换到 Elements，或者直接按快捷键 Ctrl+Shift+I，也可以直接按 F12 键，展开 div，可以看到里面的内容已经被 Tom 替代了，如图 4-7 所示。

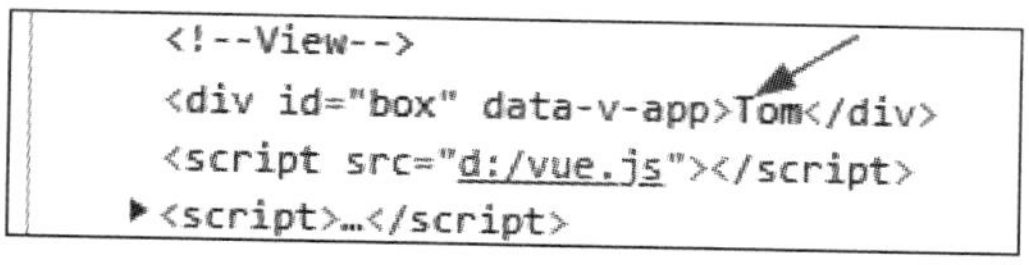

图 4-7

还可以切换到 Console，然后在提示符下输入"rc.name='Peter'"，就可以看到页面上的输出变为 Peter，这说明在控制台上修改 Model 可以更新 View。ViewModel 相当于控制的作用，View 如果更新，会影响 Model 更新。Model 如果更新，也会影响 View 更新。桥梁就是 ViewModel。下一节我们来看在控制台上直接修改 Model 来更新 View。

通过这个例子，我们要更新观念了，以后企图直接 DOM 的想法要丢弃了，因为 DOM 不是我们该管的，我们要做的就是把所有的东西放在数据中，通过修改数据，前面的 View 会自己更新。也就是说，如果想修改 View 来更新数据，或者想修改数据来更新 View，这些同步更新的事情可以通过 Vue.js 去完成。这就是 MVVM 的要点所在，MVVM 将其中的 View 的状态和行为抽象化，让我们将视图 UI 和业务逻辑分开，现在这些事情 ViewModel 已经帮我们做了。

4.4.2　触发事件更新 View

前面我们在 Console（控制台）上改变了 Model，并且看到 View 发生了变化。现在我们反着来，在 View 上触发一个 click 事件来改变 Model，再看 View 是否发生变化，即在 View 上触发一个 click 事件，然后在该事件处理方法中修改 Model，View 就自动更新了。我们会在 div 中添加一个按钮，比如：

```
<button v-on:click="show">Change Name</button>
```

其中 v-on:click 是 Vue.js 的语法，告诉 Vue.js 单击这个按钮会触发 Vue.js 中定义的方法，这里的方法名是 show，这个 show 会在 Vue.js 中定义。除此之外，也可以写成：

```
<button @click="show">Change Name</button>
```

即把"v-on:"简写为"@"，效果一样，这两个是等效的。

【例 4-11】触发 click 事件更新 View

本实例将触发 click 事件来更新 View，具体步骤如下：

1）在 VSCode 中打开目录（比如 D:\demo），新建一个文件 index.htm，然后添加代码，核心代码如下：

```
<!DOCTYPE html>
<html>
    <head>
        <meta charset="utf-8">
        <title></title>
    </head>
    <body>
        <!--View-->
        <div id="box">
          <button @click="change('Peter')">Change Name</button>
          <h3> {{myname}}</h3> <!--//myname will call myname-->
        </div>
    </body>
<script src="d:/vue.js"></script>
<script>
    //Model
    const user = {
     data(){
```

```
          return{
            myname:'Tom',
          }
        },
        methods:{
          change(x){
              this.myname=x;
          }
        }
      }
      //ViewModel
      const app = Vue.createApp(user);
      const rc = app.mount("#box");
  </script>
</html>
```

在上述代码中，我们在 div 中定义了一个按钮，按钮的名称是 Change Name，按钮的 click 事件处理方法是 change，该方法在 methods 中定义。在 change 方法中传入了参数'Peter'，因此修改 this.myname 为'Peter'，修改完成后，View 上就会立即更新。

2）按快捷键 Ctrl+F5 运行程序，当单击 Change Name 按钮时，果然 Tom 变成了 Peter，运行结果如图 4-8 所示。

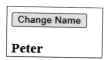

图 4-8

至此，我们已经学会通过 View 上的用户交互来改变 View 上的显示了。下面更进一步，传一个参数给 show 方法，然后把参数在页面上显示出来。

再次强调一下，刚开始学的时候，最好还是按照这种代码结构来写，分清楚哪个是 View，哪个是 Model，哪个是 ViewModel，知道是 ViewModel 在控制着 View 和 Model。

下面我们再看一个例子，根据用户的输入来更新 View，既然是根据用户的输入，肯定要在界面上提供让用户输入的地方，这里就用了一个编辑框，或许有的读者心里已经有思路了，就是通过用户的输入值来更新 Model，自然 View 就自动更新了，而且要用到一个新的指令 v-model（后面会详细讲述，这里只需要了解）。

【例 4-12】根据用户的输入来更新 View

本实例将根据用户的输入来更新 View，具体步骤如下：

1）在 VSCode 中打开目录（比如 D:\demo），新建一个文件 index.htm，然后添加代码，核心代码如下：

```
    <!DOCTYPE html>
<html>
    <head>
      <meta charset="utf-8">
      <title></title>
    </head>
<body>
      <!--View-->
      <div id="box">
```

```
        <p>Please input your name:<input type="text" v-model="myname"></p>
        <h3>hello, {{myname}}</h3>
    </div>
  </body>
  <script src="d:/vue.js"></script>
  <script>
    //Model
    const user = {
     data(){
       return{
         myname:'Tom',
       }
     }
    }
    //ViewModel
    const app = Vue.createApp(user);
    const rc = app.mount("#box");
  </script>
</html>
```

我们用了一个编辑框，并且用 Vue.js 的专用指令 v-model 告诉 Vue.js，编辑框输入的内容和 myname 关联，这样编辑框里输入什么，myname 就显示什么，myname 一旦发生变化，则 View 中的{{ myname}}也会更新。

Please input your name: Jack

hello, Jack

图 4-9

2）按 F5 键运行程序，结果如图 4-9 所示。

4.4.3 双向绑定

编写了几个小例子后，相信读者有点实战感觉了。当视图发生改变时传递给 ViewModel，再让数据得到更新，当数据发生改变时传给 ViewModel，使得视图发生改变。MVVM 模式是通过以下三个核心组件组成的，每个组件都有它自己独特的角色：

1）Model：包含业务和验证逻辑的数据模型。

2）View：定义屏幕中 View 的结构、布局和外观。

3）ViewModel：扮演 View 和 Model 之间的使者，帮忙处理 View 的全部业务逻辑。

我们再从实践中出来，一起探究其内部原理，当 Vue.js 实例创建后，内部会形成双向绑定：DOM Listeners 和 Data Bindings，如图 4-10 所示。

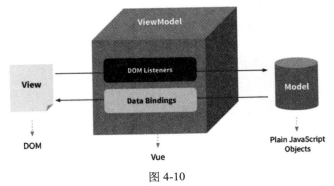

图 4-10

从 View 一侧看，DOM Listeners 监听 DOM 的变化，从 Model 一侧看，Data Bindings 帮助更新 View，也就是 DOM。Vue.js 采用数据劫持结合发布者-订阅者模式的方式，通过方法 Object.defineProperty 来劫持各个属性的 setter 和 getter，在数据变动时发布消息给订阅者，触发相应监听回调。当把一个普通 JavaScript 对象传给 Vue.js 实例来作为它的 data 选项时，Vue.js 将遍历它的属性，用 Object.defineProperty 将它们转为 getter/setter。用户看不到 getter/setter，但是在内部它们让 Vue.js 追踪依赖，在属性被访问和修改时通知变化。即当 Model 中有属性发生变化时，就会执行 set 方法，如图 4-11 所示。

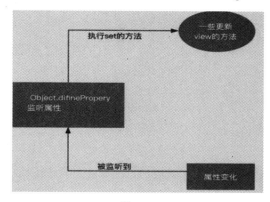

图 4-11

实现数据的双向绑定，首先要对数据进行劫持监听，所以我们需要设置一个监听器 Observer，用来监听所有属性。如果属性发生变化了，就需要告诉订阅者 Watcher 看是否需要更新。因为订阅者有很多个，所以我们需要有一个消息订阅器 Dep 来专门收集这些订阅者，然后在监听器 Observer 和订阅者 Watcher 之间进行统一管理。接着，我们还需要有一个指令解析器 Compile，对每个节点元素进行扫描和解析，将相关指令对应初始化成一个订阅者 Watcher，并替换模板数据或者绑定相应的函数，当订阅者 Watcher 接收到相应属性的变化，就会执行对应的更新函数，从而更新视图。接下来将执行以下 3 个步骤，实现数据的双向绑定：

1）实现一个监听器 Observer，用来劫持并监听所有属性，如果有变动，就通知订阅者 Watcher。

2）实现一个订阅者 Watcher，可以收到属性的变化通知并执行相应的函数，从而更新视图。

3）实现一个解析器 Compile，可以扫描和解析每个节点的相关指令，并根据初始化模板初始化相应的订阅器。

数据双向绑定的流程图如图 4-12 所示。

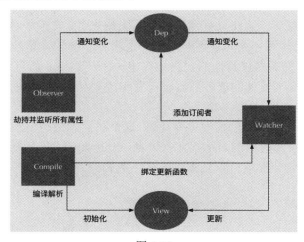

图 4-12

4.5　计算属性

设计计算属性的主要目的是分离逻辑，比如要对文本 text 去除其首尾空白，然后将其反转显示，不使用计算属性，代码如下：

```
<template>
  <div id="example">
    {{ text.split('').reverse().join('') }}
  </div>
</template>
```

使用计算属性后，可以把这个逻辑放在计算属性中：

```
<template>
  <div id="example">
    {{ normalizedText }}
  </div>
</template>

computed: {
    normalizedText() {
      return this.text.split('').reverse().join('')
    }
  }
```

显而易见，使用计算属性后，相关逻辑放在了 computed 选项内，模板更干净了。Vue.js 中不需要在 template 中直接使用 {{ text.split('').reverse().join('') }} 实现该功能，因为在模板中放入太多声明式的逻辑会让模板本身过重，尤其当在页面中使用大量复杂的逻辑表达式处理数据时，会对页面的可维护性造成很大的影响，而 computed 的设计初衷也正是用于解决此类问题。在一个计算属性中可以完成各种复杂的逻辑，包括运算、函数调用等，只要最终返回一个结果就可以。另外，如果我们不去改变 text 的值，那么 normalizedText 就不会重新计算，也就是说，normalizedText 会缓存其求值结果，直到其依赖 text 发生改变。

当用户想要的更改依赖于另一个属性时，可以使用 Vue.js 的计算属性 computed。计算属性通常依赖于其他数据属性。对于依赖属性的任何改变都会触发计算属性的逻辑。计算属性基于它们的依赖关系进行缓存，因此只有当依赖项发生变化时，它们才会重新运行（例如，返回 new Date() 的计算属性将永远不会重新运行，因为逻辑将不会运行超过一次）。

计算属性一般就是用来通过其他的数据计算出一个新数据，而且它有一个好处就是，它把新的数据缓存下来了，当其他的依赖数据没有发生改变时，它调用的是缓存的数据，这就极大地提高了程序的性能。

计算属性就是当其依赖属性的值发生变化时，这个属性的值会自动更新，与之相关的 DOM 部分也会同步自动更新。模板内的表达式非常便利，但是设计它们的初衷是用于简单运算，在模板中放入太多的逻辑会让模板过重且难以维护。例如：

```
<div id="box">
  {{ message.split('').reverse().join('') }}
</div>
```

在这个地方，模板不再是简单的声明式逻辑。读者必须看一段时间才能意识到，这里是想要显示变量 message 的翻转字符串。当我们想要在模板中的多处包含此翻转字符串时，就会更加难以处理。因此，对于任何复杂逻辑，应当使用计算属性。所有的计算属性都以函数的形式写在 Vue.js 实例的 computed 选项内，最终返回计算后的结果。

4.5.1　计算属性的简单使用

在一个计算属性中可以完成各种复杂的逻辑，包括运算、函数调用等，只要最终返回一个结果即可。说一千道一万，不如动手干一干。下面我们通过几个示例来体会计算属性的简单用法。

【例 4-13】计算属性的简单使用

1）在 VSCode 中打开目录（D:\demo），新建一个文件 index.htm，然后添加代码，核心代码如下：

```html
<!DOCTYPE html>
<html>
    <head>
        <meta charset="utf-8">
        <title></title>
    </head>
    <body>
        <!--View-->
        <div id="box">
          <p>Original message: "{{ myname }}"</p>
          <p>Computed reversed message: "{{ reversedMessage }}"</p>
      </div>

    </body>
    <script src="d:/vue.js"></script>
    <script>
      //Model
      const user = {
       data(){
         return{
           myname:'Tom',
         }
       },
       computed: {              // computed 是表示计算属性的选项
          reversedMessage() {
          return this.myname.split('').reverse().join('') // 逆置字符串 myname
          }
       }
      }
      //ViewModel
      const app = Vue.createApp(user);
      const rc = app.mount("#box");
</script>
</html>
```

在上述代码中,我们通过 computed 定义了一个计算属性 reversedMessage,它是一个函数,直接返回 myname 的逆置字符串。调用时,我们在 div 中只需要写{{ reversedMessage }}即可。注意：computed 也是一个选项，因此要与 data 选项一样并列写在选项对象 user 中。

2）按快捷键 Ctrl+F5 运行程序，结果如下：

```
Original message: "Tom"

Computed reversed message: "moT"
```

该例的计算属性和 Vue.js 实例中的一个数据关联，我们也可以让计算属性和 Vue.js 实例中的多个数据关联，当其中的任意数据发生变化，计算属性就会重新执行，视图也会更新，相当"自动化"。

【例 4-14】关联多个数据的计算属性

本实例将关联多个数据的计算属性，具体步骤如下：

1）在 VSCode 中打开目录（D:\demo），新建一个文件 index.htm，然后添加代码，核心代码如下：

```html
    <!--View-->
  <div id="box">
    <input type="text" v-model="myname">
    <input type="text" v-model="family">
    <br>
    myname={{myname}},family={{family}},mynameFamily={{connectStr}}
  </div>

<script>
    //Model
    const user = {
     data(){
       return{
         myname:'Tom',
         family:'family'
       }
     },
     computed: {                    // computed 是表示计算属性的选项
        connectStr() {
          return this.myname+this.family   // 拼接两个字符串
        }
     }
    }
    //ViewModel
    const app = Vue.createApp(user);
    const rc = app.mount("#box");
</script>
```

Vue.js 中使用 v-model 指令来实现表单元素和数据的双向绑定。监听用户的输入，然后更新数据。计算属性 connectStr 关联了两个数据 myname 和 family，当 myname 和 family 的值发生变化时，mynameFamily 的值会自动更新，并且会自动同步更新页面上的显示。

2）按快捷键 Ctrl+F5 运行程序，结果如图 4-13 所示。

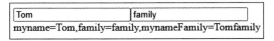

图 4-13

我们在两个编辑框中输入不同的内容，下方的 mynameFamily 会同步发生变化。

4.5.2　计算属性的 get 和 set

前面直接将计算属性写成了函数形式，其实计算属性不是函数，而是一个有着一对 get 方法和 set 方法的对象。计算属性中的每一个属性对应的都是一个对象，对象中包括 get 方法与 set 方法（注：在面向对象程序设计中方法即传统程序设计中的函数），分别用来获取计算属性和设置计算属性。当读取计算属性的时候，get 将被调用；当设置计算属性的时候，set 将被调用。默认情况下只有 get，如果需要 set，要自己添加。绝大多数情况下，计算属性没有 set 方法，相当于一个只读属性，此时计算属性可以简写为函数的形式：

```
computed: {                      // computed 是表示计算属性的选项
        connectStr() {
          return this.myname+this.family   //拼接两个字符串
        }
```

本质上执行的是 connectStr 的 get 函数：

```
computed:{
    connectStr:{              // connectStr 是一个对象
        get(){
            return this.myname+this.family   //拼接两个字符串
        }
    }
}
```

所以读取 connectStr 的地方写成{{connectStr}}即可，不需要在 connectStr 后加括号，当读取 connectStr 时将调用 connectStr 的 get 方法。

如果需要对计算属性的值进行设置，我们可以定义 set 方法。计算属性对象既可以读取，也可以设置，与 data 选项属性类似，但计算属性最大的优点是可以在 get 或 set 时进行计算，加入逻辑运算代码。

【例 4-15】使用计算属性的 get 方法和 set 方法

本实例将使用计算属性的 get 方法和 set 方法，具体步骤如下：

1）在 VSCode 中打开目录（D:\demo），新建一个文件 index.htm，然后添加代码，核心代码如下：

```
<div id="box">{{fullName}}</div>
<script>
  //Model
  const user = {
   data(){
     return{
       firstName: "Jack",
       lastName: "Jobs"  //乔布斯
     }
   },
   computed: {
     fullName: {
```

```
get(){          //定义 get 方法
  return this.firstName + " " + this.lastName;
},
set(value) {    //定义 set 方法
        console.log("set called.");
        var arr = value.split(" ");
        this.firstName = arr[0];
        this.lastName = arr[1];
    }
  }
 }
}
```

2）按快捷键 Ctrl+F5 运行程序，此时页面上显示的是 "Jack Jobs"，这是调用 get 方法的结果。如果我们按 F12 键，在控制台上把 fullName 的值设置为 "Steven Jobs"，则会调用 set 方法，从而更新页面上的内容，如图 4-14 所示。

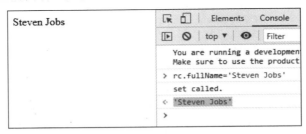

图 4-14

4.5.3　计算属性缓存

对于计算属性来说，还有一个很重要的作用就是缓存。一般情况下，计算属性（computed）和方法（method）执行出来的效果是一样的，不过使用计算属性的好处是：只有在与它相关或者需要的数据发生改变时才会重新执行计算。相对地，每当触发重新渲染时，方法总会再次被调用和执行。原因是计算属性是基于缓存的，且只有计算属性依赖的数据发生改变时，计算属性才会重新求值并更新缓存的内容，而依赖的数据没有变化时，计算属性则直接返回缓存的内容，并不会完整地执行 get 方法。

相比之下，每当触发重新渲染时，方法总会再次被调用和执行。为什么需要缓存？假设有一个性能开销比较大的计算属性 A，它需要遍历一个巨大的数组并做大量的计算，同时我们可能有其他的计算属性依赖于 A。如果没有缓存，将不可避免地多次调用并执行 A 的 get 方法。因此如果不希望有缓存，当然是用方法来替代计算属性。总之，使用计算属性还是方法取决于是否需要缓存。

方法一般用在需要主动触发的事件上，计算属性用在响应对某个数据的处理上。计算属性依靠自己依赖的数据进行缓存，只要依赖变量的值不变，计算属性返回的值永远是原来运行的结果。而方法在每次渲染时被调用就会重新执行一次。

如果使用方法，事件触发后 Vue.js 每次都要重新执行一次被触发的方法，无论依赖的数据值是否发生了变化；如果使用计算属性，只有当依赖的数据发生变化时，计算属性对应的函数才会被执行。

在下面的例子中，我们单击按钮以触发方法的调用，并在方法中调用计算属性。

【例 4-16】证明计算属性和方法的区别

1）在 VSCode 中打开目录（D:\demo），新建一个文件 index.htm，然后添加代码，核心代码如下：

```
<!DOCTYPE html>
<html>
    <head>
        <meta charset="utf-8">
        <title></title>
    </head>
    <body>
        <!--View-->
        <div id="box">
          <input type="text" v-model="myname">
          <input type="text" v-model="family">
          <br>
          <button @click="add">do</button>
          <p>{{ connectStr }}</p>
      </div>
    </body>
    <script src="d:/vue.js"></script>
    <script>
      //Model
      const user = {
        data(){
          return{
            myname:'Tom',
            family:'family'
          }
        },
        methods:{
          add(){
                this.connectStr; //调用计算属性
console.log( "do methods")          //在 VSCode 的 DEBUG CONSOLE 内显示
            }
        },
      computed: {                    //computed 是表示计算属性的选项
          connectStr() {
            console.log('------do computed-----');
            return this.myname+this.family    //拼接两个字符串
          }
        }
      }
      //ViewModel
      const app = Vue.createApp(user);
      const rc = app.mount("#box");
</script>
</html>
```

在上述代码中，当单击按钮时会调用方法 add，在方法 add 中调用了计算属性 connectStr。如果 this.myname 与 this.family 两个数据不变，当多次单击按钮时，则会多次完整地执行方法 add，而计算属性 connectStr 不会多次执行。

2）按快捷键 Ctrl+F5 运行程序，结果如图 4-15 所示。

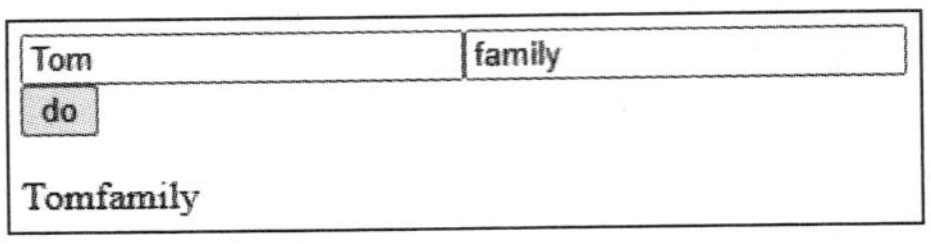

图 4-15

多次单击按钮，VSCode 的控制台窗口输出如下：

```
------do computed-----
do methods
do methods
do methods
do methods
```

"------do computed-----"只打印了一次，而"do methods"打印了多次，说明方法执行了多次，而计算属性只执行了一次，因为 this.myname 与 this.family 没有变化，所以计算属性只返回其缓存中的值。如果我们在编辑框中修改它们的值，则计算属性 connectStr 马上会执行。所以相对于方法来说，计算属性效率更高，调试起来更加方便。

在使用 Vue.js 时可能会有很多方法会被放到这里，比如事件处理方法、一些操作方法的逻辑等，但是它不能跟踪任何依赖数据，而且在每次组件重新加载时都会执行，这就会导致方法执行很多次。如果 UI 操作频繁，则会导致性能问题，所以在一些开销比较大的计算中，我们应该尝试用其他方案进行优化处理。

计算属性从名字就可以看出，它是依赖于其他属性的，当依赖的属性值（数据）发生变化时，就会触发计算属性的逻辑，而且这些依赖的属性值是在缓存中的，也就是说只有当依赖的属性值发生变化时才会重新求值。计算属性的优势在于不必每次重新执行定义的函数，因此具有很大的性能优势。

一些简单的小计算可以直接用模板内的表达式计算，比较复杂一点的就建议使用计算属性来计算，也方便后期维护。计算属性可以同时按多个 Vue.js 实例来计算，只要其中任何一个数据发生变化，计算属性就会重新计算一遍以返回新的数据，随后刷新视图中的数据。下面通过例子对比在 JavaScript 中多次调用计算属性和方法，以加深理解。

【例 4-17】在 JavaScript 中多次调用计算属性和方法

在 JavaScript 中多次调用计算属性和方法的步骤如下：

1）在 VSCode 中打开目录（D:\demo），新建一个文件 index.htm，然后添加代码，核心代码如下：

```
<div id="box">{{fullName}}</div>
<script>
  //Model
  const user = {
   data(){
     return{
       firstName: "Jack",
       lastName: "Jobs"  //乔布斯
     }
   },
   methods:{
       show(){
```

```
                        console.log("do method")
                    }
                },
            computed: {
                fullName: {
                   get(){
                     console.log('---do computed get---')
                     return this.firstName + " " + this.lastName;
                   },
                    set(value) {
                          console.log("computed set called.");
                          var arr = value.split(" ");
                          this.firstName = arr[0];
                          this.lastName = arr[1];
                     }
                }
            }
        }
        //ViewModel
        const app = Vue.createApp(user);
        const rc = app.mount("#box");  // 一旦挂载成功，将调用 get，页面显示"Jack Jobs"
        rc.fullName='Steven Jobs';  // 更新 fullName，触发调用 set，则页面显示"Steven
Jobs"
        // 下面多次调用计算属性 fullName
        rc.fullName;  // 完整执行
        rc.fullName;  // 直接返回缓存值
        rc.fullName;  // 直接返回缓存值
        // 下面多次调用计算属性 show，每次都会完整执行
        rc.show();
        rc.show();
        rc.show();
    </script>
```

2）按快捷键 Ctrl+F5 运行程序，结果如下：

```
---do computed get---
computed set called.
---do computed get---
do method
do method
do method
```

第5章

指　令

谈到指令，读者可能会联想到命令行工具，只要输入一条正确的指令，系统就开始工作了。在 Vue.js 中，我们设置一些指令来操作数据属性，并展示到 DOM 上。Vue.js 指令一般用于直接对 DOM 元素进行操作，指令的前缀是 v-。

使用指令的主要目的是实现 JavaScript 和 HTML 的分离。HTML 的结构应该定义在 HTML 文件中，而不是散落在 JavaScript 代码中。JavaScript 代码仅仅是通过 Model 去控制 View，而不是定义 View。只有实现分离，代码才能提高可维护性。Vue.js 中已经提供了很多指令，如 v-text、v-html、v-bind、v-on、v-model、v-if、v-show 等。我们前面已经接触过 v-on 和 v-model 两个指令。接下来学习更多的常见指令。

5.1　v-text 和 v-html 指令

前面我们学过了{{msg}}表达式，称为插值表达式，其格式是{{表达式}}。插值表达式支持 JavaScript 语法，可以调用 JS 内置函数（必须有返回值），而且插值表达式必须有返回结果，没有结果的表达式不允许使用。例如“1 + 1”是可以的，但“var a = 1 + 1”是不可以的。另外，插值表达式也可以直接获取 Vue.js 实例中定义的数据或函数。

v-text 指令相当于原生 JavaScript 中的 innerText。它用于将数据填充到标签中，作用与插值表达式（比如{{msg}}）类似，但是没有闪动问题（如果数据中有 HTML 标签，会将 HTML 标签一并输出）。

注　意
此处为单向绑定，只要数据对象上的值发生变化，插值就会发生变化，但是插值发生变化并不会影响数据对象的值。

在 HTML 中输出 data 的值时，我们前面用的是{{xxx}}，这种方法是有弊端的，就是当网速很慢或者 JavaScript 出错时，会暴露{{xxx}}。Vue.js 提供的 v-text 可以解决这个问题。

v-text 指令的作用是以纯文本方式显示数据。v-html 的功能更加强大一些，除了显示纯文本外，还可以识别 HTML 标签。

【例 5-1】对比 v-text 和 v-html 的使用

本实例将对比 v-text 和 v-html 的使用，具体步骤如下：

1）在 VSCode 中打开目录（D:\demo），新建一个文件 index.htm，然后添加代码，核心代码如下：

```html
<!DOCTYPE html>
<html>
    <head>
        <meta charset="utf-8">
        <title></title>
    </head>
    <body>
        <!--View-->
        <div id="box">
          <p>{{person.name}}</p>
          <p>{{person.age}}</p>
          <span v-text="text"></span>
          <span v-html="html"></span>
        </div>

    </body>
    <script src="d:/vue.js"></script>
    <script>
        //Model
        const user = {
         data(){
           return{
            person:{
                        name:'Tom',
                        age:38
                    },
                text:'hello,text',
                html:'<h1><font color="#FF0000"><a
href="https://www.mit.edu/">Welcome to MIT!</a></font></h1>'
            }
            }
        }
        //ViewModel
        const app = Vue.createApp(user);
        const rc = app.mount("#box");
    </script>
</html>
```

在上述代码中，text 保存的是纯文本字符串，显示时直接把 text 的内容全部以纯文本的形式显示出来。html 的内容中包含 HTML 标签，标签符号不会显示出来，而是对这些标签符号进行解释，比如<font color="#FF0000">表示字体为红色，<a href>表示一个网址链接。

2）按快捷键 Ctrl+F5 运行程序，结果如图 5-1 所示。

为了输出真正的 HTML，就需要使用 v-html 指令。另外，需要注意的是，在生产环境中，动态渲染 HTML 是非常危险的,因为容易导致 XSS 攻击。所以只能在可信的内容上使用 v-html,永远不要在用户提交和可操作的网页上使用。

图 5-1

5.2 v-model 指令

前面讲述的 v-text 和 v-html 指令可以看作是单向绑定,如果我们改变了 v-text 与 v-html 指令的数据内容,则会影响页面视图渲染,但是反过来就不行。下面将要学习的 v-model 指令是双向绑定,视图和模型之间会互相影响。我们可以用 v-model 指令在表单的<input>、<textarea>及<select>元素上创建双向数据绑定。它会根据控件类型自动选取正确的方法来更新元素。v-model 负责监听用户的输入事件以更新数据,并对一些极端场景进行特殊处理。

同时,v-model 会忽略所有表单元素的 value、checked、selected 特性的初始值,它总是将Vue.js 实例中的数据作为数据来源。然后当输入事件发生时,实时更新 Vue.js 实例中的数据。

【例 5-2】v-model 和编辑框一起使用

本实例将 v-model 和编辑框一起使用,具体步骤如下:

1)在 VSCode 中打开目录(D:\demo),新建一个文件 index.htm,然后添加代码,核心代码如下:

```
<div id="box">
  <input type="text" v-model="message" placeholder="Input:">
  <p>{{message}}</p>
</div>

//Model
const user = {
 data(){
   return{
     message:''
   }
 }
}
```

2)按快捷键 Ctrl+F5 运行程序,结果如图 5-2 所示。

hello
hello

图 5-2

当在编辑框中输入 hello 时，编辑框下面马上同步更新了。除了与编辑框一起使用外，v-model 也可以和其他控件一起使用，比如单选按钮和复选框等，与复选框组合使用时，v-model 与 value 联合使用，每个勾选都绑定到数组数据，当某个复选框的 value 的值在数组数据中时，复选框就会被选中。这个过程是双向的，在选中复选框时，value 的值也会自动推送（push）到这个数组数据中。

【例 5-3】v-model 和静态显示的复选框一起使用

本实例将 v-model 和静态显示的复选框一起使用，具体步骤如下：

1）在 VSCode 中打开目录（D:\demo），新建一个文件 index.htm，然后添加代码，核心代码如下：

```
        <div id='box'>
            <input type="checkbox" v-model="picked" id="html1"
value="html"/>html<br>
            <input type="checkbox" v-model="picked" id="css1"
value="css">css<br>
            <input type="checkbox" v-model="picked" id="js1"
value="js">js<br>
            <p>your choice:{{picked}}</p>
        </div>

    const user = {
     data(){
       return{
         picked:['css']
                }
       }
    }
```

在上述代码中，三个复选框的 v-model 绑定一个数组 picked。picked 开始时有值'css'，所以网页刚刚加载时，value 为'css'的复选框是处于选中状态的，并且{{picked}}的结果是['css']。当用户勾选其他两个复选框时，其对应的 value 会推送到数组 picked 中，所以{{picked}}也会发生变化。

2）按快捷键 Ctrl+F5 运行程序，结果如图 5-3 所示。

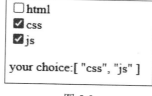

图 5-3

同样的原理，v-model 也可以和单选按钮一起使用，与复选框的区别就是单选按钮一般用于单选。

【例 5-4】v-model 和静态显示的单选按钮一起使用

本实例将 v-model 和静态显示的单选按钮一起使用，具体步骤如下：

1）在 VSCode 中打开目录（D:\demo），新建一个文件 index.htm，然后添加代码，核心

代码如下:

```
<div id='box'>
        radio box:
        <label>
            <input type="radio" value='css' v-model='picked'>css
            <input type="radio" value='html' v-model='picked'>html
            <input type="radio" value='js' v-model='picked'>js
        </label>
        <br />
        <p>your choice:{{picked}}</p>
    </div>

const user = {
    data(){
      return{
        picked:['css']
            }
      }
    }
```

上述代码运行过程和原理基本上与上例的复选框类似，不再赘述。

2）按快捷键 Ctrl+F5 运行程序，结果如图 5-4 所示。

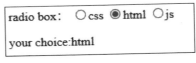

图 5-4

前面的组合框和单选按钮都是预先以静态方式用 HTML 语句写好后显示在网页上，除此之外，还可以值绑定动态方式来实现组合框，我们可以把组合框的值放到 data 数组中，然后用 for 语句来遍历。如果要在程序运行过程中增加组合框，只需要在 data 数组中增加即可，这样就实现了动态方式。

【例 5-5】v-model 和动态显示的复选框一起使用

本实例将 v-model 和动态显示的复选框一起使用，具体步骤如下：

1）在 VSCode 中打开目录（D:\demo），新建一个文件 index.htm，然后添加代码，核心代码如下：

```
<div id='box'>
        <label v-for="item in originHobbits">
            <input type='checkbox' :value="item" :id="item"
v-model='sel'>{{item}}
        </label><br>
        your choice: <div>{{sel}}</div>
    </div>
<script>
    //Model
    const user = {
     data(){
       return{
       originHobbits:['VC++','VB++','Java'],
                  sel:[]
```

```
            }
        }
    }
    //ViewModel
    const app = Vue.createApp(user);
    const rc = app.mount("#box");
    //rc.originHobbits=['VC++','VB++','Java','Vue']; //也可以在代码中增加一个
checkbox
    </script>
```

在上述代码中，我们把组合框的值放到了 data 数组 originHobbits 中，刚开始定义了 3 个字符串（'VC++','VB++','Java'），那么就会出现 3 个组合框。如果我们在程序运行后修改或增加 originHobbits 中的内容，那么网页上的组合框也会随之发生变化。这就是值绑定动态方式实现组合框，桥梁就是 v-for 指令（label v-for="item in originHobbits"）。v-for 是 Vue.js 的循环指令，后面会讲到。而勾选和数据的绑定依旧是通过 v-model，只要勾选某个组合框，那么 data 数组 sel 中的值就会增加所勾选的组合框值，同时网页上的括号表达式{{sel}}也会同步更新。

2）按快捷键 Ctrl+F5 运行程序，运行后可以在网页上看到有 3 个组合框。下面我们来动态添加一个组合框，在浏览器上按 F12 键来打开控制台窗口，然后在命令行提示符旁输入"rc.originHobbits=['VC++','VB++','Java','Delphi']"，并按回车键，此时网页上就会出现 4 个组合框。如果对某些组合框打勾，"your choice："旁边也会有相应的值。运行结果如图 5-5 所示。

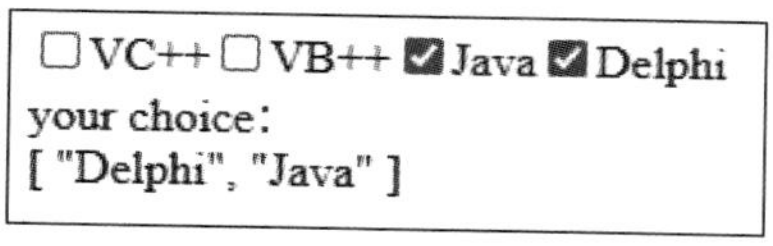

图 5-5

【例 5-6】v-model 和选择框一起使用

本实例将 v-model 和选择框一起使用，具体步骤如下：

1）在 VSCode 中打开目录（D:\demo），新建一个文件 index.htm，然后添加代码，核心代码如下：

```
<div id='box'>
    <select v-model="myselected">
        <option disabled value="">Please select</option>
        <option>C++</option>
        <option>Java</option>
        <option>C#</option>
    </select>
    <span>Single Selected: {{ myselected }}</span>
<br><br><br>
    <select v-model="Mulselected" multiple style="width: 100px;">
        <option>Delphi</option>
        <option>Java</option>
        <option>Html</option>
    </select>
<span>Multi selected: {{ Mulselected }}</span>
</div>
```

```
      const user = {
    data(){
     return{
       myselected: '',
         Mulselected: []
           }
       }
     }
```

在上述代码中，第一个选择控件只能单选，通过 v-model 指令绑定到数据 myselected，它开始的时候是一个空的字符串，当用户选择某项的时候，myselected 的值发生变化（其值变为所选的值），同时页面上的{{ myselected }}也随之更新。第二个 select 控件可以多选，Mulselected 可以容纳多个字符串，相当于字符串数组。

2）按快捷键 Ctrl+F5 运行程序，结果如图 5-6 所示。

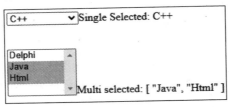

图 5-6

5.3　v-on 指令

v-on 指令的作用是为元素绑定事件，例如有一个按钮，当单击时执行一些操作：

```
<div class="box">
    <button v-on:click="myclick">click me</button>
</div>
```

在上述代码中，v-on:后面的值是一个方法，可以写成 myclick()，没有参数时可以写成 myclick。这种事件对应的方法不是定义在 data 选项中，而是定义在 Vue.js 实例的 methods 选项中，其中都是函数，比如：

```
methods:{
    myclick:function(){
        console.log(111111);
    }
}
```

v-on 也可以绑定多个事件，多个事件对应多个 v-on 绑定，比如：

```
<div class="box">
    <button v-on:mouseenter='onenter' v-on:mouseleave='leave'>click
me</button>
    </div>
```

也可以使用一个 v-on，里面用对象的形式书写，对象的键名就是事件名，对象的键值就是对应事件要执行的方法。多个事件之间通过逗号分开，比如：

```
    <div class=" box">
```

```
    <button v-on="{mouseenter:onenter,mouseleave:leave}">click me</button>
</div>
```

当然也可以混合使用，比如：

```
<div class=" box">
    <button v-on="{mouseenter:onenter,mouseleave:leave}"
v-on:click="myclick">click me</button>
</div>
```

需要注意的是，在 Vue.js 实例中，方法一定要有，不然就会报错。如果想省略 v-on 指令，也可以简写如下：

```
<button @click='clickHandler'>click</button>
```

其中 **clickHandler** 是按钮事件处理函数。

在 Vue.js 中，v-on 指令支持的常用事件如下：

（1）资源事件

v-on 指令支持的资源事件如表 5-1 所示。

表 5-1　v-on 指令支持的资源事件及其触发时机

事件名称	何时触发
error	资源加载失败时
abort	正在加载的资源被中止时
load	资源及其相关资源已完成加载
beforeunload	window、document 及其资源即将被卸载
unload	文档或一个依赖资源正在被卸载

（2）网络事件

v-on 指令支持的网络事件如表 5-2 所示。

表 5-2　v-on 指令支持的网络事件及其触发时机

事件名称	何时触发
online	浏览器已获得网络访问
offline	浏览器已失去网络访问

（3）焦点事件

v-on 指令支持的焦点事件如表 5-3 所示。

表 5-3　v-on 指令支持的焦点事件及其触发时机

事件名称	何时触发
focus	元素获得焦点（不会冒泡）
blur	元素失去焦点（不会冒泡）

（4）WebSocket 事件

v-on 指令支持的 WebSocket 事件如表 5-4 所示。

表 5-4　v-on 指令支持的 WebSocket 事件及其触发时机

事件名称	何时触发
open	WebSocket 连接已建立
message	通过 WebSocket 接收到一条消息
error	WebSocket 连接异常被关闭（比如有些数据无法发送）
close	WebSocket 连接已关闭

（5）会话历史事件

v-on 指令支持的会话历史事件如表 5-5 所示。

表 5-5　v-on 指令支持的会话历史事件及其触发时机

事件名称	何时触发
pagehide	正从某个会话历史记录条目开始遍历
pageshow	遍历到会话历史记录项条目
popstate	正在导航到会话历史记录条目（在某些情况下）

（6）CSS 动画事件

v-on 指令支持的 CSS 动画事件如表 5-6 所示。

表 5-6　v-on 指令支持的 CSS 动画事件及其触发时机

事件名称	何时触发
animationstart	某个 CSS 动画开始时触发
animationend	某个 CSS 动画完成时触发
animationiteration	某个 CSS 动画完成后重新开始时触发

（7）表单事件

v-on 指令支持的表单事件如表 5-7 所示。

表 5-7　v-on 指令支持的表单事件及其触发时机

事件名称	何时触发
reset	单击"重置"按钮时
submit	单击"提交"按钮时

（8）打印事件

v-on 指令支持的打印事件如表 5-8 所示。

表 5-8　v-on 指令支持的打印事件及其触发时机

事件名称	何时触发
beforeprint	打印机已经就绪时触发
afterprint	打印机关闭时触发

（9）剪贴板事件

v-on 指令支持的剪贴板事件如表 5-9 所示。

表 5-9　v-on 指令支持的剪贴板事件及其触发时机

事件名称	何时触发
cut	已经把选中的文本内容剪切到了剪贴板
copy	已经把选中的文本内容复制到了剪贴板
paste	从剪贴板复制的文本内容被粘贴

（10）键盘事件

v-on 指令支持的键盘事件如表 5-10 所示。

表 5-10　v-on 指令支持的键盘事件及其触发时机

事件名称	何时触发
keydown	按下任意按键
keypress	除 Shift、Fn、CapsLock 外的任意按键被按住（连续触发）
keyup	释放任意按键

（11）鼠标事件

v-on 指令支持的鼠标事件如表 5-11 所示。

表 5-11　v-on 指令支持的鼠标事件及其触发时机

事件名称	何时触发
auxclick	元素上的定点设备按钮（任何非主按钮）已按下并释放
click	在元素上按下并释放任意鼠标按键
contextmenu	右击（在快捷菜单显示前触发）
dblclick	在元素上双击
mousedown	在元素上按下任意鼠标按钮
mouseenter	指针移到有事件监听的元素内
mouseleave	指针移出元素范围外（不冒泡）
mousemove	指针在元素内移动时持续触发
mouseover	指针移到有事件监听的元素或者它的子元素内
mouseout	指针移出元素，或者移到它的子元素上
mouseup	在元素上释放任意鼠标按键
pointerlockchange	鼠标被锁定或者解除锁定发生时
pointerlockerror	可能因为一些技术的原因鼠标锁定被禁止时
select	有文本被选中
wheel	滚轮向任意方向滚动

（12）拖曳事件

v-on 指令支持的拖曳事件如表 5-12 所示。

表 5-12　v-on 指令支持的拖曳事件及其触发时机

事件名称	何时触发
drag	正在拖曳元素或文本选区（在此过程中持续触发，每 350ms 触发一次）
dragend	拖曳操作结束（松开鼠标按钮或按下 Esc 键）

（续）

事件名称	何时触发
dragenter	被拖曳的元素或文本选区移入有效释放目标区
dragstart	用户开始拖曳 HTML 元素或选中的文本
dragleave	被拖曳的元素或文本选区移出有效释放目标区
dragover	被拖曳的元素或文本选区正在目标上被拖曳（在此过程中持续触发，每 350ms 触发一次）
drop	元素在有效释放目标区上释放

【例 5-7】v-on 指令和按钮一起使用

本实例将 v-on 指令和按钮一起使用，具体步骤如下：

1）在 VSCode 中打开目录（D:\demo），新建一个文件 index.htm，然后添加代码，核心代码如下：

```
<div id=" box">
        <button v-on:click="clickHandler">click</button>
        <button @mouseover='mouseoverHandler(123 ,$event)'>mouse
move</button>
        <button @click="plus">增加</button>  <!--使用函数名-->
        <button @click="num--">减少</button>  <!--直接写js片段-->
        <h2>num = {{num}}</h2>
 </div>
        const user = {
data(){
  return{
    num:1
        }
},
methods: {
        clickHandler() {
            alert("Hello!");
        },
        mouseoverHandler(num, event) {
            console.log(num, event);
            alert(num);
        },
        plus(){
            this.num++;
        }
    }
}
```

在上述代码中，页面中放置了 4 个按钮，第一个按钮通过 v-on 指令绑定到方法 clickHandler，该方法中通过 alert 函数显示一个信息框。如果想省略 v-on 指令，也可以简写如下：

```
<button @click='clickHandler'>click</button>
```

第二个按钮绑定了鼠标在按钮上移动的事件，并且事件处理函数 mouseoverHandler 带有两个参数：一个是 num，另一个是 event。

第三个和第四个按钮分别对数据 num 进行累加和累减。其中第三按钮使用函数 plus，该函数必须要在 Vue.js 实例中定义。第四个按钮直接写 JS 片段，引用 num 进行减法运算。

2）按快捷键 Ctrl+F5 运行程序，然后单击几下 increase 按钮，num 就累加了，结果如图

5-7 所示。

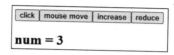

图 5-7

我们再来看一个将 v-html、v-model 和按钮联合使用的实例，以此对前面学的几个指令有更深的理解。

【例 5-8】v-html、v-model 和按钮联合使用

本实例将 v-html、v-model 和按钮联合使用，具体步骤如下：

1）在 VSCode 中打开目录（D:\demo），新建一个文件 index.htm，然后添加代码，核心代码如下：

```
<div id="box">
    <div class="search-box">
        请输入您的星座:
        <input type="text" id="xingzuo" v-model="xingzuoming">
        <input type="button" value="确定" @click="query">
    </div>
    <div class="xingzuo-detail" v-html="xingzuodetail"></div>
</div>

  const user = {
   data(){
     return{
       xingzuoming:'',
            xingzuodetail:''

            }
   },
   methods:{
        query(){
            switch(this.xingzuoming){
                case '水瓶座':
                    this.xingzuodetail="<img
src='images/12/shuiping.png'>";
                    break;
                case '狮子座':
                    this.xingzuodetail="<img
src='images/12/shizi.png'>";
                    break;
                case '处女座':
                    this.xingzuodetail="<img
src='images/12/chunv.png'>";
                    break;
                case '天蝎座':
                    this.xingzuodetail="<img
src='images/12/tianxie.png'>";
                    break;
                case '白羊座':
                    this.xingzuodetail="<img
src='images/12/baiyang.png'>";
```

```
                            break;
                    case '金牛座':
                        this.xingzuodetail="<img src='images/12/金牛.png'>";
                        break;
                    case '天秤座':
                        this.xingzuodetail="<img
src='images/12/tiancheng.png'>";
                        break;
                    default:
                        this.xingzuodetail = '请输入正确的星座，例如狮子座、天蝎座等';
                }
            }
        }
    });
```

当在文本框中输入内容时，Vue.js 中定义的 data 变量 xingzuoming 将得到更新（因为绑定到了文本框）。然后单击按钮，将调用 query 函数，在该函数中匹配字符串，将更新 xingzuodetail，从而页面上显示相应的图片。

2）按快捷键 Ctrl+F5 运行程序，结果如图 5-8 所示。

图 5-8

上面都是处理一个按钮事件，下面我们在一个程序中多处理几个事件，比如单击、双击、鼠标移入、鼠标离开等。

【例 5-8】处理多个事件

本实例将处理多个事件，具体步骤如下：

1）在 VSCode 中打开目录（D:\demo），新建一个文件 index.htm，然后添加代码，核心代码如下：

```html
<!DOCTYPE html>
<html>
    <head>
        <meta charset="utf-8">
        <title></title>
        <script src="d:/vue.js"></script>
    </head>

    <style>
      *{margin:0;padding:0;}
      ul{
        width: 200px;
        border: 1px solid #000;
        margin:100px auto;
        list-style-type:none;
```

```
      }
      ul li{
        line-height: 30px;
        text-align: center;
        border: 1px solid #000;
        background-color: #ccc;
        cursor:pointer;
      }
    </style>


  <body>
      <!--View-->
      <div id="box">
          <li v-on:click="clickme">click event</li>
          <li @dblclick="dblclickme">double click event</li>
          <li v-on:mouseenter="enterme()">mouse in event</li>
          <li @mouseleave="leaveme('parameter')">mouse leave event</li>
      </div>
  </body>

  <script>
    //Model
    const user = {
     data(){
       return{}
     },
     methods: {
        clickme(){
        console.log('click event comes...');
        },
        dblclickme(){
        console.log('double click event comes...');
        },
        enterme(){
        console.log('mouse in event comes...');
        },
        leaveme(p){
        console.log('mouse leave event...'+ p);
        }
              }
    }

  //ViewModel
  const app = Vue.createApp(user);
  const rc = app.mount("#box");
</script>
</html>
```

当不同的事件发生时，我们调用 console.log 函数在控制台上打印相应的信息。

2）按快捷键 Ctrl+F5 运行程序，在浏览器上按 F12 键打开浏览器的控制台，然后在页面特定位置单击或移动鼠标就可以看到控制台上的打印信息。也可以在 VSCode 下方的控制台窗口中查看，运行结果如下：

```
mouse leave event...parameter
mouse in event comes...
mouse in event comes...
mouse in event comes...
```

```
mouse leave event...parameter
mouse leave event...parameter
mouse in event comes...
```

5.4　v-for 指令

v-for 是 Vue.js 的循环指令，作用是遍历数组（对象）的每一个值。这里的数组既可以是普通数组，也可以是对象数组。

1. 迭代普通数组

通常先在 data 中定义普通数组，比如：

```
data:{
    list:[10,20,30,40,50,60]
}
```

然后在 HTML 中使用 v-for 指令渲染：

```
<p v-for="(item,i) in list">索引值：{{i}}，每一项的值：{{item}}</p>
```

索引值 i 从 0 开始，比如上面 list 中有 6 项，那么{{i}}的取值范围是 0~5。{{item}}是 list 中每一项的值，即 10,20,30,40,50,60。

2. 迭代对象数组

通常先在 data 中定义对象数组：

```
data:{
    listObj:[
        {id:1, name:'zs1'},
        {id:2, name:'zs2'},
        {id:3, name:'zs3'},
        {id:4, name:'zs4'},
        {id:5, name:'zs5'},
        {id:6, name:'zs6'},
    ]
}
```

然后在 HTML 中使用 v-for，比如：

```
<p v-for="(user,i) in listObj">--id--{{user.id}}  --姓名--{{user.name}}</p>
```

索引值 i 从 0 开始。通过 user 可以引用 id 和 name。

3. 迭代对象

通常先在 data 中定义对象，比如：

```
data:{
    user:{
        id:1,
        name:'Tom',
        gender:'man'
    }
}
```

然后在 HTML 中使用 v-for 指令渲染，比如：

```
<p v-for="(val,key) in user">--对象上的键是--{{key}}--键值是--{{val}}</p>
```

4．迭代数字

如果使用 v-for 迭代数字，前面 count 的值从 1 开始，比如：

```
<p v-for="count in 10">这是第{{count}}次循环</p>
```

【例 5-10】v-for 迭代对象数组

本实例将使用 v-for 迭代对象数组，具体步骤如下：

1）在 VSCode 中打开目录（D:\demo），新建一个文件 index.htm，然后添加代码，核心代码如下：

```
        <div id="box">
         <li v-for="(singer,index) in singers">
           {{singer.no}} {{singer.name}}  (index:{{index}})
         </li>
        </div>

  const user = {
      data(){
        return{
          singers:[
              {no:1, name:'Tom'},
              {no:2, name:'Jack'},
              {no:3, name:'Peter'},
              {no:4, name:'Alice'}
          ]
        }
      }
  }
```

其中，singers 是 Vue.js 中定义的对象数组，在页面上通过 v-for 对其进行迭代，从而输出每个元素的值。

2）按 F5 键运行程序，页面上输出的结果如下：

```
1 Tom  (index:0)
2 Jack  (index:1)
3 Peter  (index:2)
4 Alice  (index:3)
```

下面的例子稍微复杂一些，实现了 v-for 迭代的 4 种情况。

【例 5-11】v-for 迭代的 4 种情况

本实例将实现 v-for 迭代的 4 种情况，具体步骤如下：

1）在 VSCode 中打开目录（D:\demo），新建一个文件 index.htm，然后添加代码，核心代码如下：

```
<div id="box">
        <!--v-for 循环普通数组-->
        <p v-for="(item,i) in list">index: {{i}} , item value: {{item}}</p>
```

```
            <br/>
            <!--v-for 循环对象数组-->
            <p v-for="(user,i) in listObj">id:{{user.id}},name:{{user.name}}</p>
            <br/>
            <!--注意,在遍历对象的键值对时,除了有 val 和 key 外,在第三个位置还有一个索引-->
            <p v-for="(val,key) in user">--object's key--{{key}},
value--{{val}}</p>
            <br/>
            <!-- in 后面可以放数组、对象数组、对象,还可以放数字-->
            <!-- 注意:如果使用 v-for 迭代数字,前面 count 的值从 1 开始-->
            <p v-for="count in 3">No.{{count}} loop</p>
        </div>

    const user = {
        data(){
            return{
              list:['dog','cat','cow'],
        listObj:[
          {id:1, name:'Tom'},
          {id:2, name:'Jack'},
          {id:3, name:'Mike'},
        ],
        user:{
          id:1,
          name:'Tom',
          gender:'man'
        }
            }
          }
      }
```

2）按快捷键 Ctrl+F5 运行程序，页面上输出的结果如下：

```
index: 0 ,  item value: dog

index: 1 ,  item value: cat

index: 2 ,  item value: cow


id: 1, name:Tom

id: 2, name:Jack

id: 3, name:Mike


--object's key--id, value--1

--object's key--name, value--Tom

--object's key--gender, value--man


No.1 loop

No.2 loop
```

No.3 loop

v-for 指令用途比较广，下面再看一个较为综合的例子（即图书管理），其表格中的数据显示用到 v-for。

【例 5-12】图书管理

1）在 VSCode 中打开目录（D:\demo），新建一个文件 index.htm，然后添加代码，核心代码如下：

```html
<!DOCTYPE html>
<html>
  <head>
    <meta charset="utf-8">
    <title></title>
    <script src="d:/vue.js"></script>
    <style>
      *{margin:0;padding:0}
      table,td{
        border:1px solid #cccccc;
        border-collapse:collapse;
      }
      table{
        width: 1090px;
        margin:20px auto;
      }
      tr{
        line-height: 30px;
      }
      td{
        text-align: center;
      }
      button{
        width: 40px;
        height: 24px;
        border: 1px solid orange;
      }
      fieldset{
        width: 1040px;
        margin:0 auto;
        padding:25px;
      }
      fieldset p{
        line-height: 30px;
      }
    </style>
  </head>

  <body>
    <!--View-->
    <div id="box">
      <table>
        <tr>
          <th>ID</th>
          <th>book name</th>
          <th>author</th>
          <th>price</th>
          <th>action</th>
```

```
        </tr>
        <tr v-for="(book,index) in books">
          <td>{{book.id}}</td>
          <td>{{book.name}}</td>
          <td>{{book.author}}</td>
          <td>{{book.price}}</td>
          <td>
            <button @click="delBook(index)">del</button>
          </td>
        </tr>
      </table>

      <fieldset>
        <legend>Add a new book</legend>
        <p>book name: <input type="text" v-model="newBook.name"></p>
        <p>author: <input type="text" v-model="newBook.author"></p>
        <p>price: <input type="text" v-model="newBook.price"></p>
        <p><button @click="addBook">Add</button></p>
      </fieldset>

    </div>
  </body>

  <script>
    //Model
    const user = {
      data(){
        return{
        books:[
                {id:1, name:'VC++ programming', author:'Jack', price:'8.88'},
                {id:2, name:'My dog and cat', author:'Peter', price:'8.80'},
                {id:3, name:'Story of my mother', author:'Alice',
price:'8.08'},
              ],
        newBook:{
                id:0,
                name:'',
                author:'',
                price:''
      }
      }
      },

    methods:{
      delBook(idx){    // idx 表示要删除项目的索引
            var r = confirm("Are you sure you want to delete?");
            if(r) this.books.splice(idx, 1);   //1 表示删除数目是 1
          },
          addBook(){
              var maxId = 0;
              for(var i=0; i<this.books.length; i++){
                  if(maxId<this.books[i].id){
                      maxId = this.books[i].id;
                  }
              }
              this.newBook.id = maxId+1;
              // console.log(this.newBook);
              //
```

```
                    // 插入 books 中
                    this.books.push(this.newBook);

                    //清空新书
                    this.newBook = {};
                }
            }
        }

        //ViewModel
        const app = Vue.createApp(user);
        const rc = app.mount("#box");
    </script>
</html>
```

在 Vue.js 的 data 中，我们定义了一个名为 books 的数组，它开始时存储了 4 本书的信息。另外，也定义了一个名为 newBook 的结构体，里面定义了 id、name、author 和 price 几个字段，分别对应页面上的几个文本框。在网页中，我们使用\<table\>来定义一张表格，表格的每一行结尾放置一个"删除"按钮，当用户单击"删除"按钮时，会调用 delBook 函数，该函数的参数表示要删除项目的索引，具体删除的函数是 splice，它的第二个参数 1 表示要删除的数目是 1。标签\<fieldset\>用于组合表单中的相关元素，我们放置了一个添加按钮，单击该按钮时，将调用 addBook 函数，在该函数中通过 push 方法将新书（newBook）添加到数组中，push 方法向数组末尾添加新项目，并返回新长度。最后清空新书（this.newBook）的各个字段。

2）按快捷键 Ctrl+F5 运行程序，页面上输出的结果如图 5-9 所示。 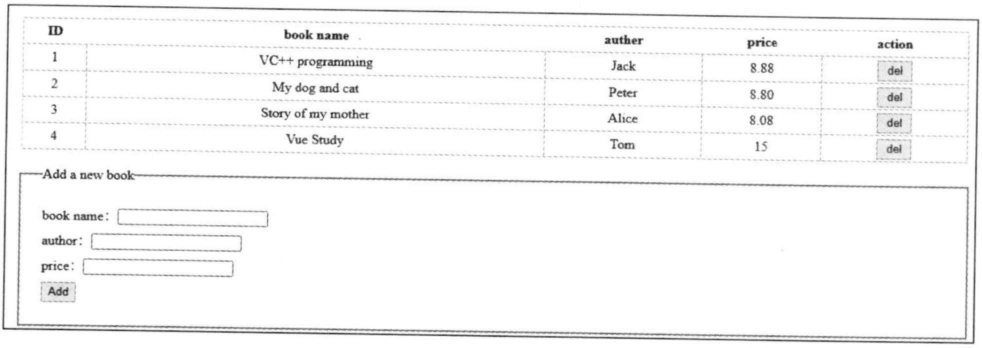

ID	book name	auther	price	action
1	VC++ programming	Jack	8.88	del
2	My dog and cat	Peter	8.80	del
3	Story of my mother	Alice	8.08	del
4	Vue Study	Tom	15	del

Add a new book
book name: [   ]
author: [   ]
price: [   ]
Add

图 5-9

ID 为 4 的那一行是我们添加的新书，添加后会显示在表格中。

5.5 v-if 指令

v-if 指令是条件渲染指令，根据表达式的真假来添加或删除元素，或者根据表达式的真假来切换元素的显示状态。其语法结构是 v-if="expression"，其中 expression 是一个返回 bool 值的表达式，其结果可以是 true 或 false，也可以是返回 true 或 false 的表达式。

【例 5-13】v-if 的基本使用

v-if 的基本使用步骤如下：

1）在 VSCode 中打开目录（比如 D:\demo），新建一个文件 index.htm，然后添加代码，核心代码如下：

```
<div id="box">
    <!--根据条件表达式的值的真假来渲染元素。在切换时元素及它的数据绑定/组件被销毁并重建
-->
    <p v-if="show">show sth.</p>
    <p v-if="hide">hide sth.</p>
    <!-- 小于 170 的显示，否则不显示 -->
    <p v-if="height<170">Alice's height:{{ height }}CM</p>
</div>

const user = {
    data(){
        return{
          show: true,
          hide: false,
          height: 168
      }
    }
}
```

在上述代码中，data 中的 show 因为是 true，所以第 1 个 v-if 为 true，然后就执行 show sth.。data 中的 hide 因为是 false，所以第 2 个 v-if 为 false，然后就执行 hide sth.。data 中的 height 值是 168，小于 170，所以会显示 Alice's height:168CM。

2）按快捷键 Ctrl+F5 运行程序，结果如下：

```
show sth.

Alice's height:168CM
```

5.6　v-else 指令

相信读者都学过 C 语言，对 C 语言中的 if-else 语句不陌生，这里的 v-else 就是充当 else 部分。没错，就是若 v-if="expression"的条件成立，则 v-else 条件不成立。有没有发现 v-else 离不开 v-if，如果没有 v-if 的存在，v-else 将变得毫无意义。

【例 5-14】v-if 和 v-else 一起使用

本实例将 v-if 和 v-else 一起使用，具体步骤如下：

1）在 VSCode 中打开目录（D:\demo），新建一个文件 index.htm，然后添加代码，核心代码如下：

```
<div id="box">
    <div v-if="type === 'A'">
      A
    </div>
```

```
        <div v-else-if="type === 'B'">
          B
        </div>
        <div v-else-if="type === 'C'">
          C
        </div>
        <div v-else>
          Not A/B/C
        </div>
      </div>

   const user = {
       data(){
          return{
            type: "A"
       }
      }
     }
```

2）按快捷键 Ctrl+F5 运行程序，结果如下：

B

5.7   v-show 指令

v-show 指令用于控制元素的显示和隐藏，比如显示或隐藏页面上的一块颜色或一段文字。

【例 5-15】通过 v-show 指令显示方块背景色

本实例将通过 v-show 指令显示方块背景色，具体步骤如下：

1）在 VSCode 中打开目录（D:\demo），新建一个文件 index.htm，然后添加代码，核心代码如下：

```
    <div id="box">
      <input type="button" value="show/hide red" v-on:click="toggle()"> <br />
      <div v-show="isShow" style="width: 100px;height: 100px;background:
red"></div>
    </div>
<script>
      Vue.createApp(
       {
       data(){
        return{
          isShow:true,
        }
       },
       methods:{
         toggle:function(){
           this.isShow = !this.isShow;
         }
       }
      }).mount("#box");
</script>
```

在这个例子中，我们把 createApp 和 mount 连着写了。一块区域是否显示由 Vue.js 中定义的变量 isShow 来控制，当鼠标单击按钮时，将改变 isShow 的值。

2）按快捷键 Ctrl+F5 运行程序，结果如图 5-10 所示。

图 5-10

我们再来看一个比较实用的提示信息的隐藏和显示的例子，当鼠标移到某个位置时，就显示一段提示文本，否则就隐藏这段文本。

【例 5-16】鼠标移上提醒功能

本实例将鼠标移到特定位置时就会显示提醒文字，具体步骤如下：

1）在 VSCode 中打开目录（D:\demo），新建一个文件 index.htm，然后添加代码，核心代码如下：

```
<div id="box">
  <fieldset>
      <form action="">
          <p>邮箱: <input type="text"></p>
          <p>密码: <input type="password" name="" id=""></p>
          <p id="demo" v-on:mouseenter="visible"
@mouseleave="invisible"><input type="checkbox" id="miandenglu"><label
for="miandenglu">十天内免登录</label>
              <span v-show="seen==true">为了您的信息安全，请不要在网吧或者公用电
脑上使用此功能！</span>
          <p>
          <input type="button" value="登 录">
          <input type="button" value="去注册">
          </p>
      </form>
  </fieldset>
</div>

const user = {
   data(){
     return{
       seen:false
     }
   },
    methods:{
        visible(){
            this.seen = true;
            },
            invisible(){
                this.seen = false;
            }
    }
}
```

原理很简单，seen 是 Vue.js 中定义的 data 变量，用来控制是否显示提示信息，当鼠标移到特定位置时，就调用 visible 函数来使得 seen 为 true；当鼠标离开特定位置时，就调用 invisible 函数来使得 seen 为 false。

2）按快捷键 Ctrl+F5 运行程序，结果如图 5-11 所示。

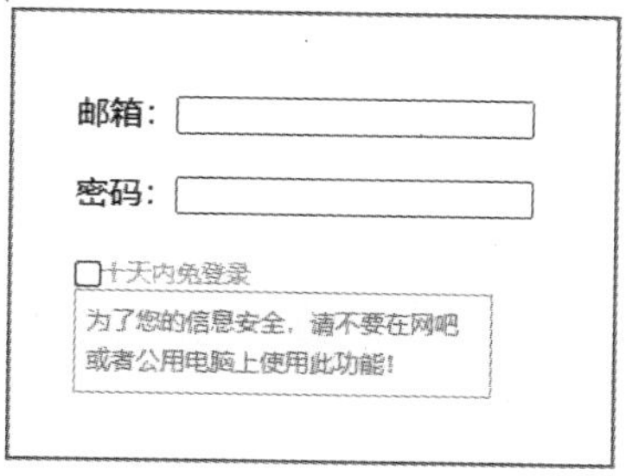

图 5-11

5.8 v-bind 指令

v-bind 指令通常用来绑定属性，动态地绑定一些类名（class）或样式（style）。操作元素的 class 列表和内联样式是数据绑定的一个常见需求。因为它们都是属性，所以我们可以用 v-bind 处理它们：只需要通过表达式计算出字符串结果即可。不过，字符串拼接麻烦且易错。因此，在将 v-bind 用于 class 和 style 时，Vue.js 做了专门的增强。表达式结果的类型除了字符串之外，还可以是对象或数组。

v-bind 主要用于解决 HTML 元素属性值的绑定问题，用于响应更新 HTML 元素的属性，将一个或多个属性或一个组件的 prop 动态绑定到表达式，即 v-bind 用来绑定属性变量，比如绑定一个网页链接。v-bind 可以绑定布尔值、字符串和数组。

1. 绑定布尔值

绑定布尔值的方式如下：

```
<div id="demo">
    <span v-bind:class="{class-a:isA, class-b:isB}"></span>
</div>
```

其中 class-a 和 class-b 是两个属性名。isA 和 isB 是 Vue.js 中定义的 data，当 isA 和 isB 发生变化时，将会影响 class-a 和 class-b。

2. 绑定字符串

绑定字符串的方式如下：

```
<div id="demo">
    <span :class="classA"></span>
</div>
```

其中字符串 classA 是 Vue.js 中定义的数据属性。

3. 绑定数组

我们可以把一个数组传给 v-bind:class，以应用一个 class 列表，代码如下：

```
<div v-bind:class="[activeClass, errorClass]"></div>

data: {
  activeClass: 'active',
  errorClass: 'text-danger'
}
```

class=后面的引号中的内容要用[]定界起止（即括起来）。

【例 5-17】v-bind 绑定链接

本实例将使用 v-bind 绑定链接，具体步骤如下：

1）在 VSCode 中打开目录（D:\demo），新建一个文件 index.htm，然后添加代码，核心代码如下：

```
<div id="box"><a v-bind:href="qqhref">QQ</a> </div>
  <script>
      const user = {
        data(){
          return{
              qqhref:"http://www.qq.com"
          }
        }
    }
```

单击 QQ 时将跳转到 http://www.qq.com。

2）按快捷键 Ctrl+F5 运行程序，结果如图 5-12 所示。

图 5-12

我们再来看一个例子，单击按钮，改变 v-bind 绑定的 class 属性，显示为字体颜色的改变。class 属性定义了元素的类名。我们来简单温习一下 class 的基本使用。下面来看一个绑定图片链接的例子，显示哪个图片可以根据变量来设定。

【例 5-18】根据变量绑定不同的图片链接

本实例将根据变量绑定不同的图片链接，具体步骤如下：

1）在 VSCode 中打开目录（D:\demo），新建一个文件 index.htm，然后添加代码，核心代码如下：

```
<div id="box">
    <img v-bind:src="'images/'+num+'.jpg'" alt="">
    <p>{{num==1?'sky':'sea'}}</p>
</div>

const user = {
    data(){
      return{
          num:1
```

```
        }
      }
    }
```

我们把变量 num 写在图片的相对路径中，num 设置不同的值，就可以显示不同的图片。

2）按快捷键 Ctrl+F5 运行程序，结果如图 5-13 所示。

图 5-13

如果在控制台下把 num 的值修改为 2，则图片会变为大海。接下来看一个使用 class 属性的例子。

【例 5-19】在 HTML 文档中使用 class 属性

本实例将在 HTML 文档中使用 class 属性，具体操作步骤如下：

1）在 VSCode 中打开目录（D:\demo），新建一个文件 index.htm，然后添加代码，核心代码如下：

```
<html>
<head>
<style type="text/css">
h1.intro {color:blue;}
p.important {color:red;}
</style>

</head>

<body>
<h1 class="intro">Header 1</h1>
<p>A paragraph.</p>
<p class="important">Note that this is an important paragraph.</p>

</body>
</html>
```

其中<h1>标签可定义标题，而且是定义最大的标题，其实一共有 6 个，即<h1>~<h6>标签都可以定义标题，<h1>定义最大的标题，<h6>定义最小的标题。<p>标签用来定义段落。它们都可以和 class 一起使用，"intro"和"important"都是类名，并且在<style>标签中对它们进行了赋值，一个是蓝色，另一个是红色。这样输出的文本就会有对应的颜色。

2）按快捷键 Ctrl+F5 运行程序，结果如图 5-14 所示。

下面将 class 属性和 Vue.js 结合起来使用。

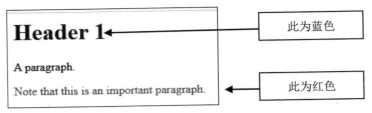

图 5-14

【例 5-20】绑定布尔值

本实例将绑定布尔值，具体步骤如下：

1）在 VSCode 中打开目录（D:\demo），新建一个文件 index.htm，然后添加代码，核心代码如下：

```
<!DOCTYPE html>
<html lang="en">
<head>
    <meta charset="UTF-8">
    <script src="d:/vue.js"></script>
    <style>
        .redtt {color: red;}
        .big { font-size: 50px;}
    </style>
</head>
<body>
  <div id="box">
     <h2 class="redtt">{{message}}</h2>
     <h6 v-bind:class="{redtt: isRed, big: isBig}">{{message}}</h6>
     <button v-on:click="btnClick">Change Color and size</button>

</div>
  <script>
      const user = {
       data(){
         return{
           message:'Hello',
           isRed:false,
           isBig:false

         }
        },
        methods:{
          btnClick(){
            this.isRed = !this.isRed
            this.isBig = !this.isBig
          }
        }
      }
  const app = Vue.createApp(user);
  const rc = app.mount("#box");
  </script>
</body>
</html>
```

HTML 中的 class 属性大多数时候用于指向样式表中的类（class）。不过，也可以利用它通过 JavaScript 来改变带有指定 class 的 HTML 元素。这里 redtt 和 big 都是 class 定义的属性类名，其值在<style>标签中定义，分别为红色和 50 像素的尺寸。并且这两个类名绑定了 Vue.js 中定义的两个 data：isRed 和 isBig，这样当 isRed 和 isBig 发生改变时（通过单击按钮来调用函数 btnClick）就能控制类名，从而影响页面上的文本。值得注意的是，v-bind:class 右边的分号中用大括号把两个类名括起来，并且用逗号分隔，这是布尔值的绑定方式。

2）按快捷键 Ctrl+F5 运行程序，结果如图 5-15 所示。

图 5-15

我们再来看一个稍微复杂一些的 v-bind 例子，在网页上放置一个导航栏，当用户单击其中某个链接时，就在下方显示该链接的名称。这个例子把 v-bind 和@click 联合起来使用了。

【例 5-21】绑定字符串

本实例将绑定字符串，具体步骤如下：

1）在 VSCode 中打开目录（D:\demo），新建一个文件 index.htm，然后添加代码，核心代码如下：

```
<!DOCTYPE html>
<html lang="en">
<head>
    <meta charset="UTF-8">
    <title>test nav</title>
    <style>
        *{margin:0;padding:0}
        .nav{
            margin:100px auto 24px;
            overflow:hidden;
        }
        .nav li{
            background-color: #5597b4;
            padding:18px 30px;
            float: left;
            list-style-type:none;
            color:white;
            font-weight: bold;
            font-size: 20px;
            text-transform:uppercase;
            cursor:pointer;
        }
.home .home,.news .news,.projects .projects,.services .services,.contact .
contact{
            background-color:skyblue;
        }
    </style>
    <script src="d:/vue.js"></script>
```

```
</head>
<body>
    <div id="box">
        <ul class="nav" v-bind:class="current">
            <li class="home" @click="change('home')">home</li>
            <li class="news" @click="change('news')">news</li>
            <li class="projects" @click="change('projects')">projects</li>
            <li class="services" @click="change('services')">services</li>
            <li class="contact" @click="change('contact')">contact</li>
        </ul>
        <div>current page: {{current}}</div>
    </div>
    <script>
    const user = {
        data(){
            return{
                current:'home'
            }
        },
        methods:{
            change(cur){
                this.current = cur;
            }
        }
    }
    const app = Vue.createApp(user);
    const rc = app.mount("#box");
    </script>
</body>
</html>
```

<ul>标签定义无序列表，将<ul>标签与<li>标签一起使用，经常用于创建一个横向菜单。现在 ul 用 class 定义了两个类名，一个是"nav"，其值在标签<style>的.nav{..}中定义；另一个类名通过 v-bind:class=绑定到了字符串"current"，当 current 变为'home'、'news'、'project'等值时，将使用<style>中定义的背景蓝色（background-color:skyblue;）。

当用户单击某个菜单项时将调用 change 函数，从而使得变量 current 的值得到改变，页面上的{{current}}的内容变为函数 change 传入的参数，即'home'、'news'、'projects'等。

2）按快捷键 Ctrl+F5 运行程序，结果如图 5-16 所示。

图 5-16

我们还可以将 v-bind 和 CSS 的 Style 绑定，可以参看下面的实例。

【例 5-22】绑定 CSS 的 Style

本实例将绑定 CSS 的 Style，具体步骤如下：

1）在 VSCode 中打开目录（D:\demo），新建一个文件 index.htm，然后添加代码，核心

代码如下：

```
<div id="box">
    <div v-bind:style="styles">Hello World</div>
</div>
<script>
    const user = {
    data(){
      return{
        styles:{
            color:'red',
            fontSize:'30px',
            fontWeight:'normal',
            background:'Green'
        }
      }
    }
  }
```

其实就是把 styles 作为 data 变量。

2）按快捷键 Ctrl+F5 运行程序，结果如图 5-17 所示。

Hello World

图 5-17

同样，我们可以把图片地址写在 data 变量中，并实现单击图片跳转到网站的功能。

【例 5-23】单击图片跳转到网站

1）在 VSCode 中打开目录（D:\demo），新建一个文件 index.htm，然后添加代码，核心代码如下：

```
<div id="box">
    <a v-bind:href="hrefvalue">
    <img v-bind:src="srcImg" alt="">
</div>
<script>
    const user = {
    data(){
     return{
            hrefvalue:'http://www.hotmail.com',
            srcImg:'images/1.jpg'
     }
    }
  }
```

连续用了两个 v-bind，第一个绑定网址链接，单击图片将跳转到该网站，第二个绑定图片地址。其中，网址链接和图片地址都用变量定义在 data 中。

2）按快捷键 Ctrl+F5 运行程序，结果如图 5-18 所示。

图 5-18

5.9　watch 指令

watch 指令的作用是监控一个值的变化,并根据变化调用需要执行的方法。可以通过 watch 动态改变关联的状态。

【例 5-24】监听数据变化

本实例将监听数据的变化,具体步骤如下:

1) 在 VSCode 中打开目录(D:\demo),新建一个文件 index.htm,然后添加代码,核心代码如下:

```
<div id="box">
    <input v-model="message">
</div>
<script>
    const user = {
  data(){
   return{
      message:"hello "
    }
   },
   watch:{   //普通的 watch 监听
  message(newVal, oldVal){
  console.log("newValue" + newVal + ";oldValue:" + oldVal);
   }
  }
  }
```

在上述代码中,watch 监听 message 的数据变化,并在控制台上把旧值和新值打印出来。

2) 按快捷键 **Ctrl+F5** 键运行程序,按 **F12** 键打开控制台窗口,然后在页面编辑窗口中输入一些内容,会看到控制台把旧值和新值打印出来了,也可以在 **VSCode** 的控制台窗口中查看,结果如下:

```
newValuehello f;oldValue:hello
newValuehello ff;oldValue:hello f
newValuehello fff;oldValue:hello ff
newValuehello ffff;oldValue:hello fff
```

第6章

组件应用与进阶

组件是 Vue.js 中强大的功能之一。通过组件，开发者可以封装出复用性强、扩展性强的 HTML 元素，并且通过组件的组合可以将复杂的页面元素拆分成多个独立的内部组件，方便代码的逻辑分离与管理。本章将介绍组件的应用。

6.1　组件概述

如果我们将一个页面中所有的处理逻辑全部放在一起，处理起来就会变得非常复杂，而且不利于后续的管理以及功能扩展；如果将一个页面拆分成一个个小的功能块，每个功能块完成属于自己这部分独立的功能，那么之后整个页面的管理和维护就变得非常容易；如果将一个个功能块拆分，就可以像搭建积木那样来搭建我们的项目。

在开发大型应用时，页面可以划分成很多部分。往往不同的页面也会有相同的部分，例如可能会有相同的头部导航。如果每个页面都独自开发，这无疑增加了开发的成本。所以会把页面的不同部分拆分成独立的组件，然后在不同页面就可以共享这些组件，避免重复开发。也就是说，在项目开发中，往往需要使用一些公共组件，比如弹出消息或者其他的组件，为了使用方便，将其以插件的形式融入 Vue.js 中。

现在可以说整个大前端开发都是组件化的天下，无论是三大框架（Vue.js、React.js、Angular.js），还是跨平台方案的 Flutter，甚至是移动端都在转向组件化开发，包括小程序的开发也是采用组件化开发的思想。我们可以通过组件化的思想来思考整个应用程序，将一个完整的页面分成很多个组件，每个组件都用于实现页面的一个功能块，而每个组件又可以进行细分，组件本身又可以在多个地方进行复用。

组件是 Vue.js 强大的功能之一。组件可以扩展 HTML 元素，封装可重用的代码。在较高层面上，组件是自定义元素，Vue.js 的编译器为它添加特殊功能。

组件化编程是现代开发语言的一个重要功能。将开发任务切分成多个模块或组件，就能实现多人同步并行开发，从而提高工作效率。Vue.js 3 也支持组件式开发。

Vue.js 组件化的思想大大提高了模块的复用性和开发的效率，在使用组件时，一般分为 3 个步骤：定义组件、注册组件和使用组件。其中，定义组件就是定义组件的属性、行为和外观（表现形式）等。注册组件分为全局注册和局部注册两种方式。使用组件时，只需要把组件的名称作为标签写在需要显示组件的地方即可，比如：

```
<mycomponent1></mycomponent1>
```

组件中的 template 选项后的 HTML 代码会替换掉这对标签。

6.2 注册组件

注册组件相当于把组件实例化。注册组件分为全局注册和局部注册两种方式。全局注册的组件是全局的，这意味着该组件可以在 Vue.js 应用实例的任意位置下使用。如果不需要全局注册，或者是让组件的使用范围在其他组件内，则可以使用局部注册。不论是哪种方式创建出来的组件，必须只有一个根组件。

6.2.1 全局注册组件

全局注册使用应用（上下文）实例（createApp 的返回值）的成员函数 component 来完成：

```
component(name, {Function|Object})
```

其中第一个参数 name 是自定义的组件名称；第二个参数是函数对象或选项对象，用来定义组件的属性、行为和外观等。

全局注册的组件之后可以直接在 HTML 中通过组件名称来使用。

【例 6-1】全局注册与使用组件

本实例将全局注册组件并使用组件，具体步骤如下：

1）在 VSCode 中打开目录（D:\demo），新建一个文件 index.htm，然后添加代码，核心代码如下：

```
<!DOCTYPE html>
<html lang="en">
<head>
    <meta charset="UTF-8">
    <script src="d:/vue.js"></script>
</head>
<body>
    <div id="box">
        <component1></component1>  <!--使用全局组件-->
        <h2>{{msg}}</h2>              <!--使用根组件中的数据-->
        <br>
    </div>
    <script>
```

```
    // 定义全局组件的配置选项
    const myCompConfig = {
        data(){
return {num: 0}
},
    // template 选项后的字符串的包围符号不是单引号, 而是键盘 tab 键上方的键
    template: `<button @click='num++'>You click {{num}} times.</button>
num={{num}}`,
    };
    // 定义根组件的配置选项
    const RootComponentConfig  = {
    data(){
        return{
        msg:'hello'
        }
    }
    }
    const app = Vue.createApp(RootComponentConfig); // 创建应用（上下文）实例
    app.component("component1", myCompConfig);   // 全局注册组件
    const rc = app.mount("#box");  // 挂载应用实例, 返回根组件
    </script>
</body>
</html>
```

在上述代码中, **myCompConfig** 是全局组件的选项对象, 用于配置组件, 其中定义了 data 选项属性 num 和 template 选项, 然后应用实例 app 的成员 API 函数 component 来全局注册组件, 第一个参数"component1"是组件的名称, 第二个参数 myCompConfig 是选项对象。使用组件时, 只需要在挂载的 div 节点（<div id="box">）中用组件名称作为标签包围起来即可, 即 <component1></component1>, 运行后会自动用组件的 template 选项后面的 HTML 代码替换这对标签。

2）按快捷键 Ctrl+F5 运行程序, 然后对按钮单击几次, 结果如图 6-1 所示。

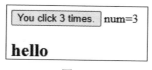

图 6-1

如果不想把 HTML 代码写在 template 选项后, 也可以在页面上定义外部 template 元素。

【例 6-2】在页面上定义外部 template 元素

1）在 VSCode 中打开目录（D:\demo）, 新建一个文件 index.htm, 然后添加代码, 核心代码如下:

```
<template id="temp">
    <h3>这是 html 中的 temp</h3>
    <button @click='num++'>You click {{num}} times.</button> num={{num}}
</template>
```

其实就是使用 template 标签, 然后在 JavaScript 代码中这样定义组件的选项:

```
const myCompConfig = {
    data(){
```

```
    return {num: 0}
    },
    template: `#temp`,
    };
```

其他代码与上例一样。

2）按快捷键 Ctrl+F5 运行程序，然后对按钮单击几次，结果如图 6-2 所示。

图 6-2

6.2.2 组件名称的命名

上一节完成了第一个全局组件的实现。看上去似乎不难，要注意的一点是组件名称的命名。我们先把全局组件的命名改为 myComponent1 试试：

```
app.component("myComponent1", myCompConfig);
```

然后在 DOM 引用的地方也同步修改：

```
<myComponent1></myComponent1>
```

此时如果按快捷键 Ctrl+F5，则发现组件没有显示在页面上，说明 HTML 没有找到全局组件。这是为什么呢？由于 HTML 中的特性名是不区分字母大小写的，浏览器会把所有大写字母解释为小写字母，进而导致 HTML 找不到全局组件。VSCode 也会提示解析不到组件：Failed to resolve component: mycomponent1。这是因为 HTML 将"<myComponent1></myComponent1>"解释为"<mycomponent1></mycomponent1>"，而我们的全局组件名称却是 myComponent1，所以找不到全局组件。

类似 myComponent1 这样的命名形式称为驼峰命名法（camelCase），是指混合使用大小写字母来构成变量和函数的名字，第一个单词以小写字母开始，从第二个单词开始，以后的每个单词的首字母都采用大写字母。如果要使用驼峰命名法来命名组件名称，可以在 dom 中使用短横线分割命名法（kebab-case），这样 dom 中的标签写成"<my-Component1></my-Component1>"即可，此时运行就可以在页面上看到组件了。另外，如果使用帕斯卡命名法（PascalCase），也要在标签中使用短横线分割命名法。帕斯卡命名法指当变量名和函数名是由两个或两个以上的单词连接在一起时，每个单词的首字母大写，比如 MyComponent1 这样的组件命名，标签中也要使用短横线分割命名法，即"<My-Component1></My-Component1>"。如果只是首字母大写，其他小写，则标签中可以直接用组件名，比如 Mycomponent1。

为了统一起见，建议组件命名和标签中都用短横线分割命名法，全部小写或者仅仅第一个字母大写。

6.2.3　局部注册

全局注册所有的组件意味着即使不再使用这个组件，它仍然会包含在最后的构建结果中，造成用户下载 JavaScript 的无谓增加。所以在日常编码中，局部注册较为常用。

局部注册的组件通常属于某个组件，注册也是在该组件中通过选项 components 来定义属性的，属性名称也将在 DOM 中用作组件标签，属性值就是局部组件的选项对象。比如下面的实例中，我们在根组件中注册一个局部组件。

【例 6-3】在根组件中注册局部组件

1）在 VSCode 中打开目录（D:\demo），新建一个文件 index.htm，然后添加代码，核心代码如下：

```
<div id="box">
    <mycompoent1></mycompoent1><br>
    <h2>{{msg}}</h2>
</div>
<script>

// 定义局部组件的配置选项
const myCompConfig = {
    data(){
return {num: 0}
},
template: `<button @click='num++'>You clicked {{num}} times.</button>,
    num={{num}}`,
};

// 定义根组件的配置选项
const RootComponentConfig  = {
data(){
        return{
        msg:'hello'
        }
    },
    components:{      // components 选项
        mycomponent1:myCompConfig  // mycompoent1 是属性名, myCompConfig 是
属性值
    }
}
const app = Vue.createApp(RootComponentConfig);
const rc = app.mount("#box"); // 把 App 中的根组件挂载到提供的 DOM 元素上
```

在上述代码中，我们通过选项 components 在根组件的选项对象中注册了组件 my comPonent1，my comPonent1 是选项 components 的属性名（也是组件名），myCompConfig 是属性值，也就是局部组件的选项对象。

2）按快捷键 Ctrl+F5 运行程序，然后对按钮单击几次，结果如图 6-3 所示。

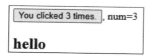

图 6-3

6.3　组件之间的关系

在一个 Vue.js 程序中，一般只有一个应用（上下文）实例（对象），但可以拥有多个组件，不同的组件实现不同的功能，最终组合起来形成一个大型网页应用程序。那么多个组件是什么结构关系呢？答案是，它们是树状结构关系。其中，根组件是树根，其他组件相当于树干、树叶等。假设我们现在有 3 个组件，分别是根组件 root_component、component1 和 component2。它们一般可以有两种包含关系，第一种是 root_component 包含 component1，component1 再包含 component2，如图 6-4 所示。

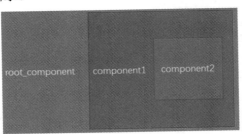

图 6-4

其实，局部注册的组件通常都是这样的形式，因为通常局部组件的注册都是在另一个组件中。全局组件的注册虽然都是独立注册的，但是全局组件的使用却可以被包含在另一个组件的模板中，所以按照显示范围来看，也可以是这样的形式，但是全局组件之间并没有真正意义的从属关系，只是组件 2 在组件 1 的模板中显示而已，其实组件 2 也可以在根组件的 DOM 中显示。我们先来看下面的实例。

【例 6-4】在组件模板中显示全局组件

1）在 VSCode 中打开目录（D:\demo），新建一个文件 index.htm，然后添加代码，核心代码如下：

```
<div id="box">
  <component1></component1>
</div>
<script>
  const app = Vue.createApp({})    // 创建应用（上下文）实例
  // 注册组件 1
  app.component("component1",{
    template:`
    <h1> I am component1.</h1>
    <component2></component2> `   // 包含组件 2 的显示
  })
    // 注册组件 2
  app.component("component2",{
    template:` <h2>I am component2</h2> `    // 注意不是用一对单引号作为定界符，而
是用键盘上 Tab 键上面的键对应的上档字符作为定界符
  }
  const rc = app.mount("#box")   // 应用实例挂载，注意这里要写在最后，不然组件无法生效
</script>>
```

component1 的 template 选项中的 HTML 代码显示在 "<component1></component1>" 处。
component2 的 template 选项中的 HTML 代码显示在 "<component2></component2>" 处。它们
都在 div 为 box 的节点中，这个节点范围也是根组件的渲染范围。

2）按快捷键 Ctrl+F5 运行程序，结果如图 6-5 所示。

I am component1.

I am component2

图 6-5

第二种包含关系是 root_component 包含 component1 和 component2，但 component1 和
component2 的显示互不包含，如图 6-6 所示。

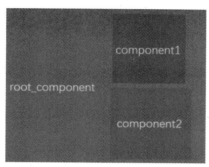

图 6-6

此时我们可以看下面的实例。

【例 6-5】在根组件中显示多个组件

1）在 VSCode 中打开目录（D:\demo），新建一个文件 index.htm，然后添加代码，核心
代码如下：

```
<div id="box">
      <component1></component1>
      <component2></component2>
    </div>
  <script>
  const app = Vue.createApp({})   // 创建应用（上下文）实例，不传根组件选项也是可以的
   // 注册组件 1
  app.component("component1",{
   template:`
   <h1> I am component1.</h1>`  // 包含组件 2 的显示，component2 显示在组件 1 的模板中
  })
     // 注册组件 2
  app.component("component2",{
   template:` <h2>I am component2</h2> `// 注意不是用一对单引号作为定界符，而是用
键盘上 Tab 键上面的键对应的上档字符作为定界符

  })
  const rc = app.mount("#box") // 应用实例挂载，注意这里要写在最后，不然组件无法生效
```

在上述代码中，我们让 component1 和 component2 都显示在根组件的 div 中。

2）按快捷键 Ctrl+F5 运行程序，结果如图 6-7 所示。

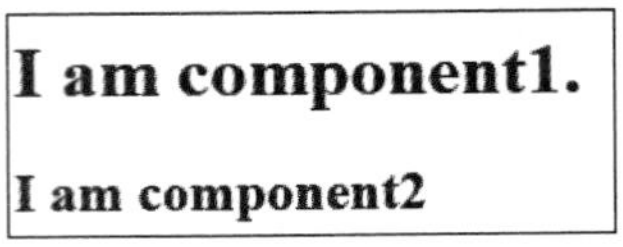

I am component1.

I am component2

图 6-7

6.4 组件的复用

组件存在的主要意义是为了复用。如果我们写一个弹窗，弹窗中存在关闭按钮、输入框、发送按钮等。你可能会问："这有什么难的，不就是几个 div、input 吗？"好，现在增加难度：这几个控件还有别的地方要用到。没问题，复制粘贴即可。如果输入框要带数据验证，按钮的图标支持自定义呢？这样用 JavaScript 封装后一起复制。等到项目快完结时，产品经理说，所有使用输入框的地方要改成支持按回车键提交。好吧，可以一个一个加上去。上面的需求虽然有点过分，但却是业务中常见的，所以我们要学会让代码复用。Vue.js 的组件就是为了提高可重用性，让代码可复用，从而轻松面对各种业务场景。下面我们编写一个组件，让其多次使用。

【例 6-6】复用组件

1）在 VSCode 中打开目录（D:\demo），新建一个文件 index.htm，然后添加代码，核心代码如下：

```
<div id="box">
    <mycomponent1></mycomponent1>
    <mycomponent1></mycomponent1>
    <mycomponent1></mycomponent1>
</div>
<script>

// 定义组件选项对象
const myCompConfig = {
template: "<button @click='num++'>You clicked {{num}} times.</button>",
data(){
return {num: 0}
}
};

// 定义根组件的配置选项
 const RootComponentConfig  = {
data(){
        return{
        msg:'hello'
        }
    },
    components:{        // 通过 components 选项局部注册组件
        mycomponent1:myCompConfig  // mycomponent1 是属性名
    }
}
const app = Vue.createApp(RootComponentConfig)    // 创建应用（上下文）实例
```

```
const rc = app.mount("#box")   // 应用实例挂载, 注意这里要写在最后
```

　　我们在根组件选项对象中局部注册了一个组件, 并在 DOM 中多次使用。虽然多次使用组件 mycomponent1, 但 mycomponent1 的 num 互相之间是不影响的。这个好理解, 在 DOM 中每次通过 "<mycomponent1></mycomponent1>" 使用组件, 就会用组件 mycomponent1 的模板去渲染, 并把 num 的值初始化为 0。我们以后单击不同的按钮, num 之间是没有关系的。

　　2) 按快捷键 Ctrl+F5 运行程序, 我们对左边的按钮单击 3 次, 对中间的按钮单击 1 次, 对右边的按钮单击 2 次, 结果如图 6-8 所示。

You clicked 3 times.　You clicked 1 times.　You clicked 2 times.

图 6-8

　　我们会发现每个组件互不干扰, 都有自己的 num 值。一个组件的 data 选项必须是一个函数, 因此每个实例可以维护一份被返回对象的独立拷贝, 如果 Vue.js 没有这条规则, 单击一个按钮就会影响其他所有实例。

6.5　组件通信

　　在 Vue.js 中, 父子组件的关系可以总结为 props 向下传递, 事件向上传递。父组件通过 props 给子组件下发数据, 子组件通过事件给父组件发送消息。

　　Vue.js 组件操作避免不了传值的问题。通常一个单页应用会以一棵嵌套的组件树的形式来组织, 如图 6-9 所示。

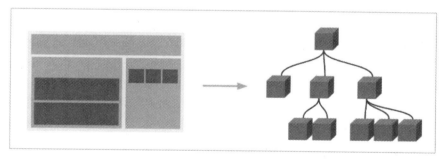

图 6-9

　　页面首先分成了顶部导航、左侧内容区、右侧边栏三部分。左侧内容区又分为上下两个组件。右侧边栏中又包含 3 个子组件。各个组件之间以嵌套的关系组合在一起, 这个时候不可避免地会有组件间通信的需求。

6.5.1　父组件向子组件传递数据

　　通常父组件的模板中包含子组件, 父组件要正向地向子组件传递数据或参数, 子组件接收到后根据参数的不同来渲染不同的内容或执行操作。在组件中, 可以使用选项 props 来声明

一个或多个自定义属性，这些属性称为 props，以后将父组件中的数据赋值给这些属性，从而完成父组件向子组件传递数据。这些属性得到父组件的数据后，就可以在子组件的模板中使用，比如使用文本插值方式来引用属性。props 是单项传递，父组件的值改变会影响子组件的值，子组件的值改变不会影响父组件的值。

props 的值可以是两种：字符串数组和对象。注意，这里所说的对象是包含一组键值对的实例，值可以是标量、函数、数组、对象等，这在学习 TypeScript 的时候已经接触过了。下面是以字符串数组形式列出的属性：

```
props: ['title', 'likes', 'isPublished', 'commentIds', 'author']
```

其中，'title'、'likes'等就是一个个属性。如果希望每个属性都有指定的值类型，那么可以以对象形式列出 props：

```
props: {
  title: String,
  likes: Number,
  isPublished: Boolean,
  commentIds: Array,
  author: Object
}
```

这些属性的名称和值分别有各自的名称和类型，比如针对对象定义来讲，title 是属性，其值是 String，而就选项 props 而言，title 是属性名称，String 是类型。如果某个属性有多个类型，则可以使用 type 将其列出，若只有一个类型，则可以省略 type。后面我们会详述。

通过 props 实现正向传递数据：父组件向子组件传递数据或参数，子组件接收到之后，根据参数的不同来渲染不同的内容或者执行不同的操作。props 使得父子之间形成了单向下行绑定：父级传递的数据的更新会向下流动到子组件中，但是反过来则不行。下面我们来看一个基本的例子，根组件向子组件传递一个字符串。

【例 6-7】根组件向子组件传递一个字符串

1）在 VSCode 中打开目录（D:\demo），新建一个文件 index.htm，然后添加代码，核心代码如下：

```
<div id="box">
    <component1 :title="msg"></component1>  <!--注意冒号前面要有空格-->
</div>

<script>
// 定义子组件选项对象
const myCompConfig = {
  template: "<h2>{{title}}</h2>",   // 文本插值方式使用 props
  props:["title"]    // 选项 props 的值是字符串数组形式
  };

  // 定义根组件的配置选项
  const RootComponentConfig  = {
  data(){
        return{
        msg:'hello' //msg 是属性名，在 DOM 中传给 title 的字符串也用这个属性名
        }
```

```
        }
    }
    const app = Vue.createApp(RootComponentConfig)    //创建应用（上下文）实例
    //全局注册组件：参数 1：组件名称，参数 2：组件
    app.component("component1", myCompConfig);
    const rc = app.mount("#box") //应用实例挂载
</script>
```

在上述代码中有关子组件选项对象的定义，是使用选项 props 定义属性，它是字符串数组形式的属性，目前这个数组只有一个元素。在之后的 div 中，要用父组件（这里是根组件）的数据属性 msg 来对 title 进行赋值，而 msg 的真正值是'hello'，所以最终 title 得到的数据是字符串'hello'，因此"<h2>{{title}}</h2>"相当于"<h2>{{msg}}</h2>"，最终就得到"<h2>hello</h2>"。

2）按快捷键 Ctrl+F5 运行程序，结果如图 6-10 所示。

hello

图 6-10

下面的例子稍微复杂一些，我们从父组件传递 3 个字符串给子组件，并且父组件是非根组件。

【例 6-8】非根组件传递 3 个字符串给子组件

1）在 VSCode 中打开目录（D:\demo），新建一个文件 index.htm，然后添加代码，核心代码如下：

```
<div id="box">
    <h3>book information:</h3>
    <fathercomponent></fathercomponent>
</div>

<script>
// 定义子组件选项对象
const sonCompConfig = {
    template: `<h1>{{bookName}}, {{price}}, {{author}}</h1> `,
    // 选项 props 的值是字符串数组形式
    props:['bookName','price','author']
};

// 定义父组件的配置选项
const fatherCompConfig  = {
    data(){
        return{ name:'c++', pr:'$100', au:'Tom'}
},
components:{  // components 选项
        mysoncompoent:sonCompConfig // 属性名:属性值
    },
template:`<div>
<mysoncompoent :bookName="name" :price="pr" :author="au"></mysoncompoent>//冒号
前有空格
    </div>`
    }
    const app = Vue.createApp({})    //创建应用（上下文）实例
```

```
// 全局注册组件：参数 1：组件名称，参数 2：组件
app.component("fathercomponent", fatherCompConfig);
const rc = app.mount("#box") //应用实例挂载
</script>
```

在上述代码中，我们全局注册了组件 fathercomponent，在它的选项对象中将局部注册另一个组件 mysoncomponent，因为 fathercomponent 相当于是父组件，而且这个父组件不是根组件。父组件有 3 个数据属性：name、pr 和 au，同时在父组件的模板选项中将 3 个数据属性赋值给子组件，最终这个模板将显示子组件的模板，即显示`<h1>{{bookName}}, {{price}}, {{author}}</h1>`，相当于`<h1>{{name}}, {{pr}}, {{au}}</h1>`，最终显示就是`<h1>c++, $100, Tom</h1>`。

2）按快捷键 Ctrl+F5 运行程序，结果如图 6-11 所示。

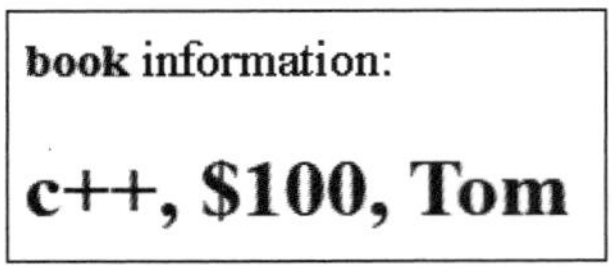

book information:

c++, $100, Tom

图 6-11

下面的例子传递更复杂一点的数据，将父组件中的一个结构体数组传递到子组件中并显示出来。

【例 6-9】传递数组

1）在 VSCode 中打开目录（D:\demo），新建一个文件 index.htm，然后添加代码，核心代码如下：

```
<div id="box">
  <h2>subjects:</h2>
  <!-- 把父组件中的数组 lessons 赋值给子组件 items-->
  <component1 :items="lessons"></component1>
</div>

<script>
//定义子组件选项对象
const myCompConfig = {
    //定义子组件的显示模板
    template: `
    <ul>
    <li v-for="item in items" :key="item.id">{{item.id}}--{{item.name}}</li>
    </ul> `,
    //选项 props 的值是对象形式
    props: {
      items: {
       type: Array,    //定义要接收的数据类型为数组
       default: []      //默认为空数组
        }
      }
};

    //定义根组件的配置选项
    const RootComponentConfig = {
```

```
    data(){
        return{
        msg:'hello from father',    //msg 是属性名
    lessons:[     //父组件中的数组
    {"id":1, "name":"Java"},
    {"id":2, "name":"PHP"},
    {"id":3, "name":"C++"}
    ]
        }
      }
  }
  const app = Vue.createApp(RootComponentConfig)    //创建应用（上下文）实例
  //全局注册组件：参数 1：组件名称，参数 2：组件
  app.component("component1", myCompConfig);
  const rc = app.mount("#box") //应用实例挂载
</script>
```

在上述代码中，子组件可以对 items 进行迭代，并输出到页面，但是组件中并未定义 items 属性。通过选项 props 来定义需要从父组件中接收的属性。items 是要接收的属性名称；type 限定父组件传递来的必须是数组，否则报错，type 的值可以是 Array 或者 Object（传递对象的时候使用）。default 表示默认值。在 DOM 的 div 中，我们把父组件中的数组 lessons 赋值给子组件 items，这样子组件的模板中就能使用 for 循环显示 lessons 中的数据了。

2）按快捷键 Ctrl+F5 运行程序，结果如图 6-12 所示。

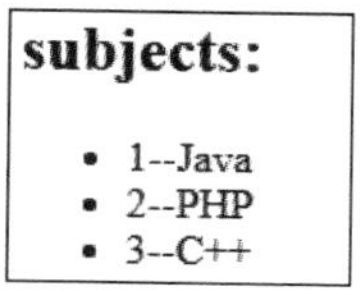

图 6-12

props 中声明的数据与组件 data 函数返回的数据的主要区别是 props 的数据来自父级，而 data 中是组件自己的数据，作用域是组件本身，这两种数据都可以在模板、计算属性、方法中使用。

6.5.2　不要在子组件中修改属性数据

props 选项中定义的数据项简称为属性（prop）。所有的 props 选项都使得父子之间形成了一个数据流单向下行的绑定：父级数据的更新会向下流动到子组件中，但是反过来则不行。这样可以防止子组件意外地变更父组件的状态，从而导致应用的数据流向难以理解。另外，每次父组件发生变更时，子组件中所有的属性都将会刷新为最新的值。这意味着用户不应该在一个子组件内部改变属性，属性数据应该由父组件来更新，在子组件中只能使用它，而不是修改它否则 Vue.js 会在浏览器的控制台中发出警告。下面我们来看一个实例，父组件传过来的价格是$100，但子组件中想将其价格修改为$200，随后控制台上就发出警告了。

【例 6-10】不要在子组件中修改属性数据

1）在 VSCode 中打开目录（D:\demo），复制上例的 index.htm 到该目录下，然后修改代

码,核心代码如下:

```
<div id="box">
  <h3>book information from father:</h3>
  <fathercomponent></fathercomponent>
</div>

// 定义子组件选项对象
const sonCompConfig = {
    template: `<h1>{{bookName}}, {{price}}, {{author}}</h1>
    son want to modify the price:
    <input type="text" v-model="price" placeholder="Input:">`,
    // 定义接收来自父组件的属性
    props:['bookName','price','author'] ,
};
```

在上述代码中,我们定义了一个编辑框,并通过指令 v-model 绑定到属性数据 price,这样可以测试在编辑框中企图修改 price。其他代码保持不变。

2)按快捷键 Ctrl+F5 运行程序,结果如图 6-13 所示。

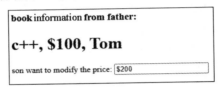

book information from father:

c++, \$100, Tom

son want to modify the price: $200

图 6-13

如果我们在编辑框中输入\$200,则 VSCode 的控制台窗口就会出现警告:

```
[Vue warn]: Attempting to mutate prop "price". Props are readonly. {uid: 2,
vnode: {…}, type: {…}, parent: {…}, appContext: {…}, …}
```

总之,不要在子组件中直接修改属性数据。

6.5.3 属性数据的常见应用

前面在子组件中得到父组件传来的数据后,就是简单地将其显示出来,单向数据流就结束了。而在实际应用中,还可以利用属性数据来初始化子组件中的 data 属性,以后对 data 属性进行修改,就相当于对父组件传来的数据在子组件中进行加工,即子组件的 data 属性保存父组件传递过来的值,在子组件的作用域下修改和使用 data 属性。

【例 6-11】初始化子组件的 data 属性

1)在 VSCode 中打开目录(D:\demo),复制上例的 index.htm 到该目录下,然后修改代码,核心代码如下:

```
// 定义子组件选项对象
const sonCompConfig = {
    template: `<h1>{{bookName}}, {{price}}, {{author}}</h1>
    son want to modify the price:
    <input type="text" v-model="newPri" placeholder="Input:">
    <br>new price:{{newPri}}`,
```

```
  // 定义接收来自父组件的属性
  props:['bookName','price','author'] ,
  data(){
    return{
      newPri:this.price
    }
  }
};
```

我们在子组件选项对象 sonCompConfig 中增加了 data 属性 newPri，它的初始值是 props 属性 this.price，所以 newPri 将得到父组件传来的价格数据，然后编辑框又绑定了 newPri，当在编辑框中修改时，newPri 得到更新。其他代码保持不变。

2）按快捷键 Ctrl+F5 运行程序，当在编辑框中输入数据$200 时，new price 后面的数据就发生了同步更新。这样就实现了一个简单而常见的应用，即根据父组件传来的数据决定加工这个数据。结果如图 6-14 所示。

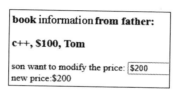

book information **from father:**

c++, $100, Tom

son want to modify the price: $200
new price:$200

图 6-14

这个例子对属性数据进行加工，是在编辑框中手工加工的。如果加工算法是固定的，我们可以把过程放在计算属性中自动实现，可以参看下面的实例。

【例 6-12】在计算属性中加工属性数据

1）在 VSCode 中打开目录（D:\demo），复制上例的 index.htm 到该目录下，然后修改代码，核心代码如下：

```
  // 定义子组件选项对象
const sonCompConfig = {
    template: `<h3>{{bookName}}, {{price}}, {{author}}</h3>
<br>Capitalized title:{{normalizedSize}}`,

    // 定义接收来自父组件的属性
    props:['bookName','price','author'] ,
    data(){
      return{
        newPri:this.price
      }
    },
    computed: {
      normalizedSize: function () {
        return this.bookName.trim().toUpperCase()
      }
    }
};
```

2）按快捷键 Ctrl+F5 运行程序，结果如图 6-15 所示。

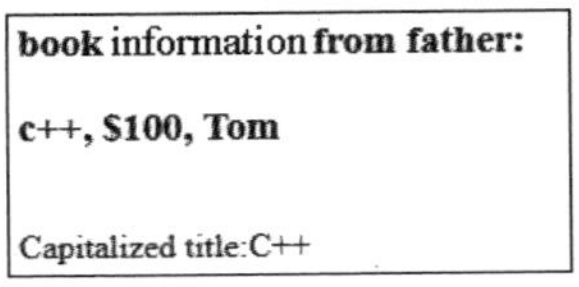

图 6-15

6.5.4 不同组件在不同 JavaScript 文件中的实现

前面的父组件和子组件的代码都写在一个 HTML 文件中，这种情况对于学习阶段来说问题不大。但在一线开发中，经常是多人开发，比如父组件由一人开发，子组件由另外一人开发，而 HTML 文件又由其他人开发。而且一线开发中的代码规模都不小，如果都放在一个文件中，文件代码显得太多，而且很凌乱，不好维护。这时，就要考虑把不同功能的代码放在不同的文件中，每个人维护自己的代码即可。

【例 6-13】在不同 JS 文件中实现

本实例将父组件和子组件放在不同的 JavaScript 文件中，HTML 文件只需要引入这两个文件即可。

1）在 VSCode 中打开目录（D:\demo），新建一个 JavaScript 文件，该文件实现父组件，文件名是 fatherComp.js，然后添加如下代码：

```
// 定义父组件的选项对象
const fatherCompConfig = {
  data(){
        return{ name:'c++', pr:'$100', au:'Tom'}
  },
  components:{     // components 选项
        mysoncompoent:sonCompConfig  // 属性名:属性值
    },
  template:`<div>
<mysoncompoent :bookName="name" :price="pr" :author="au"></mysoncompoent>
    </div>`
    }
    const app = Vue.createApp({})   // 创建应用（上下文）实例

    // 全局注册组件：参数 1：组件名称，参数 2：组件
    app.component("fathercomponent", fatherCompConfig);
    const rc = app.mount("#box") //挂载应用实例
```

在上述代码中，定义了父组件的选项对象，并创建应用（上下文）实例，然后全局注册组件，最后挂载应用实例。下面新建 JavaScript 文件，该文件实现子组件，文件名是 sonComp.js，然后添加如下代码：

```
// 定义子组件选项对象
const sonCompConfig = {
  template: `<h3>{{bookName}}, {{price}}, {{author}}</h3>
    Capitalized title:{{normalizedSize}}`,
  // 定义数据接收项
  props:['bookName','price','author'] ,
  computed: {
```

```
normalizedSize: function () {
    return this.bookName.trim().toUpperCase()
  }
 }
};
```

2）JavaScript 文件实现完毕后，下面我们将在 HTML 文件中引入 JavaScript 文件。新建一个名为 index.htm 的文件，并输入如下代码：

```
<!DOCTYPE html>
<html lang="en">
<head>
    <meta charset="UTF-8">
    <script src="d:/vue.js"></script>
</head>
<body>
  <div id="box">
    <h3>book information from father:</h3>
    <fathercomponent></fathercomponent>
  </div>
  <script src="sonComp.js"></script>
  <script src="fatherComp.js"></script>
</body>
</html>
```

把组件实现代码放到 JavaScript 文件中后，index.htm 就简洁多了，只需要用 script src 引入即可，并在需要的地方使用父组件<fathercomponent></fathercomponent>。

3）按快捷键 Ctrl+F5 运行程序，结果如图 6-16 所示。

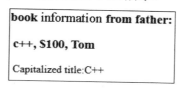

图 6-16

把组件分开实现能够方便多人进行开发。但多人开发最大的问题是要确保传递数据的类型统一，所以通过选项 props 传递数据时，开发者之间最好能知道传递数据的类型，这就涉及 props 数据类型和验证的问题。

6.5.5　属性的默认值

如果不想给属性赋值，可以用 default 为属性设置默认值。比如：

```
props:{
    title:{
        default: "c++"
    } }
```

这样，如果属性要使用默认值，就不需要为其赋值了，比如<component1></component1>。

【例 6-14】使用属性的默认值

1）在 VSCode 中打开目录（D:\demo），新建一个文件 index.htm，然后添加代码，核心

代码如下:

```
<div id="box">
    <component1></component1>        <!--全部使用默认值-->
    <component1 :title="msg"></component1>    <!--仅仅 price 使用默认值-->
    <component1 :price="30"></component1>     <!--仅仅 title 使用默认值-->
</div>
```

```
// 定义子组件选项对象
const myCompConfig = {
    template: "<h3>{{title}},{{price}}</h3>",   // 使用 props 属性 title 的值渲染模板
    props:{
        title:{
            default: "c++"    // 默认值是字符串"c++"
        },
        price: {
            default: 25        // 默认值是整数 25
        }
    }
}
// 定义根组件的选项对象
const RootComponentConfig = {
    data(){
        return{
            msg:'java', // msg 是属性名，在 dom 中传给 title 的字符串也用这个属性名
        }
    }
}
```

在 div 中，我们使用了 3 次组件：第一次全部使用默认值，第二次仅 price 使用默认值，第三次仅 title 使用默认值。可以看出，想使用属性的默认值，在具体使用时不赋值即可。

2）按快捷键 Ctrl+F5 运行程序，结果如下：

```
c++,25
java,25
c++,30
```

6.5.6　props 数据类型和验证

一般情况下，当用户的组件需要提供给别人使用时，推荐都要进行数据验证，比如某个数据必须是数字类型，如果传入字符串，就会在控制台弹出警告信息。

在前面的不少实例中，父组件传给子组件的数据都是字符串。我们并没有明确地指定数据类型，这就要建立在用户都很遵守约定的情况下。想象一下，当有一个人通过父组件向子组件传数据时，他可能对于其要接受的参数有什么要求并不是很清楚，因此传入的参数可能会在开发子组件的人的意料之外，若是如此，程序就会发生错误，就像我们在函数调用之前先检查一下函数一样，props 也可以进行预先检查。

平时调用函数的时候在函数开头的地方都是一堆参数检查，这种写法很不好，所以后来就有了校验器模式。校验器模式就是把函数开头对参数校验的部分提取出来作为一个公共的部分来管理，让这个公共的部分来专门负责校验，当数据类型不正确时就抛一个异常，根本不去

调用这个函数，很多框架设计师都是这么设计的（Spring MVC、Struts 2 等）。props 也提供了这个功能。试想一下，如果没有这个功能，为了保证正确性，可能需要在每次使用 props 属性之前都写一堆代码来检查数据类型。校验器最大的好处就是大多数情况下让校验器检查出函数声明所需的数据类型，再予以提供。

在 Vue.js 中，我们可以为组件的属性指定验证要求。如果有一个需求没有被满足，Vue.js 就会在浏览器控制台中显示警告信息。这在开发供其他人使用的组件时尤其有用。可以使用 type 来声明这个属性可以接受的数据类型，当属性数据只有一种类型时 type 可以省略不写。

【例 6-15】props 数据类型和验证

1）在 VSCode 中打开目录（D:\demo），新建一个文件 index.htm，然后添加代码，核心代码如下：

```html
    <div id="box">
      <component1 :props1=100 :props2=59 :props3=false
props4="abc" :props5="{name:'Tom',age:12}" ></component1>
      <component1 :props1=100
props2="hello" :props3=true :props6=15></component1>
    </div>
    <script>
     const myCompConfig = {
       template:
`<h3>{{props1}},{{props2}},{{props3}},{{props4}},{{props5}},{{props6}}</h3>
       `,
       props:{
          // type 的值可以是 Number String Boolean Object Array Function
          // 名字要注意,如果是驼峰命名,比如 propsA,在 DOM 中则要用短横线分隔,即 props-a!
          // 总之, JS 中用驼峰命名,在 HTML 中替换成短横线分隔式命名
          // 参数类型必须是 Number 类型
          props1: Number,

          // 参数类型必须是 Number 或 String 类型
          props2: [Number, String],

          // 参数必传
          props3: {
            type: Boolean,
            required: true,
          },

          // 设置参数默认值
          // 第一种情况: 参数类型是基本类型
          props4: {
            type: String,
            default: "111",
          },

          // 第二种情况: 参数类型是引用类型
          // 参数类型是数组或者对象时, 需要使用工厂函数的形式返回默认值
          props5: {
              type:Object,
              default: function () {
                return {name:'Jack',age:11} }
              //default: () => ( {name:'Jack',age:11})  // 或写成箭头函数
```

```
      },
      // 自定义校验函数,可过滤传入的值
      props6: {
      type: Number,
      validator: function (val) {
        return val > 10;
      }
      }
      }
    }
    const RootComponentConfig = {
    data(){
        return{
        msg:'java',
        }
    },
    }
  const app = Vue.createApp(RootComponentConfig)
  app.component("component1", myCompConfig);
  const rc = app.mount("#box")
 </script>
```

在上述代码中,我们定义了 props1~props6,其中,props1 的类型是 Number,因为可以用数字 100 对其赋值,即:props1=100; props2 的类型是 Number 或 String,因此可以用 59 或"hello"对其赋值,即:props2=59 或 props2="hello";参数 props3 的类型是 Boolean,所以赋值 false 或 true,即:props3=false 或:props3=true;props4 的类型是 String,所以赋值一个字符串;props5 的类型是 object,所以赋值一个对象;props6 的验证器中我们要让其值必须大于 10,所以赋值 15 是没问题的,但如果赋值小于 10,则 Vue.js 会给出警告。需要注意的是名字,如果是驼峰命名,比如 propsA,则在 DOM 中要用短横线分割,即 props-a。总之,JavaScript 中用驼峰命名,在 HTML 中替换成短横线分隔式命名。另外,所谓工厂函数,是指这些内置函数都是类对象,当用户调用它们时,实际上是创建了一个类的实例。意思就是当用户调用这个函数时,实际上是先利用类创建了一个对象,然后返回这个对象。

根据笔者的观察,对于本节内容,现在市面上很少有书能提供完整实例,且学且珍惜。了解笔者习惯的人知道,要么不讲,要么就讲透彻、讲完整,尤其是实例,坚决不能是不完整的工程。

2)按快捷键 Ctrl+F5 运行程序,结果如图 6-17 所示。

```
100,59,false,abc,{ "name": "Tom", "age": 12 },

100,hello,true,111,{ "name": "Jack", "age": 11 },15
```

图 6-17

第 **7** 章

Vue.js 脚手架开发

当前在企业界绝大多数用 Vue.js 开发过项目的读者，或多或少都会遇到以下两种情况：

- 使用 vue-cli 工具去搭建一个项目。
- 在领导或同事搭建好的项目基础上做业务。

长此以往，会导致你对整个项目的把控度越来越低。面试下一家公司的面试官问你，是否手动搭建过 Vue.js 项目的时候，对配置一问三不知。笔者认为，要既能使用 vue-cli 工具去搭建和开发项目，也要能脱离 vue-cli 工具去搭建和开发项目，这样可以更多地知道工具背后的一些原理。vue-cli 是一个官方发布的 Vue.js 项目脚手架，使用 vue-cli 可以快速创建 Vue.js 项目。脚手架就是通过输入简单的指令帮助你快速搭建一个基本环境的工具，即 vue-cli 可以协助用户生成 Vue.js 工程模板。

不使用 vue-cli 而手工搭建 Vue.js 项目，肯定也要配置环境，比如需要引入 Vue.js，需要 Node.js 的包管理工具 NPM，以及前端工程化打包工具 Webpack 等。其中，基本的环境是 Node.js，Node.js 是 JS 后端运行平台，也是前端工程化的重要支柱之一。

Webpack 在执行工程打包压缩的时候是依赖 Node.js 的，没有 Node.js 就不能使用 Webpack，就好比你要使用电灯，首先必须得有电流，而电流是需要发动机来发电的，不能说不需要发动机而直接使用电流吧。总之，Webpack 是基于 Node.js 实现的，用 Webpack 打包后的 Web 工程不是非要在 Node.js 环境中运行，比如在 Apache 中也可以运行。

7.1 Node.js 和 Vue.js 的关系

Node.js 是一个基于 Chrome V8 引擎的 JavaScript 运行环境。Node.js 使用了一个事件驱动、非阻塞式 I/O 的模型。Node.js 是一个让 JavaScript 运行在服务端的开发平台，它让 JavaScript 成为与 PHP、Python、Perl、Ruby 等服务端语言平起平坐的脚本语言。

Node.js 对一些特殊用例进行优化，提供替代的 API，使得 V8 在非浏览器环境下运行得更好。V8 引擎执行 JavaScript 的速度非常快，性能非常好。Node.js 是一个基于 Chrome JavaScript 运行时建立的平台，用于方便地搭建响应速度快、易于扩展的网络应用。Node.js 通过使用事件驱动和非阻塞 I/O 模型得以轻量和高效，非常适合在分布式设备上运行数据密集型的实时应用。

Vue.js 是一套构建用户界面的框架，只关注视图层，负责 MVC 中的 V 这一层。Vue.js 是前端的主流框架之一，与 Angular.js、React.js 一起，成为前端三大主流框架。

我们使用 Vue.js 一定要安装 Node.js 吗？准确来说是使用 vue-cli 搭建项目时需要 Node.js。用户也可以创建一个 HTML 文件，然后引入 Vue.js，一样可以使用 Vue.js。但是这种方式通常针对小项目，如果项目复杂，使用 Node.js 会更方便，通过 Node.js 可以打包部署，解析 Vue.js 单文件组件，解析每个 Vue.js 模块，并拼在一起等，再启动测试服务器，用于管理 vue-router、vue-resource 这些插件。所以通常我们会使用 Vue.js+Node.js 的方式，这样更加方便省事。Vue.js 推荐的开发环境如下：

1）Node.js：JavaScript 运行环境，不同系统直接运行各种编程语言。

2）NPM：Node.js 下的包管理器。由于国内使用 npm 会很慢，这里推荐使用淘宝 npm 镜像（http://npm.taobao.org/）。

3）Webpack：它主要的用途是通过 CommonJS 的语法对所有浏览器端需要发布的静态资源做相应的准备，比如资源的合并和打包。

4）vue-cli：用户生成 Vue.js 工程模板。

Vue.js 是通过 Webpack 来打包的，而 Webpack 又基于 NPM，NPM 需要 Node.js 环境。这就是为什么使用 Vue.js 还需要安装 Node.js 环境。将目标 dist 文件夹复制到一台未安装 Node.js 的 Nginx 服务器上，访问页面可以正常响应逻辑。这时与 Node.js 没有任何关系，服务器不是 Node.js 在担当，而是 Nginx。如果用户使用 Node.js 来部署服务器，则需要在目标机上安装 Node.js。

总之，可以开发基于 Node.js 运行环境的后端服务程序，也可以用基于 Node.js 的 NPM 和 Webpack 来打包目标前端页面。Vue.js 使用 Webpack 来打包，故而需要 Node.js 环境。因此，很多书籍介绍 Vue.js 开发环境时，都会把 Node.js 一起安装。

7.2 配置 Webpack 环境

顾名思义，Webpack 是对 Web 资源进行打包收拾（pack）的意思。Webpack 是当前前端最热门的资源模块化管理和打包工具。使用 Webpack 作为前端构建工具可以实现以下功能：

1）代码转换：TypeScript 编译成 JavaScript，SCSS 编译成 CSS 等。

2）文件优化：压缩 JavaScript、CSS、HTML 代码，压缩合并图片等。

3）代码分割：提取多个页面的公共代码，提取首屏不需要执行部分的代码，让其异步加载。

4）模块合并：在采用模块化的项目中会有很多个模块和文件，需要构建功能把模块分类合并成一个文件。

5）自动刷新：监听本地源代码的变化，自动重新构建、刷新浏览器。

6）代码校验：在代码被提交到仓库前需要校验代码是否符合规范，以及单元测试是否通过。

7）自动发布：更新完代码后，自动构建出线上发布代码并传输给发布系统。

在 Webpack 应用中有两个核心：

1）模块转换器：用于把模块原内容按照需求转换成新内容，可以加载非 JavaScript 模块。

2）扩展插件：在 Webpack 构建流程中的特定时机注入扩展逻辑来改变构建结果或做想做的事情。

Webpack 将根据模块的依赖关系进行静态分析，然后将这些模块按照指定的规则生成对应的静态资源，如图 7-1 所示。

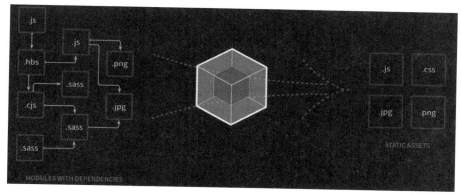

图 7-1

可以看出，Webpack 可以将多种静态资源转换成一个静态文件，比如图 7-1 左边有多个 JS 文件，经过 Webpack 打包后，就变为一个 JS 文件了，这样就能减少页面的请求。Webpack 是一个现代 JavaScript 应用程序的静态模块打包器。当 Webpack 处理应用程序时，它会递归地构建一个依赖关系图，其中包含应用程序需要的每个模块，然后将所有模块打包成一个或多个模块组。Webpack 凭借强大的功能与良好的使用体验，已经成为目前流行、社区活跃的打包工具，是现代 Web 开发必须掌握的技能之一。

我们要清楚两点：

1）一切皆模块：正如 JS 文件可以是一个模块一样，其他的（如 CSS、Image 或 HTML）文件也可以视作模块。因此，既可以用 require('myJSfile.js')，也可以用 require('myCSSfile.css')。这意味着我们可以将事物（业务）分割成更小的易于管理的片段，从而达到重复利用的目的。

2）按需加载：传统的模块打包工具最终将所有的模块编译生成一个庞大的 bundle.js 文件。但是在真实的 App 中，bundle.js 文件可能有 10MB~15MB，从而导致应用一直处于加载状态。因此，Webpack 使用许多特性来分割代码，然后生成多个 bundle.js 文件，而且异步加载部分代码以实现按需加载。

7.2.1 安装并使用 Webpack

在安装 Webpack 之前，本地环境需要支持 Node.js，这个前面已经安装好了。现在可以直接安装 Webpack。需要注意的是，Webpack 4 官方不再支持 Node.js 4 以下的版本，依赖的 Node.js 环境版本在 6.11.5 以上。

在安装 Webpack 之前，设置一下 Node.js 包的安装路径：

```
npm config set prefix="D:\mynpmsoft"
```

这样通过 NPM 安装的软件包都会存储到 D:\mynpmsoft\下。

下面开始全局安装 Webpack（注意 Webpack 在命令行中作为命令时都是小写字母），在命令行下运行以下命令：

```
npm install webpack -g
```

其中，-g 表示全局安装。稍等片刻，安装完成。

从 Webpack 4 开始，若要使用 Webpack 的命令，还需要安装 Webpack-cli，它相当于 Webpack 的简易客户端，以 Webpack 协议连接相应服务，比如 MySQL 也是一样，有一个客户端可以省去用代码连接访问。输入以下命令安装 Webpack-cli：

```
npm install webpack-cli -g
```

稍等片刻，Webpack-cli 安装完成。另外，也可以在每个项目中单独添加 Webpack-cli，这样可以控制版本，命令如下：

```
npm add -D webpack@<version>
npm add -D webpack-cli
```

这样有一个缺点，就是项目的文件夹会变大，因此这里我们通过-g 来进行全局安装。

这两个包安装完成后，会在 D:\mynpmsoft\node_modules 下生成两个文件夹，如图 7-2 所示。

脚本程序 Webpack 的路径则为 D:\mynpmsoft\。为了在任何目录都能使用 Webpack 命令，我们需要把 Webpack 所在路径设置到环境变量 Path 中去，脚本程序 Webpack 所在的路径是 D:\mynpmsoft，因此我们把 D:\mynpmsoft 设置到如图 7-3 所示的位置。

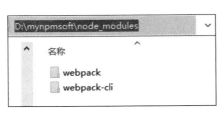

图 7-2

图 7-3

设置完毕后，可以在命令行下显示 Webpack 的版本号。重新打开一个命令行窗口，然后输入 Webpack -v，如图 7-4 所示。

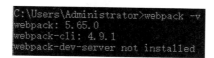

图 7-4

这说明 Webpack 命令运行成功了。如果要查看帮助，则可以输入 Webpack -h，随后就进入 Webpack 的帮助界面。

总之，模块打包机 Webpack 要做的事情就是分析项目结构，找到 JavaScript 模块以及其他的一些浏览器不能直接运行的拓展语言（SCSS、TypeScript 等），并将其转换和打包为合适的格式供浏览器使用。

【例 7-1】使用 Webpack 打包

1）假设项目目录为 D:\demo。首先要初始化生成 package.json 文件。以管理员身份打开命令行窗口，在命令行下进入 D:\demo，然后输入命令 npm init -y，如下所示：

```
npm init -y
```

该命令执行初始化操作，其中参数-y 表示不用不停地输入 yes，省去了按回车键的步骤。此时在 D:\demo 下生成文件 package.json。在 Node.js 开发中，使用 npm init 命令会生成一个 pakeage.json 文件，这个文件定义了这个项目所需要的各种模块，用来记录这个项目的详细信息的，它会将我们在项目开发中所要用到的包以及项目的详细信息等记录在这个项目中。这样在以后的版本迭代和项目移植时会更加方便，也可以防止在后期的项目维护中误删除了一个包导致项目不能够正常运行。使用 npm init 初始化项目还有一个好处就是在进行项目传递时不需要将项目依赖包一起发送给对方，对方在接收到你的项目之后再执行 npm install 就可以将项目依赖全部下载到项目中。此时会在同目录下自动生成一个名为 package.json 的配置文件，package.json 文件主要是显示项目的名称、版本、作者、协议等信息。

2）在 D:\demo 新建子文件夹 src，这个 src 文件夹用来存放 JS 文件和 HTML 文件。打开 VSCode，并在 VSCode 中打开文件夹 D:\demo，然后在 EXPLORER 视图下选中 src，并新建一个名为 index.htm 的文件，选中 src 的目的是让 index.htm 保存在 src 目录下。在 index.htm 中输入如下代码：

```html
<html>
    <head>
        <meta charset="utf-8">
    </head>
    <title>Test Webpack</title>
    <body>
        <script src="../dist/bundle.js"></script>
    </body>
</html>
```

这段代码很简单，就是调用 bundle.js，bundle.js 是通过 Webpack 把 main.js 打包而来的。文件夹 dist 是输出最终文件的目录。接着在 VSCode 中选中 src，并在 src 下新建一个名为 main.js 的文件，并输入如下代码：

```javascript
document.write("It works.");
function add(a,b){
    return a+b
```

```
}
console.log(add(1,2,))
```

document.write 用于在页面上输出字符串"It works."。自定义函数 add 返回参数 a 和 b 的和。console.log 将在浏览器控制台上打印出结果。保存这个文件,注意要确认保存文件成功。

3）在 VSCode 中,在 demo 目录下新建一个 Webpack.config.js 文件,并输入如下内容:

```
const path = require('path')
module.exports = {
  entry: path.join(__dirname, './src/main.js'), // 表示要使用 webpack 打包哪个文件
  output: { // 输出文件相关的配置
    path: path.join(__dirname, './dist'),  // 指定打包好的文件输出到哪个目录中
    filename: 'bundle.js'    // 这是指定输出的文件的名称
  },
  mode: 'development'
}
```

Webpack.config.js 是一个配置文件,Webpack 在执行时,除了在命令行传入参数外,还可以通过指定的配置文件来执行。默认会搜索当前目录下的 Webpack.config.js。这个文件是 Node.js 模块,返回一个 JSON 格式的配置对象,也通过--config 选项来指定配置文件。Webpack.config.js 中的 require 会去查找 package.json 中的 devDependencies,对应的值再去查找 node_modules 下的文件夹,找到后在文件夹的 package.json 中查找 main,main 的值就是要加载的内容。

4）打开命令行窗口,进入 D:\demo,然后输入命令:

```
webpack
```

这个命令就是打包命令,如果正确,执行后如图 7-5 所示。

图 7-5

至此,说明打包成功后,dist 目录下会生成 bundle.js 文件。切换到 VSCode 中,在 EXPLORER 视图下选中 index.html,然后按 F5 键运行,此时将打开谷歌浏览器执行 index.html,在浏览器上可以看到"It works."。然后在浏览器上按 F12 键,则会看到 3,这个 3 是 console.log(add(1,2,)) 打印的结果,如图 7-6 所示。

图 7-6

我们把 src 下的 index.htm 复制到 dist 目录中,然后双击打开 index.htm,也可以看到结果。

7.2.2　package.json 文件

随着前端由多页面到单页面，由零散的文件到模块化开发，在一个完整的项目中，package.json 文件无处不在。首先在项目的根目录会有，其次在 node_modules 中也会频繁出现。这个文件到底有什么作用，我们有必要了解一下。

上例中，通过 npm init 生成了一个 package.json 文件，现在我们来简单了解一下 package.json 文件。这个文件其实就是对项目或者模块包的描述，里面包含许多元信息。比如项目名称、项目版本、项目执行入口文件、项目贡献者等。npm install 命令会根据这个文件下载所有依赖模块。

创建 package.json 文件有两种方式，即手动创建和自动创建。手动创建就是直接在项目根目录新建一个 package.json 文件，然后输入相关的内容。自动创建就是在项目根目录下执行 npm init 命令，就像上例，然后根据提示一步一步输入相应的内容即可自动创建。如果 npm init 后带有 -y，则默认全部为 yes。

我们可以把上例的 package.json 文件复制一份，然后打开看看：

```
{
  "name": "demo",
  "version": "1.0.0",
  "description": "",
  "main": "main.js",
  "scripts": {
    "test": "echo \"Error: no test specified\" && exit 1"
  },
  "keywords": [ ],
  "author": "",
  "license": "ISC"
}
```

每行的冒号左边是选项，右边是选项的值。当前这个文件比较简单，其实还可以有更多的选项。常用的选项说明如下：

- name：项目/模块名称，长度必须小于等于 214 个字符，不能以"."（点）或者"_"（下画线）开头，不能包含大写字母。在 package.json 中重要的是 name 和 version 字段。它们都是必需的，如果没有就无法执行 npm install。name 与 version 一起组成唯一标识。值得注意的是，不要把 node 或者 js 放在名字中。因为你写了 package.json，它就被假为 JS，不过可以用 engine 字段指定一个引擎，这个名字会作为 URL 的一部分、命令行的参数或者文件夹的名字。任何 non-url-safe 的字符都是不能用的，这个名字可能会作为参数被传入 require()，所以它应该比较短，但也要意义清晰。最后，在想正式使用名字之前，最好去 npm registry 查看一下这个名字是否已经被使用了，网址是 http://registry.npmjs.org/。
- version：项目版本，改变包应该同时改变 version，并且 version 必须能被 node-semver 解析。
- author：项目开发者，它的值是用户在 https://npmjs.org 网站的有效账户名，遵循"账户名 <邮件>"的规则。
- description：项目描述，是一个字符串。它可以帮助人们在使用 npm search 时找到这个包。
- keywords：项目关键字，是一个字符串数组。它可以帮助人们在使用 npm search 时找到这个包。

- private：是否私有，设置为 true 时，npm 拒绝发布。
- license：软件授权条款，让用户知道他们的使用权利和限制。
- bugs：Bug 提交地址。
- contributors：项目贡献者。
- repository：项目仓库地址。
- homepage：项目包的官网 URL。
- dependencies：生产环境下，项目运行所需的依赖。
- devDependencies：开发环境下，项目运行所需的依赖。
- scripts：执行 npm 脚本命令简写。npm 允许在 package.json 文件中使用 scripts 字段定义脚本命令。Node.js 开发离不开 npm，而脚本功能是 npm 强大、常用的功能之一。比如：

```
{
  "scripts": {
    "build": "node build.js"
  }
}
```

这段代码是 package.json 文件的一个片段，其中的 scripts 字段是一个对象。它的每一个属性对应一段脚本。比如，build 命令对应的脚本是 node build.js。在命令行下执行 npm run 命令，就可以执行这段脚本，即：

```
$npm run build
# 等同于
$ node build.js
```

这些定义在 package.json 中的脚本称为 npm 脚本。它的优点很多。

- bin：内部命令对应的可执行文件的路径。
- main：项目默认执行文件，比如 require('Webpack')，就会默认加载 lib 目录下的 Webpack.js 文件，如果没有设置，则默认加载项目根目录下的 index.js 文件。
- module：以 ES Module（也就是 ES 6）模块化方式进行加载，因为早期没有 ES 6 模块化方案时，都是遵循 CommonJS 规范，而 CommonJS 规范的包是以 main 的方式表示入口文件的，为了区分就新增了 module 方式，但是 ES 6 模块化方案效率更高，所以会优先查看是否有 module 字段，没有才使用 main 字段。
- eslintConfig：ESLint 检查文件配置，自动读取验证。
- engines：项目运行的平台。
- browserslist：供浏览器使用的版本列表。
- style：供浏览器使用时，样式文件所在的位置，通过样式文件打包工具 parcelify 知道样式文件的打包位置。
- files：被项目包含的文件名数组。

7.2.3　开发模式和生产模式

在项目开发阶段，通常需要对代码进行调试以及其他一些特殊设置。因此，Webpack 提供了开发模式供开发调试阶段使用。与此对应,当项目正式发布时,又提供了生产模式供使用,使得项目体积可以压缩变小,一些调试开关可以关闭。有点类似 VC++中的 Debug 模式和 Release 模式。在项目中有两份配置文件是很正常的事了。在开发模式下,默认开启了 NamedChunksPlugin 和 NamedModulesPlugin,以方便调试,并提供了更完整的错误信息,以及更快的重新编译的速度。在生产(production)模式下,由于提供了 splitChunks 和 minimize,因此基本零配置,代码就会自动分割、压缩、优化,同时 Webpack 也会自动帮用户进行作用域提升(Scope Hoisting)和摇树优化(Tree-Shaking)。摇树优化是 Webpack 内置的一个优化,主要功能是去除没有用到的代码。

　　如何设置 Webpack 的开发模式和生产模式呢?答案是在 package.json 文件中的 scripts 下进行设置。

　　上例 package.json 的 scripts 选项内容为:

```
"scripts": {
  "test": "echo \"Error: no test specified\" && exit 1"
},
```

test 其实也是一种模式,我们可以添加两行代码:

```
"scripts": {
    "dev": "webpack --mode development",
    "build": "webpack --mode production"
},
```

　　dev 表示开发模式,build 表示生产模式。如果我们要执行开发模式,则需要在命令行中通过执行 npm run dev 来执行这段脚本,也就是说 dev 代表 Webpack --mode development,npm run 执行 dev,其实就是执行 Webpack --mode development,即我们在命令行下直接执行 Webpack --mode development,效果与 npm run dev 是一样的。总之,指定开发模式就是使用--mode development,指定生产模式就是使用--mode production。

　　下面我们来简单体验下两者的区别。

【例 7-2】体验开发模式和生产模式的区别

1)把上例 demo 文件夹下的内容全部复制到 D:\demo 下,然后修改 package.json 中的 scripts 选项如下:

```
"scripts": {
    "dev": "webpack --mode development",
    "build": "webpack --mode production"
},
```

保存该文件。

2)在命令行下进入根目录(D:\demo)下,然后执行命令:

```
npm run dev
```

运行后如图 7-7 所示。

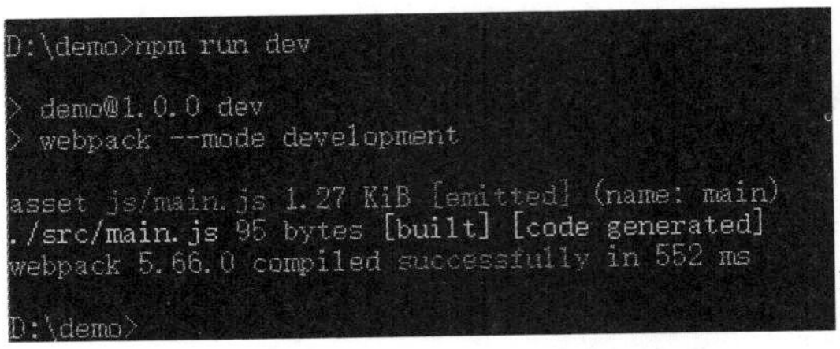

图 7-7

可以看到，执行了 Webpack --mode development，此时 D:\demo\dist\js 下生成了一个新的 main.js，这是一个 bundle（包）文件，并没有压缩。我们把它命名为 main1.js，然后在命令行下执行：

```
webpack --mode development
```

执行后，此时 D:\demo\dist\js 下也生成了一个新的 main.js，这个文件与 main1.js 的内容一样。看来 npm run dev 和 Webpack --mode development 的效果似乎一样。

3）在命令行下进入根目录（D:\demo），然后执行命令：

```
npm run build
```

运行后如图 7-8 所示。

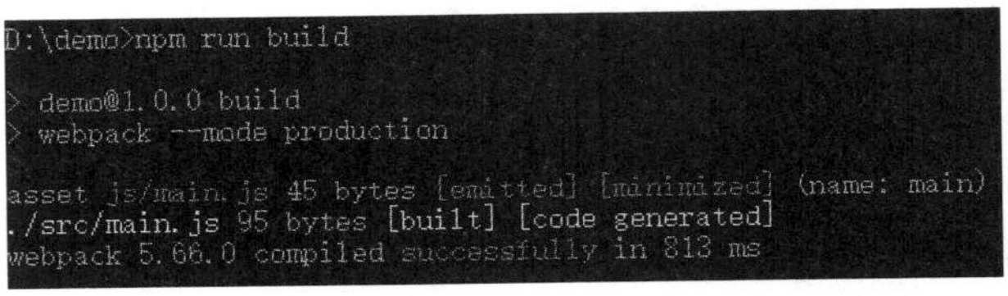

图 7-8

执行后，此时 D:\demo\dist\js 下也生成了一个新的 main.js，可以发现里面内容变少了很多，文件大小也变小了很多。这说明 main.js 文件已经被压缩了。

总之，开发模式针对速度进行优化，仅仅提供了一种不压缩的包。生产模式可以进行各种优化，包括压缩、作用域提升和摇树优化等。

7.3 Vue.js 单文件组件规范

上例并没有用到 Vue.js。接下来将使用 Webpack 打包含有 Vue.js 的工程，通常在 Webpack 工程中会有一个 Vue.js 文件。那么 Vue.js 文件包含哪些内容呢？我们要从单文件组件的基本概念讲起。实际上，Vue.js 文件是 Vue.js 的单页式组件文件格式，它可以同时包括模板定义、样式定义和组件模块定义。

7.3.1 基本概念

在很多 Vue.js 项目中，我们使用 Vue.component 来注册全局组件，紧接着在每个页面内指定一个容器元素。这种方式在很多中小规模的项目中运作得很好，在这些项目中，JavaScript 只被用来加强特定的视图。当在更复杂的项目中或者前端完全由 JavaScript 驱动时，下面这些缺点将变得非常明显：

1）全局定义（Global definition）：强制要求每个组件中的命名不得重复。

2）字符串模板（String template）：缺乏语法高亮，在 HTML 有多行时，需要用到反斜杠 "\"。

3）不支持 CSS（No CSS support）：意味着当 HTML 和 JavaScript 组件化时，CSS 明显被遗漏。

4）没有构建步骤（No build step）：限制只能使用 HTML 和 ES 5 JavaScript，而不能使用预处理器，如 Pug（formerly Jade）和 Babel。

为此，官方推出了文件扩展名为 .vue 的单文件组件为以上所有问题提供了解决方法，并且还可以使用 Webpack 或 Browserify 等构建工具。如果是初次接触 Vue.js 开发的读者，可能之前没有见过这个东西。Vue.js 文件是一个自定义的文件类型，用类似 HTML 的语法描述一个 Vue.js 组件。每个 Vue.js 文件包含三种类型的顶级语言块：<template> <script> 和 <style>。这三个部分分别代表 HTML、JS 和 CSS。其中 <template> 和 <style> 支持用预编译语言来编写。总之，一个 Vue.js 文件是一个封装的组件，在 Vue.js 文件中可以写 HTML、CSS 和 JS。

Vue.js 单文件组件是一种特殊的文件格式，它允许将 Vue.js 组件的模板（template）、逻辑（JS 代码）与样式（Style）封装在单个文件中。下面是一个单文件组件示例。

```
<template>
  <div class="example">{{ msg }}</div>
</template>

<script>
export default {
  data() {
    return {
      msg: 'Hello world!'
    }
  }
}
</script>

<style>
.example {
  color: red;
}
</style>

<custom1>
  这里可以是，例如：组件的文档
</custom1>
```

正如所见，Vue.js 单文件组件是 HTML、CSS 与 JavaScript 三个经典组合的自然延伸，这段代码可以保存为一个 Vue.js 文件。每一个 Vue.js 文件都由三种类型的顶层语法块所组成：<template>、<script>、<style>，以及可选的附加自定义块。

（1）<template>块

每个 Vue.js 文件最多可同时包含一个顶层<template>块。其中的内容会被提取出来并传递给@vue/compiler-dom，预编译为 JavaScript 的渲染函数，并附属到导出的组件上作为其 render选项。

（2）<script>块

每一个 Vue.js 文件最多可同时包含一个<script>块（不包括<script setup>）。该脚本将作为 ES Module 来执行。其默认导出的内容应该是 Vue.js 组件选项对象，它要么是一个普通的对象，要么是 defineComponent 的返回值。

（3）<script setup>块

每个 Vue.js 文件最多可同时包含一个<script setup>块（不包括常规的<script>）。该脚本会被预处理并作为组件的 setup()函数使用，也就是说它会在每个组件实例中执行。<script setup>的顶层绑定会自动暴露给模板。

（4）<style>块

一个 Vue.js 文件可以包含多个<style>标签。<style>标签可以通过 scoped 或 module attribute将样式封装在当前组件内。多个不同封装模式的<style>标签可以在同一个组件中混用。单文件组件中的<style>标签通常在开发过程中作为原生<style>标签注入以支持热更新。对于生产环境，它们可以被提取并合并到单个 CSS 文件中。

（5）自定义块

为了满足任何项目特定的需求，Vue.js 文件中还可以包含额外的自定义块，例如<docs>块。

值得注意的是，浏览器本身是无法直接识别 Vue.js 文件的，通过需要使用 Webpack 等工具把 Vue.js 文件翻译成 HTML 文件。

7.3.2　为什么要使用单文件组件

如果使用先定义全局组件，再创建实例的方式，则耦合性较高，处理复杂项目的能力弱，对于预处理操作无法实现，并且这种组件名字不能重复，当 HTML 和 JavaScript 组件化时，CSS 会遗漏在外。单文件组件方式将 template、script 和 style 分开了，写法更加清晰，耦合性低，容易维护。虽然单文件组件需要一个构建步骤，但是益处颇多：

1）使用熟悉的 HTML、CSS 与 JavaScript 语法编写模块化组件。
2）预编译模板。
3）使用 Composition API 时更符合人体工程学的语法。
4）通过交叉分析模板与脚本进行更多编译时优化。
5）IDE 支持模板表达式的自动补全与类型检查。
6）开箱即用的热模块更换（HMR）支持。

单文件组件是 Vue.js 作为框架的定义特性，也是在以下场景中使用 Vue.js 的推荐方法：

1）单页应用。

2）静态站点生成。

3）重要的前端。

虽然使用单文件组件有不少好处，但在某些情况下单文件组件可能会有些小题大做。这就是 Vue.js 仍然可以通过纯 JavaScript 使用而无须构建步骤的原因。

7.3.3　src 引入

一些来自传统 Web 开发背景的用户可能会担心单文件组件在同一个地方混合了不同的关注点，传统观点是 HTML、CSS、JS 应该分开。

要回答这个问题，我们必须同意关注点分离不等于文件类型分离。工程原理的最终目标是提高代码库的可维护性。关注点分离，当墨守成规地应用为文件类型的分离时，并不能帮助我们在日益复杂的前端应用程序的上下文中实现该目标。

在现代 UI 开发中，我们发现与其将代码库划分为三个相互交织的巨大层，不如将它们划分为松散耦合的组件并进行组合更有意义。在组件内部，它的模板、逻辑和样式是内在耦合的，将它们搭配起来实际上可以使组件更具凝聚力和可维护性。

即使不喜欢单文件组件的想法，仍然可以通过 src 导入将 JavaScript 与 CSS 分离到单独的文件中，来利用其热重载和预编译功能。如果倾向于将 Vue.js 组件拆分为多个文件，可以使用 src attribute 来引入外部的文件作为语言块：

```
<template src="./template.html"></template>
<style src="./style.css"></style>
<script src="./script.js"></script>
```

注意，src 引入所需遵循的路径解析规则与 Webpack 模块请求一致，即相对路径需要以./ 开头。src 引入也能用于自定义块，例如：

```
<unit-test src="./unit-test.js">
</unit-test>
```

7.3.4　注释

在每个块中，注释应该使用相应语言（HTML、CSS、JavaScript 等）的语法。对于顶层的注释而言，使用 HTML 注释语法：<!-- 这里是注释内容 -->。

7.3.5　vue-loader

前面讲了，我们通过单文件组件规范把 HTML、CSS、JavaScript 合在一个文件中，该文件以后缀名.vue 结尾，那么谁来解析 Vue.js 文件呢？答案是用 vue-loader 来解析和转换 Vue.js 文件，提取出其中的逻辑代码（script）、样式代码（style）以及 HTML 模板（template），再分别把它们交给其他对应的 Loader 去处理。最后，将它们组装成一个 CommonJS 模块，通过 module.exports 导出一个 Vue.js 组件对象。vue-loader 提供了一些非常炫酷的特性：

1）ES 2015 默认可用。

2）在每个 Vue.js 组件内支持其他的 Webpack 加载器，如用于<style>的 SASS 和用于<template>的 Jade。

3）把<style>和<template>内引用的静态资源作为模块依赖项对待，并用 Webpack 加载器处理。

4）对每个组件模拟有作用域的 CSS。

5）开发阶段支持组件的热加载。

6）简单来说，Webpack 和 vue-loader 的组合是用户创作 Vue.js 应用的一个更先进、更灵巧的极其强大的前端开发模式。

7.4　打包实现含 Vue.js 文件的项目

既然要打包含有 Vue.js 文件的项目，肯定要有 Vue.js 文件的解析器 vue-loader。我们先来安装它。在命令行下输入命令：

```
npm install vue-loader@next -g
```

@next 表示要安装最新版；-g 表示全局安装，也就是将其安装到 D:\mynpmsoft\node_modules\ 下，否则将安装到当前目录下，如图 7-9 所示。

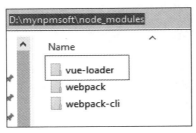

图 7-9

其中，D:\mynpmsoft 是前面已经设置的 Node.js 软件包安装的目标路径。下面我们开始实现项目。项目路径依旧是 D:\demo 下，如果该目录下有其他文件，先清空。

【例 7-3】打包第一个含 Vue.js 文件的项目

1）选定一个空文件夹作为项目目录，比如 D:\demo，我们后续把该目录简称为根目录。接下来初始化项目，打开命令行窗口，在命令行下进入 D:\demo 目录，再输入命令：

```
npm init -y
```

此时在 D:\demo 下生成一个 package.json 文件。在根目录下新建一个文件夹 src。

2）打开 VSCode，并在 VSCode 中打开文件夹 D:\demo，然后在 src 下新建一个名为 main.js 的文件，内容我们先不添加。再在项目根目录（D:\demo）下添加 index.html 和 Webpack.config.js，index.html 中的内容先不添加，在 Webpack.config.js 中添加如下内容：

```
// webpack.config.js
```

```
const path = require('path')

module.exports = {
  mode: 'development',   // 环境模式为开发环境模式
  entry: path.resolve(__dirname, './src/main.js'),  // 打包入口
  output: {
    path: path.resolve(__dirname, 'dist'),  // 打包出口
    filename: 'js/[name].js'  // 打包完的静态资源文件名
  }
}
```

添加完后结构如图 7-10 所示。

图 7-10

现在修改 package.json 的 scripts 属性：

```
"scripts": {
  "dev": "webpack --config ./webpack.config.js"
}
```

Webpack 执行时，除了在命令行中传入参数之外，还可以通过指定的配置文件来执行。默认情况下，会搜索当前目录的 Webpack.config.js 文件，该文件是一个 Node.js 模块，返回一个 JSON 格式的配置信息对象，可以通过--config 选项来指定配置文件 Webpack.config.js，路径与 package.json 在同一路径。现在我们通过 npm run 来运行 package.json 中的 scripts 脚本：

```
npm run dev
```

如果出现如图 7-11 所示的信息，则说明运行正常。

```
D:\demo>npm run dev

> demo@1.0.0 dev
> webpack --config ./webpack.config.js

asset js/main.js 1.17 KiB [emitted] (name: main)
./src/main.js 1 bytes [built] [code generated]
webpack 5.66.0 compiled successfully in 127 ms
```

图 7-11

图 7-11 中的 js/main.js 就是通过 Webpack 将 main.js 打包完后的代码，接下来我们给 index.html 添加内容，然后通过 html-Webpack-plugin 插件将 index.html 作为模板输出到 dist 文件夹。html-Webpack-plugin 插件主要有两个作用：

1）为 HTML 文件中引入的外部资源（如 script、link）动态添加每次编译后的哈希值，防止引用缓存的外部文件问题。

2）可以生成 HTML 入口文件，比如单页面可以生成一个 HTML 文件入口，配置 N 个

html-Webpack-plugin 可以生成 N 个页面入口。

有了这种插件，在项目中遇到类似上面的问题都可以轻松解决。下面通过命令安装 html-Webpack-plugin 插件：

```
npm install html-webpack-plugin -g
```

安装完毕后，会在 D:\mynpmsoft\node_modules 下看到 html-Webpack-plugin 文件夹。

在 Webpack.config.js 下引入该插件，添加如下内容：

```
// webpack.config.js
const path = require('path')
const HtmlWebpackPlugin =
require('D:\\mynpmsoft\\node_modules\\html-webpack-plugin')
module.exports = {
  mode: 'development',    // 环境模式为开发环境模式
  entry: path.resolve(__dirname, './src/main.js'),  // 打包入口
  output: {
    path: path.resolve(__dirname, 'dist'),    // 打包出口
    filename: 'js/[name].js'    // 打包完的静态资源文件名
  },
  plugins: [
    new HtmlWebpackPlugin({
      template: path.resolve(__dirname, './index.html'),  // 我们要使用的 HTML
模板地址
      filename: 'index.html', // 打包后输出的文件名
      title: '手搭 Vue 开发环境' // index.html 模板内，通过 <%= htmlWebpackPlugin.
options.title %> 拿到的变量
    })
  ]
}
```

粗体部分是我们新添加的内容。最后给 index.html 添加如下内容：

```
<!DOCTYPE html>
<html lang="en">
<head>
  <meta charset="UTF-8">
  <meta name="viewport" content="width=device-width, initial-scale=1.0">
  <title><%= htmlWebpackPlugin.options.title %></title>
</head>
<body>
  <div id="root"></div>
</body>
</html>
```

并给 main.js 添加如下内容：

```
const root = document.getElementById('root')
root.textContent = 'hello,boy'
```

打开命令行窗口，在命令行下进入 D:\demo 目录，然后运行打包指令 npm run dev，如果没有报错，运行结果如图 7-12 所示。

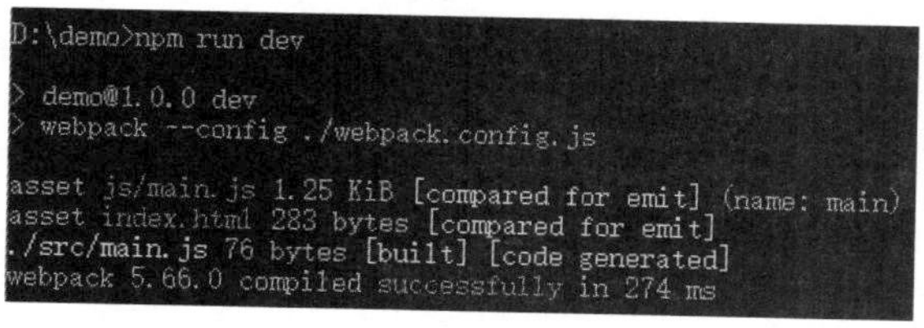

图 7-12

现在我们到 dist 目录下会发现有一个 index.html，双击它，在网页上会输出如下内容：

hello,boy

3）全局安装 Vue.js，在命令行下输入：

```
npm install vue@next -g
```

安装后，在 D:\mynpmsoft\node_modules\下可以发现有一个 Vue 文件夹。

现在我们开始加入 Vue.js 文件，在 src 目录下新建 App.vue，内容如下：

```
<template>
  <div>Today is Friday.</div>
</template>

<script>
export default {

}
</script>
```

很简单的一个 Vue.js 文件，甚至连 style 内容都没有（后面会添加 style 内容）。export 用来导出模块，Vue.js 的单文件组件通常需要导出一个对象，这个对象是 Vue.js 实例的选项对象，以便于在其他地方可以使用 import 导入。export 和 export default 的区别在于 export 可以导出多个命名模块，而 export default 只能导出一个默认模块，这个模块可以匿名。

现在想把它导入 root 节点下，打开 main.js，替换新内容如下：

```
import { createApp } from 'D:\\mynpmsoft\\node_modules\\vue' // Vue.js 3 导
入 Vue.js 的形式
import App from './App.vue' // 导入 App 页面组建

const app = createApp(App) // 通过 createApp 初始化 App
app.mount('#root') // 将页面挂载到 root 节点

//const root = document.getElementById('root')
//root.textContent = 'hello,boy and girl'
```

在命令行下执行 npm run dev，此时报错了，如图 7-13 所示。

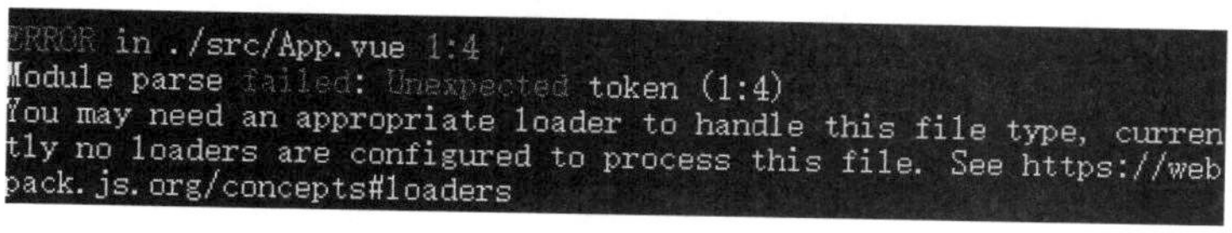

图 7-13

大致意思就是：你可能需要适当的 loader 程序来处理 Vue.js 文件类型，当前没有配置任何 loader 来处理此文件。的确，让浏览器去识别.vue 结尾的文件不太合适。我们必须让它变成浏览器认识的语言，那就是 JavaScript。Vue.js 文件让 vue-loader 去解析，于是需要添加下面几个插件：

第一个插件当然是 vue-loader，其核心的作用就是提取。我们把这个插件安装到项目目录下，在命令行下执行：

```
npm add vue-loader@next -D
```

安装后，在 D:\demo\node_modules 下有一个 vue-loader 文件夹。

第二个插件是@vue/compiler-sfc，同样把它添加到项目目录下，安装命令如下：

```
npm add @vue/compiler-sfc -D
```

安装后，我们可以在 D:\demo\node_modules\vue 下发现有一个文件夹 compiler-sfc。最后，更新 Webpack.config.js 的内容如下：

```
const path = require('path')
const HtmlWebpackPlugin =
require('D:\\mynpmsoft\\node_modules\\html-webpack-plugin')
// 最新的 vue-loader 中，VueLoaderPlugin 插件的位置有所改变
const { VueLoaderPlugin } = require('vue-loader/dist/index')

module.exports = {
  mode: 'development',
  entry: path.resolve(__dirname, './src/main.js'),
  output: {
    path: path.resolve(__dirname, 'dist'),
    filename: 'js/[name].js'
  },
  module: {
    rules: [
      {
        test: /\.vue$/,
        use: [
          'vue-loader'
        ]
      }
    ]
  },
  plugins: [
    new HtmlWebpackPlugin({
      template: path.resolve(__dirname, './index.html'),
      filename: 'index.html',
      title: '手搭 Vue 开发环境'
    }),
    // 添加 VueLoaderPlugin 插件
    new VueLoaderPlugin()
  ]
}
```

VueLoaderPlugin 的职责是将用户定义过的其他规则复制并应用到 Vue.js 文件中相应语言的块。例如，如果有一条匹配/\.js$/的规则，那么它会应用到 Vue.js 文件中的<script>块。

我们再次运行打包命令 npm run dev，也可以在 VSCode 下的 TERMINAL 窗口中直接运行 npm run dev，如图 7-14 所示。

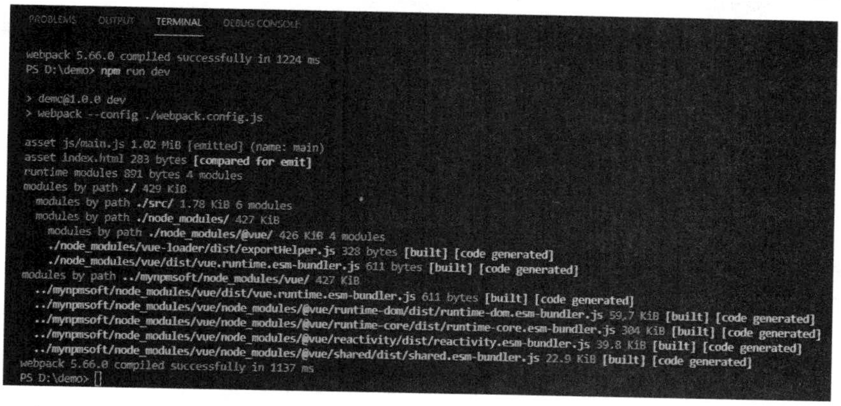

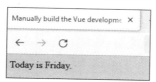

图 7-14

没有报错说明成功了。使用浏览器打开 dist/index.html，如图 7-15 所示。

图 7-15

4）这个实例还没完成。我们的 Vue.js 文件太简单了，再添加点内容，在 App.vue 中加入
style 内容，代码如下：

```
<template>
  <div>Today is Friday.</div>
</template>

<script>
export default {
}
</script>
<style>
  div {
    color: yellowgreen;
  }
</style>
```

然后用命令 npm run dev 打包，但报错了，如图 7-16 所示。

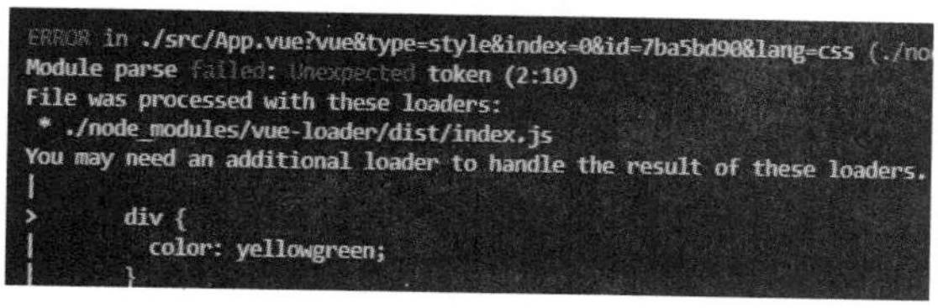

图 7-16

意思就是说，又少 loader 了，我们还需要添加下面两个插件：

1）style-loader：将 CSS 样式插入页面的 style 标签中。

2）css-loader：处理样式中的 URL，如 url('@/static/img.png')，这时浏览器是无法识别@符号的。

在命令行下安装 style-loader 插件：

```
npm install style-loader -g
```

再在命令行下安装 css-loader 插件：

```
npm install css-loader -g
```

安装完后，在 Webpack.config.js 下添加如下代码：

```
const path = require('path')
const HtmlWebpackPlugin =
require('D:\\mynpmsoft\\node_modules\\html-webpack-plugin')
// 最新的 vue-loader 中，VueLoaderPlugin 插件的位置有所改变
const { VueLoaderPlugin } = require('vue-loader/dist/index')
// 这个配置文件其实就是一个 JS 文件，通过 Node.js 中的模块操作向外暴露了一个配置对象
module.exports = {
  mode: 'development',
      // 在配置文件中需要手动指定入口和出口
  entry: path.resolve(__dirname, './src/main.js'),
  output: {
    path: path.resolve(__dirname, 'dist'), // 指定打包好的文件输出到哪个目录中去
    filename: 'js/[name].js'  // 这是指定输出文件的名称
  },
  module: {
    rules: [
      {
        test: /\.vue$/,
        use: [
          'vue-loader'
        ]
      },
      {
        test: /\.css$/,
        use: [
          'D:\\mynpmsoft\\node_modules\\style-loader',
          'D:\\mynpmsoft\\node_modules\\css-loader'
        ]
      }
    ]
  },
  plugins: [
    new HtmlWebpackPlugin({
      template: path.resolve(__dirname, './index.html'),
      filename: 'index.html',
      title: 'Manually build the Vue development environment'
    }),
    // 添加 VueLoaderPlugin 插件
    new VueLoaderPlugin()
  ]
}
```

粗体部分是我们新增的。此时到 VSCode 的 TERMINAL 窗口中运行 npm run dev，发现成功了。现在用浏览器打开 dist/index.html，我们会发现字体颜色变了，如图 7-17 所示。

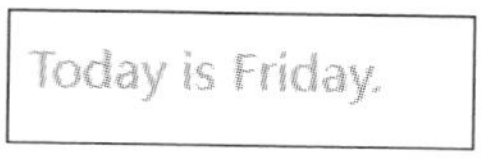

图 7-17

还有一个小插件是必备的，就是 clean-Webpack-plugin，它的作用就是每次打包时都会把 dist 目录清空，防止文件变动后，还有一些残留的旧文件，以及避免一些缓存问题。在命令行下执行如下命令：

```
npm install clean-webpack-plugin -g
```

安装完毕后，就可以在 D:\mynpmsoft\node_modules 下看到 clean-Webpack-plugin 文件夹。再在 Webpack.config.js 的开头添加 require：

```
const { CleanWebpackPlugin } = require('clean-webpack-plugin')
```

然后在 plugins 块的末尾实例化 CleanWebpackPlugin：

```
new CleanWebpackPlugin()
```

此时到 VSCode 的 TERMINAL 窗口中运行 npm run dev，发现依旧是成功的，如图 7-18 所示。

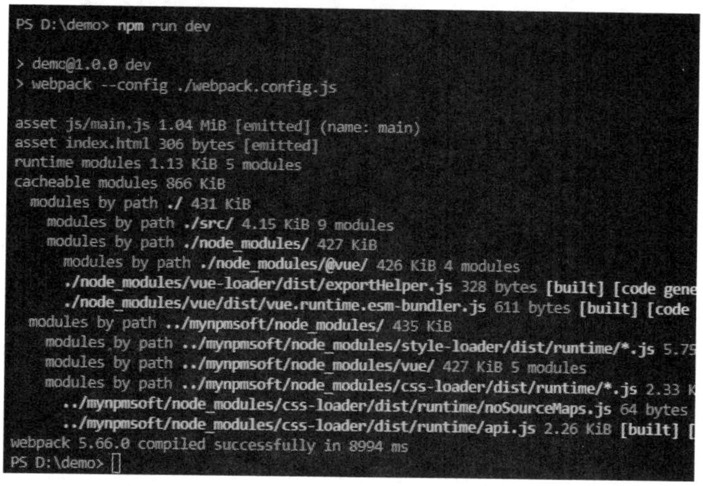

图 7-18

至此这个例子基本讲完了。

7.5　使用脚手架 vue-cli

vue-cli 是一个官方发布的 Vue.js 项目脚手架，使用 vue-cli 可以快速创建 Vue.js 项目。脚手架是通过输入简单指令帮助用户快速搭建一个基本环境的工具，即 vue-cli 可以协助用户生成 Vue.js 工程模板。

Vue.js 之所以吸引人，一个主要原因就是因为它的 vue-cli，该工具可以帮助用户快速地构建一个足以支撑实际项目开发的 Vue.js 环境，并不像 Angular.js 和 React.js 那样要在 Yoman 上寻找适合自己的第三方脚手架。vue-cli 的存在将项目环境的初始化工作与复杂度降到了最低。

7.5.1　安装 vue-cli

如果之前安装过 vue-cli，则要先卸载之前的，否则直接安装即可。以管理员身份打开命令行窗口，然后输入如下安装命令：

```
npm install -g @vue/cli
```

稍等片刻，安装完成，如图 7-19 所示。

整个过程没有出现错误，说明安装成功了。此时我们到 D:\mynpmsoft\node_modules\@vue\ 下可以看到有一个文件夹 cli。

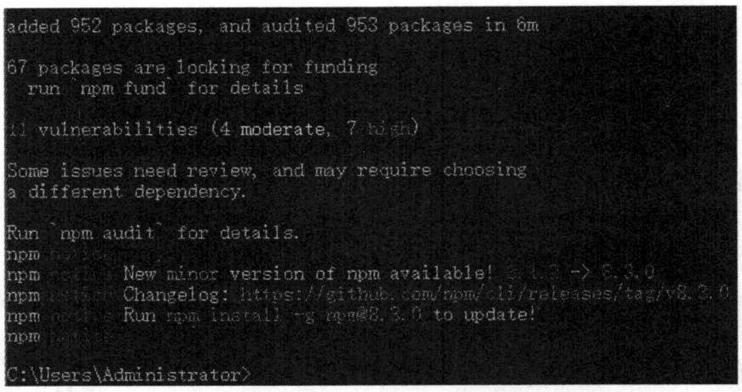

图 7-19

安装好之后，在命令行下进入 D:\mynpmsoft，然后输入 vue -V 就可以查看 cli 版本，如图 7-20 所示。

```
D:\mynpmsoft>vue -V
@vue/cli 5.0.1
```

图 7-20

如果版本不同，不要惊慌，因为这是在线安装的，一般都是安装的当前最新的版本。另外，Vue.js 的可执行程序目前在 D:\mynpmsoft 目录下，为了在任何目录下都可以使用，可以在系统环境变量 Path 中添加其路径。添加方法如下：

1）在桌面上右击"此电脑"图标，然后在快捷菜单中选择"属性"，打开"设置"对话框。

2）在"设置"对话框右边"关于"的下方单击"高级系统属性"，打开"系统属性"对话框。

3）在"系统属性"对话框中单击"环境变量"按钮，然后在"系统环境"下选中 Path，并单击"编辑"按钮，此时出现"编辑环境变量"对话框，在该对话框中单击"新建"按钮，并输入路径"D:\mynpmsoft"后按回车键。最后单击"确定"按钮关闭打开的对话框。

现在应该可以在任意路径下查看版本了。我们重新（必须重新）打开命令行窗口，输入

vue -V 查看版本，如图 7-21 所示。

图 7-21

顺便提一句，如果想重新安装或安装失败，可以先卸载 Vue-cli，卸载命令如下：

```
npm uninstall -g vue-cli
```

现在可以通过 vue -V 命令来查看版本，这说明命令行下可以使用 Vue.js 这个命令程序了。这个命令程序具体在哪里呢？我们可以到 D:\mynpmsoft\node_modules\@vue\cli\bin\ 中查看，发现有一个 Vue.js 文件，这个就是对应的程序文件，该文件中提供了 vue 命令，不信可以把这个文件改个名字，然后执行 vue -V 就会报错：

```
C:\Users\Administrator>vue -V
node:internal/modules/cjs/loader:936
  throw err;
  ^

Error: Cannot find module 'D:\mynpmsoft\node_modules\@vue\cli\bin\vue.js'
```

如果文件改名了，别忘记改回来。知道了 vue 命令的位置，我们心里就有底了。如果要查看更多选项，可以在 vue 后加 -h，如图 7-22 所示。

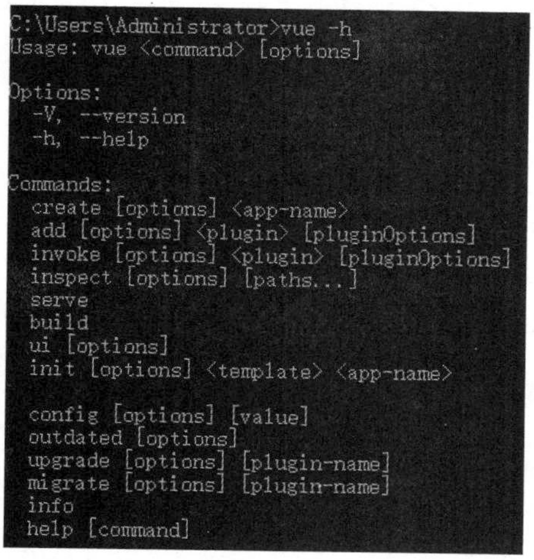

图 7-22

其中，create 表示在命令行下创建一个 Vue.js 项目，ui 表示以图形化方式创建 Vue.js 项目。下面我们来创建项目。

7.5.2　使用 vue create 命令创建项目

脚手架 vue-cli 已经安装好了，下面可以开始小试牛刀了。老规矩，先创建 HelloWorld 项目。我们全程在命令行窗口下通过命令方式来创建项目。现在，创建项目的命令有两种：一种是 vue create，另一种是传统的 vue init。vue create 命令在目前新开发项目时用得比较多，vue init

在维护老项目时用得比较多，因此用这两个命令创建项目都要学会，说不定我们进某个公司要维护老项目。

vue create 命令创建项目的格式如下：

```
vue create 项目名称
```

vue create 是 vue-cli3.x 的初始化方式，目前模板是固定的，模板选项可自由配置，创建出来的是 vue-cli 3 项目，与传统的 vue init 创建的项目结构不同，配置方法不同。vue init 其实是 vue-cli 2 下创建项目的方式。现在先学 vue create。

【例 7-4】使用 vue create 命令创建项目

1）先在磁盘的某个路径创建一个目录（比如 D:\demo），这个目录作为工程存放的文件夹。

2）通过 vue-cli 创建项目的语法命令为 vue create [prjName]，其中 prjName 是自定义的项目名称。以管理员身份打开命令行窗口，进入刚才创建的文件夹，然后输入命令：

```
vue create helloworld
```

此时出现选项，让我们选择采用默认方式（Default）还是手动方式（Manually）创建工程，可以使用键盘上的方向键进行选择，如图 7-23 所示。

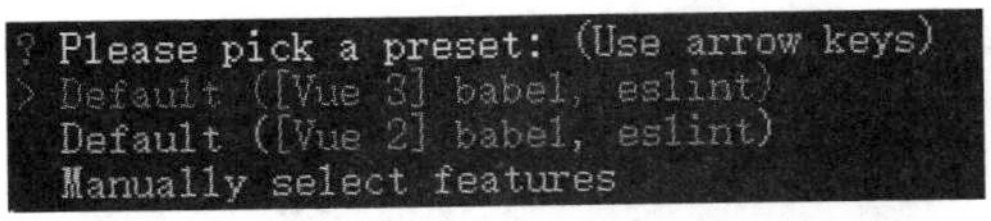

图 7-23

当左边箭头指向 Default ([Vue 3] babel, eslint)后，直接按回车键（如果按回车键没有反应，可以移动上下键再试试）创建项目，Default 就是默认设置 vue/cli 提供的配置，目前只有 babel 和 eslint。babel 的作用是将 ES 6 编译成 ES 5，eslint 是一个代码规范和错误检查工具。

稍等片刻，创建成功，如图 7-24 所示。

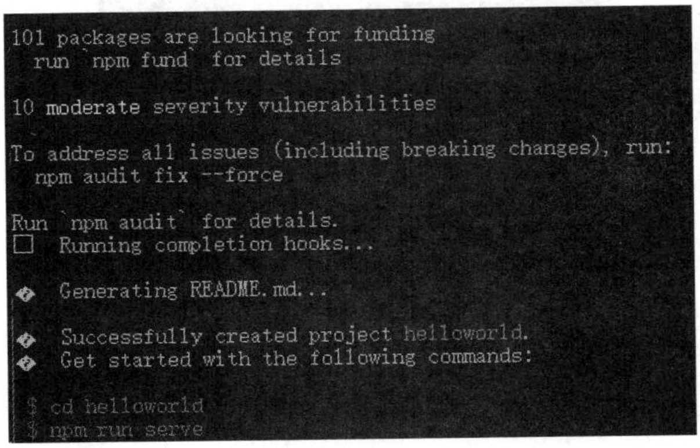

图 7-24

此时，我们到项目目录的 helloworld 下可以发现生成了一堆文件和文件夹，其中 node_modules 文件夹用于存放 Node.js 使用的插件，src 文件夹用于存放为开发者编写的代码文件，src 下面的 assets 子文件夹主要用于存放静态页面中的图片或其他静态资源，src 下的 components 文件夹一般用于存放编写的组件代码，现在该文件中存放的是自动生成的

HelloWorld.vue 文件。

在命令行窗中输入命令"cd helloworld"，按回车键进入 HelloWorld 项目中，再输入"npm run serve"，按回车键来启动服务。稍等片刻启动成功，如图 7-25 所示。

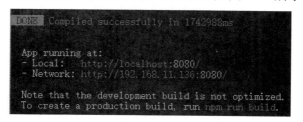

图 7-25

3）准备运行网页程序。我们在本机的网页浏览器上访问 localhost:8080，就可以打开工程首页，也可以在其他网络相连的计算机上访问 192.168.11.136:8080，也可以打开项目首页，其中 192.168.11.136 是 Windows 10 所在计算机的 IP 地址。在本机上运行网页程序，如图 7-26 所示。

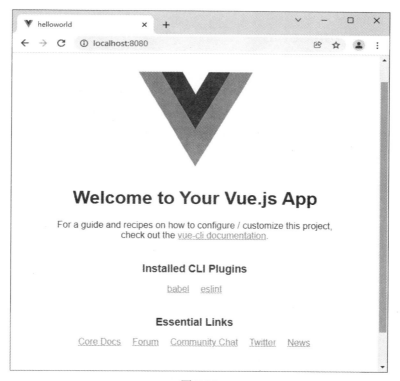

图 7-26

此时可以到项目目录下查看，如图 7-27 所示。

图 7-27

其中，node_modules 文件夹是通过 npm install 安装的依赖代码库；public 文件夹是部署到生产环境的目录；src 是源码目录；.gitignore 文件的作用是告诉 Git 哪些文件不需要添加到版本管理中；babel.config.js 表示 babel 转码配置；package.json 是项目的配置文件，用于描述一个项目，包括我们 init 时的设置及开发环境、生成环境的依赖插件和版本等；package-lock.json 是锁定安装时包的版本号，并且需要上传到 Git，以保证其他人在通过 npm install 安装时大家的依赖能保证一致。

7.5.3 解析 npm run serve

上一节通过命令 npm run serve 来启动一个服务，从而使得我们可以在浏览器访问 Vue.js 项目的首页。那么 npm run serve 执行的到底是什么呢？其实，npm run XXX 是执行 Vue.js 项目配置文件 package.json 的脚本中的某个选项 XXX。package.json 文件会描述这个 Vue.js 项目的相关信息，包括项目名称、版本、包依赖、构建等信息，格式是严格的 JSON 格式。我们看一下其中的脚本部分：

```
"scripts": {
  "serve": "vue-cli-service serve",
  "build": "vue-cli-service build",
  "lint": "vue-cli-service lint"
},
```

npm run serve 其实执行的是 serve 对应的 vue-cli-service serve。在 package.json 中，script 字段指定了运行脚本命令的 npm 行的缩写。因此，npm run serve/npm run build/npm run lint 命令相当于执行 vue-cli-service serve/vue-cli-service build/vue-cli-service lint。npm run serve 表示开发环境构建，npm run build 表示生产环境构建，npm run lint 表示代码检测工具（会自动修正）。

那么 vue-cli-service 执行了怎样的命令呢？我们需要知道 vue-cli-service 是什么。其实，vue-cli-service 程序位于 D:\demo\myprj\node_modules\@vue\cli-service\bin\下，我们可以在这个目录下看到有一个文件 vue-cli-service.js，它就是 vue-cli-service 命令所对应的程序文件。不信可以将该文件改个名，然后到 myrpj 下执行 npm run serve，可以发现出错了：

```
D:\demo\myprj>npm run serve

> myprj@0.1.0 serve
> vue-cli-service serve

node:internal/modules/cjs/loader:936
```

```
throw err;
^

Error: Cannot find module
'D:\demo\myprj\node_modules\@vue\cli-service\bin\vue-cli-service.js'
```

如果改了文件名，记得要改回来。

vue-cli-service serve 命令会启动一个开发服务器（基于 Webpack-dev-serve），并附带开箱即用的模块热重载。除了通过命令行外，还可以使用 vue.config.js 中的 devServe 来配置开发服务器。接下来一起看看 vue-cli-service.js 中主要写了什么内容，我们对关键点进行了注释，代码如下：

```
const semver = require('semver')
const { error } = require('@vue/cli-shared-utils')
const requiredVersion = require('../package.json').engines.node

// 检测 Node.js 版本是否符合 vue-cli 运行的需求，不符合则打印错误并退出
if (!semver.satisfies(process.version, requiredVersion)) {
 error(
  `You are using Node ${process.version}, but vue-cli-service ` +
  `requires Node ${requiredVersion}.\nPlease upgrade your Node version.`
 )
 process.exit(1)
}

// cli-service 的核心类
const Service = require('../lib/Service')
// 新建一个 service 的实例，并将项目路径传入。一般在项目根路径下运行该 cli 命令。所以
process.cwd() 的结果一般是项目根路径
const service = new Service(process.env.VUE_CLI_CONTEXT || process.cwd())

// 参数处理
const rawArgv = process.argv.slice(2)
const args = require('minimist')(rawArgv, {
 boolean: [
  // build
  …
  'verbose'
 ]
})
const command = args._[0]

// 将参数传入 service 这个实例并启动后续工作。如果我们运行的是 npm run serve, 则 command
="serve"
service.run(command, args, rawArgv).catch(err => {
 error(err)
 process.exit(1)
})
```

上述代码的主要功能是实例化一个服务（new Service），并且启动运行服务（service.run）。服务启动成功后，就可以在客户端计算机通过浏览器访问服务了。因此，如果要访问 Vue.js 项目的首页，必须先启动服务，即运行 npm run serve。

7.5.4　vue init 创建项目

现在与 Vue.js 2.x 相关的旧项目在公司中也经常会碰到，需要有人维护。因此，我们也需要了解这些旧项目的创建方式，即 vue init 的用法。vue init 创建项目的格式如下：

```
vue init webpack 项目名
```

这种方式是在线创建项目，必须联网。如果第一次使用这个命令，则需要全局安装一个桥接工具，即@vue/cli-init，安装命令如下：

```
npm install -g @vue/cli-init
```

安装完成后，在 D:\mynpmsoft\node_modules\@vue 下会有一个 cli-init 文件夹，然后就可以用 vue init 来创建项目了。

另外，如果要离线创建项目，可以在后面加--offline，比如：

```
vue init webpack 项目名 --offline
```

【例 7-5】vue init 创建项目

1）找一个空的文件夹，比如 D:\demo，然后在命令行下定位到该文件夹，输入如下命令：

```
vue init webpack mydemo
```

随后出现一些问题，如果有默认值，比如 Project name（mydemo），则直接按回车键即可。所有问题回答完毕后，就开始在线安装 Webpack 框架中 package.json 所需要的依赖，如图 7-28 所示。

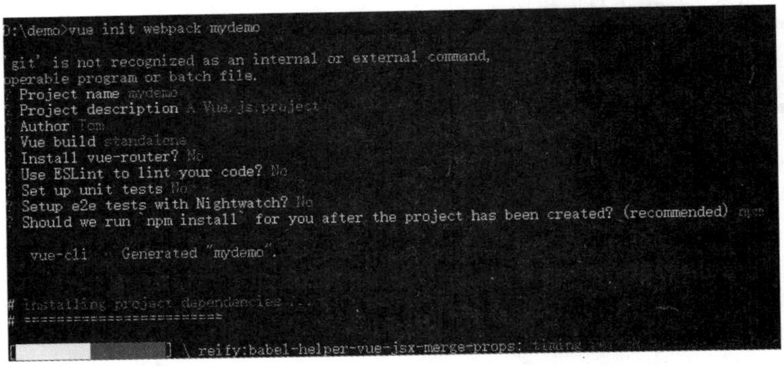

图 7-28

稍等片刻安装完成，如图 7-29 所示。

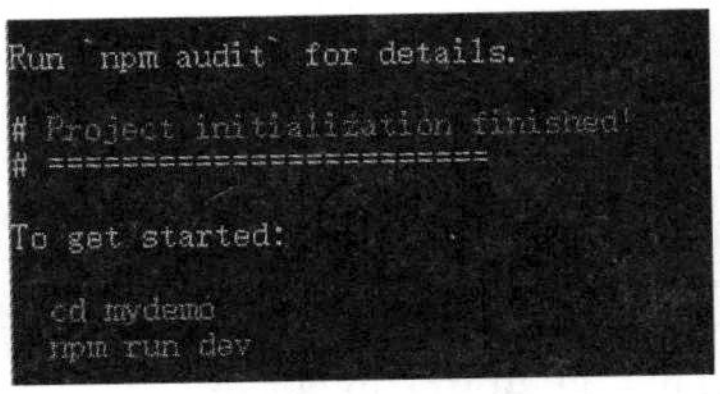

图 7-29

此时 D:\demo 下有一个文件夹 mydemo，这个就是项目文件夹。我们在命令行下进入

mydemo，然后执行 npm run dev，这个命令其实执行了 package.json 中的 script 脚本。我们可以打开 package.json 查看，找到 scripts，代码如下：

```
"scripts": {
    "dev": "webpack-dev-server --inline --progress --config
build/webpack.dev.conf.js",
    "start": "npm run dev",
    "build": "node build/build.js"
},
```

dev 后面的内容是 Webpack-dev-server --inline --progress --config build/Webpack.dev.conf.js，因此 npm run dev 相当于在命令行下执行 Webpack-dev-server --inline --progress --config build/Webpack.dev.conf.js。

npm run dev 运行结果如图 7-30 所示。

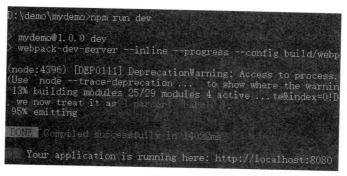

图 7-30

2）打开网页浏览器，比如 Chrome 浏览器，输入网址 http://localhost:8080/，发现运行成功了，如图 7-31 所示。

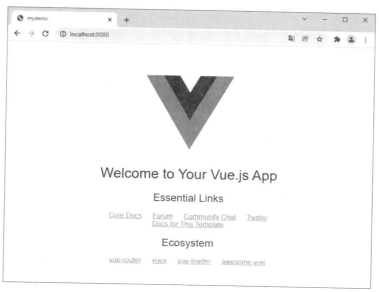

图 7-31

另外，我们还可以到 D:\demo\mydemo 下查看各个文件夹或文件，如图 7-32 所示。

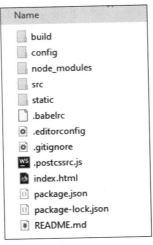

图 7-32

这个项目的文件结构和 vue create 创建的项目的结构有所不同，其中文件夹 build 和 config 存放 Webpack 配置相关的内容，文件夹 node_modules 存放通过 npm install 安装的依赖代码库，文件夹 src 存放项目源码。

文件夹 static 寄存动态资源；.babelrc 存放 babel 相关配置（因为我们的代码大多都是基于 ES 6，而大多浏览器是不反对 ES 6 的，所以需要 babel 帮我们转换成 ES 5 语法）；.editorconfig 表示编辑器的配置，能够在这里修改编码、缩进格式等；.eslintignore 设置疏忽语法查看的目录文件；.eslintrc.js 是 eslint 的配置文件；.gitignore 的作用是告诉 Git 哪些文件不需要添加到版本管理中；index.html 是入口 HTML 文件；package.json 表示项目的配置文件，包含 init 时的设置及开发环境、生成环境的依赖插件及版本等；package-lock.json 是锁定安装时的包的版本号，并且需要上传到 Git，以保证其他人在 npm install 时大家的依赖能保证一致。

至此，基于 vue-cli 的命令行创建项目成功了。是不是觉得很简单？其实，还有更加简单的方式，那就是图形化创建项目。

7.5.5　图形化创建项目

上一节全程在命令行窗口下创建了一个项目。除此之外，还可以以图形化方式创建项目。在运行第二个项目之前，将第一个项目的命令行窗口关闭，网页浏览器也关闭。

【例 7-6】以图形化可视方式创建项目

1）在磁盘上创建一个存放工程的目录。

2）打开命令行窗口，输入命令"vue ui"，稍等片刻，就会自动打开网页浏览器，如图 7-33 所示。

图 7-33

单击上方的"创建"按钮，然后单击下方的"在此创建新项目"按钮，如图 7-34 所示。
接下来输入项目名称和路径，如图 7-35 所示。

图 7-34

图 7-35

单击"下一步"按钮，在页面上选中 Default (Vue 3) ([Vue 3] babel, eslint)，如图 7-36 所示。

图 7-36

最后单击"创建项目"按钮。稍等片刻创建完成，出现"仪表盘"页面，我们在左边选择"任务"，在右边的 serve 下单击"运行"按钮来启动服务，如图 7-37 所示。

图 7-37

稍等片刻，服务运行成功（第一次有点慢）。服务运行成功后，在网页浏览器中输入 http://localhost:8080/，就可以打开项目首页了。页面与上例一样，我们让它输出有点变化，到该项目的路径（笔者的是 C:\ex\2\test）下进入 src 子文件夹，然后用文本编辑器打开 App.vue 文件，把<template>下面的"<HelloWorld msg="后面的内容改为"Hello world, hello vue.js!"，如图 7-38 所示。

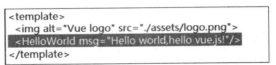

图 7-38

然后保存该文件。重新回到网页浏览器上，在左边选中"任务"，然后在右边单击"停止"，再单击"运行"，此时时间也稍微有点长，要有耐心，在网页的右边可以看到一个大圆圈的进度指示，打勾了就说明服务启动完成了，如图 7-39 所示。

图 7-39

接下来刷新网页 http://localhost:8080/，可以发现输出内容发生变化了，如图 7-40 所示。

图 7-40

7.5.6　使用多个 Vue.js 文件

正规武器（这里指 Vue.js 脚手架 vue-cli）已经亮相了，下面就要慢慢地熟悉和使用它了。前面一个工程中的 Vue.js 文件不多，现在多加入几个 Vue.js 文件。

【例 7-7】使用多个 Vue.js 文件

1）先在磁盘的某个路径创建一个目录（比如 D:\demo），这个目录作为工程存放的文件夹。

2）通过 vue-cli 创建项目的语法命令为 vue create [prjName]，其中 prjName 是自定义的项目名称。以管理员身份打开命令行窗口，进入刚才创建的文件夹，然后输入命令：

```
vue create myprj
```

此时出现选项，让我们选择采用默认方式还是手动方式创建工程，使用键盘上的方向键进行选择，如图 7-41 所示。

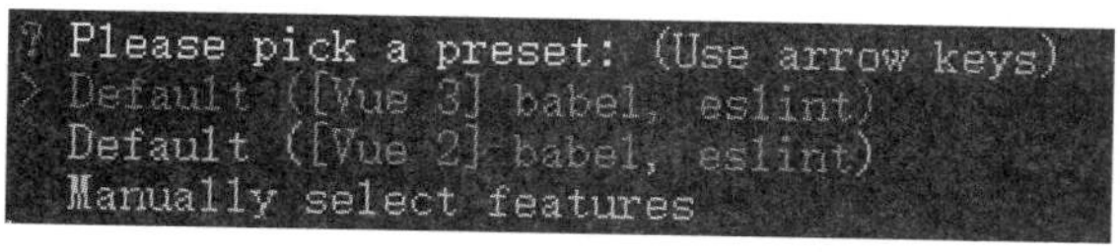

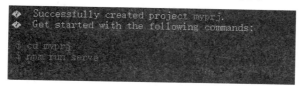

图 7-41

这里选择 Default ([Vue 3] babel, eslint)后，直接按回车键（如果按回车键没反应，可以移动上下键再试试）创建项目，稍等片刻创建成功，如图 7-42 所示。

图 7-42

随后在命令行下进入 myprj 并运行 serve：

```
cd myrpj
npm run serve
```

稍等片刻，出现下列提示就成功了：

```
 App running at:
- Local:   http://localhost:8080/
- Network: http://192.168.10.199:8080/
```

我们可以在本机浏览器下输入"http://localhost:8080/"，从而显示第一个页面。

这时，心急的用户可能会觉得每次创建项目都要如此等待，似乎让人有点不耐烦。的确如此，因此我们以后可以直接在这个项目上增加所需的文件和功能，省得每次都要去创建。

3）打开 VSCode，单击菜单 File→Open folder 来打开文件夹 D:\demo\myprj，这时该文件夹下的内容都呈现在 VSCode 的 EXPLORER 视图下，如图 7-43 所示。

感觉文件蛮多，我们从 index.html 开始看，其实这个文件目前没什么内容，重要的是下面这行代码：

```
<div id="app"></div>
```

这个是 mount 函数挂载的地方。相信大家已经懂了，这个地方会被组件的模板代码所渲染。下面看 main.js，代码如下：

```
import { createApp } from 'vue'
import App from './App.vue'

createApp(App).mount('#app')
```

图 7-43

在代码中，使用 import 导入模块 vue 的属性或者方法，这里导入的是 createApp 方法，这个方法也是我们的老相识了，其实经过前面的学习，很多方法及其使用方式读者一看就能明白，比如第三行的 createApp 和 mount，就不用再解释了吧。我们再看第二行，也是从组件文件 App.vue 中导入 App。文件 App.vue 可以在 main.js 同路径（src 文件夹）下找到。

4）下面再看 App.vue，它相当于是根组件，文件的内容就是模板、JS 代码和 Style 三块。我们来看前两部分的代码：

```
<template>
  <img alt="Vue logo" src="./assets/logo.png">
  <HelloWorld msg="Welcome to Your Vue.js App"/>
</template>

<script>
import HelloWorld from './components/HelloWorld.vue'          //导入子组件
HelloWorld

export default {
  name: 'App',
  components: {
    HelloWorld
  }
}
</script>
```

在模板中，首先加载了一幅图片 logo.png，然后使用了 HelloWorld 组件，并把字符串

"Welcome to Your Vue.js App" 传递给组件的 props 属性 msg。在 JavaScript 代码中，首先导入子组件 HelloWorld，import 后面的 HelloWorld 作为导入后的组件名称，这个名称可以自定义，比如 HelloWorld2 也是可以的，但本文件中所有地方都要改为 HelloWorld2。名称可以自定义，也就是说，这里导出后的名称不必和 HelloWorld.vue 中 name 定义的 HelloWorld 一致。这是因为在 HelloWorld.vue 文件中，组件是通过 export default 导出的。再回到 App.vue 的 export default 中，通过属性 name 定义根组件名称为 App。接着通过选项 components 局部注册了子组件 HelloWorld。最后通过命令 export default 将大括号范围的内容作为对象导出。export default 命令为模块指定默认输出，这样用户在其他地方加载该模块时，import 命令可以为该模块导入的对象指定任意名字，比如可以起一个有意义的名称，这样用户就不必去愿意阅读说明文档了，这是比 import 命令优越的地方，因为使用 import 命令时，用户需要知道所要加载的变量名或函数名，否则无法加载。显然，一个模块只能有一个默认输出，因此命令 export default 只能使用一次，而对应的 import 命令后面不用加大括号，因为只可能唯一对应 export default 命令。

5）下面再看子组件文件 HelloWorld.vue，其中模板代码是一堆链接，主要就看这一行：

```
<h1>{{ msg }}</h1>
```

用文本插值方式显示属性 msg 的值，当 msg 的值发生变化时，页面就自动更新，这就是绑定的魅力。下面直接看 JavaScript 代码：

```
<script>
export default {
  name: 'HelloWorld',   // 定义组件名称
  props: {
    msg: String     // 定义字符串类型的属性，这样可以接收字符串
  }
}
</script>
```

内容很简单，export default 用于导出一个对象（就是大括号中的内容），其中属性 name 用来表示组件名称，其值为 "HelloWorld"。选项 props 用来定义本组件接收的属性。

6）下面来修改 App.vue 的内容，并实时查看效果。我们来修改传递给 msg 的字符串内容，修改后代码如下：

```
<HelloWorld msg="hi,boy!Welcome to Your Vue.js App"/>
```

保存文件 App.vue，下面再切换到浏览器中查看，果然发生变化了，如图 7-44 所示。

hi,boy!Welcome to Your Vue.js App

图 7-44

我们并没有刷新浏览器，这就是绑定的魅力，能够自动更新。不过要注意，如图 7-45 所示的窗口不要关闭，否则没有服务。

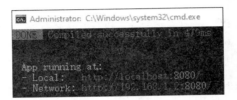

图 7-45

7）到目前为止，项目中的两个 Vue.js 文件都是脚手架自动生成的。下面添加一个自定义的 Vue.js 文件。这里要注意名称问题，组件文件（Vue.js 文件）的文件名没有太多要求，比如 aaa.vue 是可以用的。在 components 文件夹下新建一个名为 aaa.vue 的组件文件，然后添加如下代码：

```
<template>
    <h2>{{ info }}</h2>
</template>

<script>
export default {
  name: 'compWeek',  // 命名组件名称为compWeek
  data(){
    return{
        info:'Today is Sunday.'
    }
  }
}
</script>
<!-- Add "scoped" attribute to limit CSS to this component only -->
<style scoped>
</style>
```

非常简单的组件代码。要注意组件的命名，在 Vue.js 文件中，对组件的命名需要用多字命名法，即非首字母中，要有一个大写字母，比如 compWeek、aaaBb、aaaBB、aB、HeWo 等都是可以的。如果是 aaa、a1、aa2 都会报错，我们可以在上面的代码中将 compWeek 改为 a1，再切换到浏览器，此时浏览器上会出现如下错误提示：

```
error  Component name "a1" should always be multi-word
vue/multi-word-component-names
```

意思是应该总是使用多字命名。顺便提一句，如果我们修改了代码，要看结果，可以在 VSCode 中修改完代码后保存，然后查看浏览器，就会出现修改后的结果或错误提示。另外，我们也可以看出，组件名称和它所在的文件名称是没有关系的，不必一致。接下来我们准备使用这个组件。

8）现在我们在 App.vue 文件中使用 compWeek 组件，首先导入文件，在脚本块中添加如下代码：

```
import MyWeek from './components/aaa.vue'
```

可以看出，组件导出后的名称不必和组件自己的名称一致，当然为了方便，一般设定一致比较好，这里主要让大家了解不一致也是可以的。然后在 components 中局部注册 MyWeek，代码如下：

```
components: {
  HelloWorld,
  MyWeek
}
```

注册完毕后就可以使用了。在模板的<template>下添加如下代码：

```
<MyWeek/>
```

这里使用了自闭合，即没有使用<MyWeek></MyWeek>（当然，这个也可以），但在非 DOM 场合中，通常鼓励将没有内容的组件作为自闭合元素来使用，这可以明确该组件没有内容，省略结束标签，可以使得代码看上去更简洁。要注意的是，由于 HTML 并不支持自闭合的自定义元素，因此在 DOM 模板中不要把 MyWeek 当作自闭合元素来使用。另外，在非 DOM 模板（比如字符串模板和单文件组件）中是可以使用组件的原始名称的，即在使用时不必使用短横线命名法，就像这里，使用<MyWeek></MyWeek>即可，不必使用<my-week></my-week>。

保存 App.vue 文件，一旦文件有更新，后台服务马上会重新编译，我们可以到浏览器中查看结果，如图 7-46 所示。

图 7-46

可以发现，图片上多了一行字符串"Today is Sunday."。看来我们添加 Vue.js 文件成功了。

9）有读者可能会想，要是出错信息实时显示在 VSCode 中就好了。不急，现在就来实现。趁热打铁，我们再添加一个 Vue.js 文件，在 components 文件夹下新建一个名为 search.vue 的组件文件，然后添加如下代码：

```
<template>
  <input type="search" v-model="keywd">
  <button @click="funcSearch">search</button>
</template>

<script>
export default {
  name: 'compSearch',
  data(){
    return{
        keywd:''
    }
  },
  methods:{
    funcSearch()
    {
        alert("search over");
```

```
            }
        }
    }
</script>
<!-- Add "scoped" attribute to limit CSS to this component only -->
<style scoped>
</style>
```

在这个组件文件中，我们在模板中放置了一个输入框和按钮。当单击按钮时，将调用
funcSearch 函数，显示一个信息框。保存文件后再打开 App.vue，在该文件的<script>中添加导
入 search.vue 的代码：

```
import MySearch from './components/search.vue'
```

并在 components 中注册组件 MySearch：

```
    components: {
    HelloWorld,
    MyWeek,
    MySearch    // 注册组件 MySearch
    }
```

最后在模板中使用组件：

```
<MySearch/>
```

保存 App.vue，然后单击 VSCode 的菜单 Terminal→New Terminal，或者直接按快捷键
Ctrl+Shift+`，此时会在 VSCode 的底部显示一个 TERMINAL 窗口，并定位到路径
D:\demo\myprj>，我们可以在提示符"＞"旁输入启动服务命令：

```
npm run serve
```

稍等片刻，启动完毕。如果成功，将提示 Local 和 Network 两个网址链接，如图 7-47
所示。

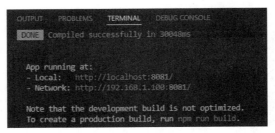

图 7-47

按键盘上的 Ctrl 键，然后单击 http://localhost:8081/，此时将打开默认浏览器，可以看到页
面上有一个输入框和按钮，如图 7-48 所示。

图 7-48

单击 search 按钮，将出现一个信息框。由此看来，直接在 VSCode 的 TERMINAL 窗口中

就可以启动服务和打开浏览器了。其实，我们每次修改代码，只需要进行保存，就可以让 VSCode 自动编译。

10）在 VSCode 中打开 search.vue 文件，然后在 funcSearch 函数中修改代码：

```
funcSearch()
{
    alert(xxx);    // 故意让这行代码出错
}
```

按快捷键 Alt+F+S 或者 Ctrl+S 来保存文件，还可以单击菜单 File→Save，此时可以发现在 TERMINAL 窗口中出现了自动编译的信息，如图 7-49 所示。

图 7-49

稍等片刻，编译完毕，就会出现错误提示，如图 7-50 所示。

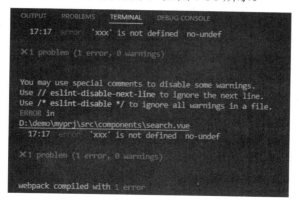

图 7-50

该提示正是所需要的，提示"xxx"没有定义（'xxx' is not defined）。现在是不是感觉方便多了，不需要到控制台窗口或浏览器中去看错误提示信息了。好了，我们把 xxx 再改回 search over 并保存，然后开始编译，如果没错误，就会出现 Local 网址链接，我们可以按 Ctrl 键并单击这个链接到浏览器中查看运行结果。

至此，这个实例就结束了。我们学会了在一个项目中添加多个 Vue.js 文件，并且学会了在 VSCode 中进行编译（其实就是保存一下，然后就自动编译了），如果成功，就可以直接单击链接来打开浏览器；如果有错误，就根据错误提示信息修改代码。这些过程都可以在 VSCode 中完成，此时 VSCode 就是一个集成开发环境。

第 **8** 章

路由应用

Vue.js 路由是用来管理页面切换或跳转的一种方式。Vue.js 适合用来创建单页面应用，即从开发角度上讲是一种架构方式，单页面只有一个主应用入口，通过组件的切换来渲染不同的功能页面。本章将讲述路由的用法。

8.1　路由的概念

在 Web 开发过程中，经常会遇到路由的概念。到底什么是路由？简单来说，路由就是 URL 到函数的映射。访问的 URL 会映射到相应的函数中（这个函数是广义的，既可以是前端的函数，也可以是后端的函数），然后由相应的函数来决定返回给这个 URL 什么东西。路由就是在做一个匹配的工作。

路由其实就是指向的意思，当我们单击页面上的 home 按钮时，页面中就要显示 home 的内容；如果单击页面上的 about 按钮，页面中就要显示 about 的内容。home 按钮=> home 内容，about 按钮=>about 内容，也可以说是一种。所以页面上有两个部分，一个是单击部分，另一个是单击之后显示内容的部分。单击之后，怎么做到正确的对应，比如单击 home 按钮，页面中怎么正好能够显示 home 的内容呢？这就要在 JS 文件中配置路由。

从传统意义上说，路由就是定义一系列的访问地址规则，路由引擎根据这些规则匹配并找到对应的处理页面，然后将请求转发给页面进行处理。可以说所有的后端开发都是这样做的，而前端路由是不存在"请求"一说的。前端路由是直接找到与地址匹配的一个组件或对象并将其渲染出来。改变浏览器地址而不向服务器发出请求有两种做法，一是在地址中加入 # 以欺骗浏览器，地址的改变是由于正在进行页内导航；二是使用 HTML 5 的 window.history 功能，使用 URL 的 hash 来模拟一个完整的 URL。Vue.js 官方提供了一套专用的路由工具库 vue-router。将单页程序分割为各自功能合理的组件或者页面，路由起到了一个非常重要的作用，它就是连接单页程序中各页面之间的链条。

路由中有三个基本的概念：route、routes 和 router。route 是一条路由，由这个英文单词也可以看出来，它是单数，home 按钮=> home 内容，这是一条路由；about 按钮=>about 内容，这是另一条路由。

routes 是一组路由，可以将上面的每一条路由组合起来，形成一个数组。例如[{home 按钮=>home 内容}，{about 按钮=> about 内容}]。

router 是一个机制，相当于一个管理者，它来管理路由。因为 routes 只是定义了一组路由，它放在那里是静止的，当真正来了请求，怎么办？就是当用户单击 home 按钮的时候，怎么办？这时 router 就起作用了，它到 routes 中去查找，找到对应的 home 内容，所以页面中就会显示 home 内容。

在 Vue.js 中实现路由还是相对简单的。因为我们页面中所有的内容都是组件化的，所以只要把路径和组件对应起来就可以了，然后在页面中把组件渲染出来。

8.2　前端路由与服务端渲染

虽然前端渲染有诸多好处，不过 SEO（Search Engine Optimization，搜索引擎优化）的问题还是比较突出的。所以 React.js、Vue.js 等框架后来也在服务端渲染上做着自己的努力。基于前端库的服务端渲染与以前基于后端语言的服务端渲染相比又有所不同。前端框架的服务端渲染大多依然采用的是前端路由，并且由于引入了状态统一、VNode 等概念，它们的服务端渲染对服务器的性能要求比 PHP 等语言基于字符串填充的模板引擎渲染对服务器的性能要求高得多。所以在这方面不仅是框架本身在不断改进算法、优化，服务端的性能也必须要有所提升。

当然，在二者之间也出现了预渲染的概念，即先在服务端构建出一部分静态的 HTML 文件，用于弹出浏览器，然后剩下的页面再通过常用的前端渲染来实现。通常我们可以对首页采用预渲染的方式，这样做的好处是明显的，兼顾了 SEO 和服务器的性能要求。不过它无法做到全站 SEO，生产构建阶段耗时也会有所提高，这也是遗憾所在。

关于预渲染，可以考虑使用 prerender-spa-plugin 这个 Webpack 插件，它的 3.x 版本开始使用 puppeteer 来构建 HTML 文件了。

8.3　后端路由

在 Web 开发早期的"刀耕火种"年代里，一直是后端路由占据主导地位。无论是 PHP，还是 JSP、ASP，用户能通过 URL 访问的页面，大多都是通过后端路由匹配之后再返回给浏览器的。比如有一个网站，服务器地址是 http://192.168.1.200:8899，在这个网站中提供了三个界面：

```
http://192.168.1.200:8899/index.html          //主页
http://192.168.1.200:8899/about/aboutus.html  //关于我们页面
http://192.168.1.200:8899/feedback.html       //反馈界面
```

当我们在浏览器输入 http://192.168.1.200:8899/index.html 来访问界面时,Web 服务器就会接收到这个请求,然后把 index.html 解析出来,并找到相应的 index.html 并展示出来,这就是路由的分发,路由的分发是通过路由功能来完成的。

在 Web 后端,无论是什么语言的后端框架,都会有一个专门开辟出来的路由模块或者路由区域,用来匹配用户给出的 URL 地址,以及一些表单提交、Ajax 请求的地址。通常遇到无法匹配的路由,后端将会返回一个 404 状态码。这也是我们常说的 404 NOT FOUND 的由来。

随着 Web 应用的开发越来越复杂,单纯服务端渲染的问题开始慢慢地暴露出来,即耦合性太强了,jQuery 时代的页面不好维护,页面切换白屏严重等。耦合性问题虽然能通过良好的代码结构、规范来解决,不过 jQuery 时代的页面不好维护这是有目共睹的,全局变量满天飞,代码入侵性太高。后续的维护通常是在给前面的代码打补丁。而页面切换的白屏问题虽然可以通过 Ajax 或者 IFrame 等来解决,但是在实现上就麻烦了——进一步增加了可维护的难度。于是,我们开始进入前端路由的时代。

8.4　前后端分离

得益于前端路由和现代前端框架完整的前后端渲染能力,与页面渲染、组织、组件相关的东西,后端终于可以不用再参与了。

前后端分离的开发模式逐渐开始普及。前端开始更加注重页面开发的工程化、自动化,而后端更专注于 API 的提供和数据库的保障。代码层面上的耦合度也进一步降低,分工也更加明确。我们摆脱了当初"刀耕火种"的 Web 开发年代。

8.5　前端路由

虽然前端路由和后端路由的实现方式不一样,但是原理是相同的,在 H5 的 History API 出来之前,前端路由的功能都是通过 hash 来实现的,hash 能兼容低版本的浏览器。后端路由每次访问一个页面都要向浏览器发送请求,然后服务端再响应解析,在这个过程中肯定会存在延迟,但是前端路由中访问一个新界面的时候只是浏览器的路径改变了,没有和服务端交互(所以不存在延迟),这样用户体验有了大大的提高,如下所示:

```
http://192.168.1.200:8080/#/index.html
http://192.168.1.200:8080/#/about/aboutus.html
http://192.168.1.200:8080/#/feedback.html
```

由于 Web 服务器不会解析#后面的东西(所以通过 hash 能提高性能),但是客户端的 JavaScript 可以拿到#后面的东西,因此可以使用 window.location.hash 来读取,这个方法可以匹配到不同的方法上,配合前端的一些逻辑操作就能完成路由功能,剩下只需要关心接口调用。

前端路由,顾名思义,页面跳转的 URL 规则匹配由前端来控制。前端路由的实现方式有两种:

一是改变 hash 值，监听 hashchange 事件，可以兼容低版本浏览器。

二是通过 H5 的 history API 来监听 popState 事件，使用 pushState 和 replaceState 实现，优点是 URL 不带#。

这样前端路由主要有两种显示方式：

1）带有 hash 的前端路由，优点是兼容性高，缺点是 URL 带有#。

2）不带 hash 的前端路由，优点是 URL 不带#；缺点是既需要浏览器支持，又需要后端服务器支持。

8.5.1　带 hash 的前端路由

hash 即 URL 中"#"字符后面的部分。使用浏览器访问网页时，如果网页 URL 中带有 hash，页面就会定位到 id（或 name）与 hash 值一样的元素的位置。hash 有两个特点，它的改变不会导致页面重新加载，而且 hash 值浏览器是不会随请求发送到服务器端的。通过 window.location.hash 属性获取和设置 hash 值。

假设有一个地址：

```
http://www.xxx.com/path/a/b/c.html?key1=Tiger && key2=Chain &&
key3=duck#/path/d/e.html
```

这个地址基本上包含一个复杂地址的所有情况，我们分析一下这个地址：

- http：协议。
- www.xxx.com：域名。
- /path/a/b/c.html：路由，即服务器上的资源。
- ?key1=Tiger && key2=Chain && key3=duck：Get 请求的参数。
- #/path/d/e.html：hash 也叫散列值、哈希值，或叫锚点。

window.location.hash 值的变化会直接反映到浏览器地址栏（#后面的部分会发生变化），同时浏览器地址栏 hash 值的变化也会触发 window.location.hash 值的变化，从而触发 onhashchange 事件。当 URL 的片段标识符更改时，将触发 hashchange 事件（在#后面的 URL 部分，包括#），hashchange 事件触发时，事件对象会有 hash 改变前的 URL（oldURL）和 hash 改变后的 URL（newURL）两个属性：

```
window.addEventListener('hashchange',function(e)
{ console.log(e.oldURL);  console.log(e.newURL) },false);
```

下面来看一个 hash 路由的例子。通过单击按钮让编辑框内容累加。为按钮添加事件的函数是 addEventListener，声明如下：

```
element.addEventListener(event, function, useCapture)
```

其中参数 event 是一个字符串，表示指定事件名；参数 function 指定事件触发时执行的函数；useCapture 是可选参数，类型是布尔，指定事件是否在捕获或冒泡阶段执行，如果是 true，则表示事件句柄在捕获阶段执行；如果是 false（默认值），则表示事件句柄在冒泡阶段执行。

【例 8-1】测试函数 addEventListener

1）在 VSCode 中打开目录（D:\demo），新建一个文件 index.html，然后添加代码，核心代码如下：

```html
<!DOCTYPE html>
<html>
<head>
<meta charset="utf-8">
<title>test addEventListener</title>
</head>
<body>

<button id="myBtn">click me</button>
<p id="demo">

<script>
document.getElementById("myBtn").addEventListener("click", onClick);
function onClick()
{
    document.getElementById("demo").innerHTML = "Hello World";
}
</script>
</body>
</html>
```

当我们单击按钮时，函数 onClick 将得到执行。

2）保存工程并按 F5 键运行程序，单击按钮，运行结果如图 8-1 所示。

图 8-1

下面我们来操作 URL 中的 hash 部分，这里要用到 window.location.hash 属性，location 是 JavaScript 中管理地址栏的内置对象，比如 location.href 就管理页面的 URL，用 location.href=url 就可以直接将页面重定向 URL。而 location.hash 可以用来获取或设置页面的标签值。比如 http://domain/#admin 的 location.hash="#admin"。利用这个属性值可以做一个非常有意义的事情。#代表网页中的一个位置。其右面的字符，就是该位置的标识符。比如：

```
http://www.example.com/index.html#print
```

代表网页 index.html 的 print 位置。浏览器读取这个 URL 后，会自动将 print 位置滚动至可视区域。

为网页位置指定标识符有两个方法：一是使用锚点，比如<a name="print"></a>；二是使用 id 属性，比如<div id="print" >。

#是用来指导浏览器操作的，对服务器端完全无用。所以，HTTP 请求中不包括#。比如，访问下面的网址：

```
http://www.example.com/index.html#print
```

浏览器实际发出的请求是这样的：

```
GET /index.html HTTP/1.1
Host: www.example.com
```

可以看到，只是请求 index.html，根本没有"#print"的部分。在第一个#后面出现的任何字符都会被浏览器解读为位置标识符。这意味着，这些字符都不会被发送到服务器端。仅改变#后的部分，浏览器只会滚动到相应位置，不会重新加载网页。

window.location.hash 这个属性可读可写。读取时，可以用来判断网页状态是否改变；写入时，会在不重载网页的前提下创造一条访问历史记录。

onhashchange 事件是一个 HTML 5 新增的事件，当#值发生变化时，它的使用方法有三种：

```
window.onhashchange = func;
<body onhashchange="func();">
window.addEventListener("hashchange", func, false);
```

对于不支持 onhashchange 的浏览器，可以用 setInterval 监控 location.hash 的变化。

【例 8-2】写入 window.location.hash

1）在 VSCode 中打开目录（D:\demo），新建一个文件 index.html，然后添加代码，核心代码如下：

```
<!DOCTYPE html>
<html lang="en">
<head>
<meta charset="UTF-8">
<title>history 测试</title>
</head>
<body>

<p><input type="text" value="0" id="oTxt" /></p>
<p><input type="button" value="+" id="oBtn" /></p>

<script>
var otxt = document.getElementById("oTxt");
var oBtn = document.getElementById("oBtn");
var n = 0;

oBtn.addEventListener("click",function(){  // 单击按钮后执行 function 中的代码
n++;
add();
},false);

get();

function add(){
if("onhashchange" in window){    // 如果浏览器原生支持该事件
window.location.hash = "#"+n;
}
}

function get(){
if("onhashchange" in window){    // 如果浏览器原生支持该事件
window.addEventListener("hashchange",function(e){
var hashVal = window.location.hash.substring(1);
```

```
if(hashVal){
n = hashVal;
otxt.value = n;    // 更新到编辑框中
}
},false);
}
}
</script>
</body>
</html>
```

当我们单击按钮时，add 函数将被执行，此时将写入 window.location.hash。

2）保持工程并按 F5 键运行，我们单击两次按钮后，编辑框中就变为 2 了，地址栏中 URL 的#后也变为 2 了，运行结果如图 8-2 所示。

图 8-2

通过这两个基础例子，下面我们正式开始实战 hash 路由。

【例 8-3】实战 hash 路由

1）在 VSCode 中打开目录（D:\demo），新建一个文件 index.html，然后添加代码，核心代码如下：

```
<!DOCTYPE html>
<html lang="en">
<head>
  <meta charset="UTF-8">
  <meta name="viewport" content="width=device-width, initial-scale=1.0">
  <meta http-equiv="X-UA-Compatible" content="ie=edge">
  <title>hash 实现前端路由</title>

  <style>

    #nav {
      margin: 0;
      border:0;
      height: 40px;
      border-top: #060 2px solid;
      margin-top: 10px;
      border-bottom: #060 2px solid;
      background-color: red;
    }
    #nav ul {
      margin: 0;
      border: 0;
      list-style: none;
      line-height: 40px;
    }
    #nav li {
      display: block;
```

```
        float: left;
      }

    #nav a {
      display: block;
      color: #fff;
      text-decoration: none;
      padding: 0 20px;
    }

    #nav a:hover {
      background-color: orange;
    }

  </style>
</head>

<body>
  <h3>使用 hash 实现前端路由</h3>
  <hr/>
  <a href="#hash1">#hash1</a>
  <a href="#hash2">#hash2</a>
  <a href="#hash3">#hash3</a>
  <a href="#hash4">#hash4</a>

  <p/>
  <div id = "show-hash-result" style="color:blue">
   单击上面的链接，并观察浏览器
  </div>
  <h4>定义一个简单的 tab 路由页面</h4>
  <div id="nav">
    <ul>
      <li><a href="#/index.html">首页</a></li>
      <li><a href="#/server">服务</a></li>
      <li><a href="#/mine">我的</a></li>
    </ul>
  </div>
  <div id="result"></div>

  <script type="text/javascript">
  window.addEventListener("hashchange", function(){
    //变化后输出当前地址栏中的值
    document.getElementById("show-hash-result").innerHTML = "当前的 hash 值是:
"+location.hash;
    //打印出当前 hash 值
    console.log("当前的 hash 值是:"+window.location.hash) ;
    });
  </script>

<!-- 定义 router 的 JS 代码块 -->
  <script type="text/javascript">
  //自定义一个路由规则
  function CustomRouter(){
   this.routes = {};
   this.curUrl = '';

   this.route = function(path, callback){
```

```
                this.routes[path] = callback || function(){};
        };

        this.refresh = function(){
            if(location.hash.length !=0){ // 如果 hash 存在
              this.curUrl = location.hash.slice(1) || '/';
              if(this.curUrl.indexOf('/')!=-1){ // 这里粗略地把 hash 过滤掉
                  this.routes[this.curUrl]();
              }
            }
        };

        this.init = function(){
            window.addEventListener('load', this.refresh.bind(this), false);
            window.addEventListener('hashchange', this.refresh.bind(this), false);
        }
    }

    // 使用路由规则
    var R = new CustomRouter();
    R.init();
    var res = document.getElementById('result');

    R.route('/hash1',function () {
     document.getElementById("show-hash-result").innerHTML = location.hash;
    })

    R.route('/index.html', function() {
     res.style.height='150px';
     res.style.width='300px';
     res.style.background = 'green';
     res.innerHTML = '<html>我是首页</html>';
    });

    R.route('/server', function() {
     res.style.height='150px';
     res.style.width='300px';
     res.style.background = 'orange';
     res.innerHTML = '我是服务页面';
    });
    R.route('/mine', function() {
     res.style.background = 'red';
     res.style.height='150px';
     res.style.width='300px';
     res.innerHTML = '我的界面';
    });
  </script>
</body>
</html>
```

以上代码只是为了演示前端路由的作用，一般情况下，这种路由我们是不需要自己写的，使用 react/vue 都会有相应的路由工具类。

2）保存工程并按 F5 键运行，输出结果如图 8-3 所示。

从图中我们可以看到，使用 hash 并不会导致浏览器刷新，JavaScript 拿到了 hash 值并且打印出来了。

前端路由应用最广泛的例子就是当今的 SPA 的 Web 项目。无论是 Vue.js、React.js 还是 Angular.js 的页面工程,都离不开相应配套的 router 工具。前端路由带来的最明显的好处就是,地址栏 URL 的跳转不会白屏了,这也得益于前端渲染带来的好处。

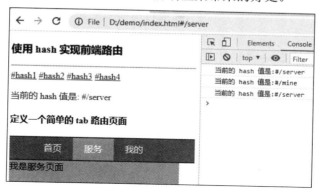

图 8-3

讲前端路由就不能不讲前端渲染。以 Vue.js 项目为例,如果是用官方的 vue-cli 搭配 Webpack 模板构建的项目,有没有想过浏览器获取的 HTML 是什么样的?页面中有 button 和 form 吗?在生产模式下,我们来看看构建出来的 index.html 是什么样的:

```html
<!DOCTYPE html>
<html lang="en">
<head>
  <meta charset="UTF-8">
  <title>Vue</title>
</head>
<body>
  <div id="app"></div>
  <script type="text/javascript" src="xxxx.xxx.js"></script>
  <script type="text/javascript" src="yyyy.yyy.js"></script>
  <script type="text/javascript" src="zzzz.zzz.js"></script>
</body>
</html>
```

通常是上面这个样子的。可以看到,这个其实就是浏览器从服务端拿到的 HTML。这里面空荡荡的,只有<div id="app"></div>这个入口的 div 以及下面配套的一系列 JS 文件。所以我们看到的页面其实是通过 JS 渲染出来的。这也是我们常说的前端渲染。

前端渲染把渲染的任务交给了浏览器,通过客户端的算力来解决页面的构建,这个很大程度上缓解了服务端的压力,而且配合前端路由,无缝的页面切换体验自然是对用户友好的。不过带来的坏处就是对 SEO 不友好,毕竟搜索引擎的爬虫只能爬取上面那样的 HTML,对浏览器的版本也会有相应的要求。

需要明确的是,只要在浏览器地址栏输入 URL 再按回车键,是一定会去后端服务器请求一次的。而如果是在页面中通过单击按钮等操作,利用 router 库的 API 来进行 URL 更新,是不会去后端服务器请求的。

对于 hash 模式,利用的是浏览器不会使用#后面的路径对服务端发起路由请求。即在浏览器中输入如下这两个地址:http://localhost/#/user/1 和 http://localhost/,其实到服务端都是去请求 http://localhost 这个页面的内容。而前端的 router 库通过捕捉#后面的参数、地址来告诉前端库（比如 Vue.js）渲染对应的页面。这样，无论是在浏览器的地址栏输入，还是页面中通过 router 的 API 进行跳转，都是一样的跳转逻辑。所以这个模式不需要后端配置其他逻辑，只要给前端返回 http://localhost 对应的 HTML，剩下具体是哪个页面，由前端路由去判断便可。

对于 history 模式，即不带#的路由，也就是我们通常能见到的 URL 形式。router 库要实现这个功能一般都是通过 HTML 5 提供的 history 这个 API。比如 history.pushState()可以向浏览器地址栏推送一个 URL，而这个 URL 是不会向后端发起请求的。通过这个特性，便能很方便地实现漂亮的 URL。不过需要注意的是，这个 API 对于 IE 9 及其以下版本的浏览器是不支持的，从 IE 10 开始支持，所以对于浏览器的版本是有要求的。vue-router 会检测浏览器的版本，当无法启用 history 模式的时候，会自动降级为 hash 模式。

上面讲了，页面中的跳转通常是通过 router 的 API 去进行的，router 的 API 调用的通常是 history.pushState()这个 API，所以跟后端没什么关系。但是一旦在浏览器地址栏输入一个地址，比如 http://localhost/user/1，这个 URL 就会向后端发起一个 get 请求。后端路由表中如果没有配置相应的路由，自然就会返回一个 404。这也是很多朋友在生产模式遇到 404 页面的原因。

那么很多人会问，为什么在开发模式下没问题呢？这是因为 vue-cli 在开发模式下启动的 express 开发服务器帮我们做了这方面的配置。理论上，在开发模式下本来也是需要配置服务端的，只不过 vue-cli 都帮我们配置好了，所以就不用手动配置了。

那么该如何配置呢？其实在生产模式下配置很简单。一个原则就是，在所有后端路由规则的最后配置一个规则，如果前面其他路由规则都不匹配，就执行这个规则——把构建好的 index.html 返回给前端。这样就解决了后端路由抛出 404 的问题了，因为只要输入了 http://localhost/user/1 这个地址，那么由于后端其他路由都不匹配，就会返回给浏览器 index.html。

浏览器拿到这个 HTML 之后，router 库就开始工作，开始获取地址栏的 URL 信息，然后告诉前端库（比如 Vue.js）渲染对应的页面。到这一步就跟 hash 模式是类似的了。

当然，由于后端无法抛出 404 页面错误，404 的 URL 规则自然就交给前端路由来决定了。我们可以自己在前端路由中决定什么 URL 都不匹配的 404 页面应该显示什么。

8.5.2 不带 hash 的前端路由

通过 H5 的 history API 也可以实现前端路由。Windows 的 history 提供了对浏览器历史记录的访问功能，并且它暴露了一些方法和属性，让用户在历史记录中自由地前进和后退，并且在 H5 中还可以操作历史记录中的数据。history 的 API 如下：

```
interface History {
    readonly attribute long length;  // history 的属性，显示 history 的长度
    readonly attribute any state;
    void go(optional long delta);   // 移动到指定的历史记录点
    void back();      // 在历史记录中后退
    void forward();  // 在历史记录中前进
    // H5 引进了以下两个方法
       // 给历史记录堆栈顶部添加一条记录
    void pushState(any data, DOMString title, optional DOMString? url = null);
       // 修改当前历史记录条目，将其替换为在方法参数中传递的 stateObj、title 和 URL
```

```
    void replaceState(any data, DOMString title, optional DOMString? url =
null);
    };
```

从上面我们了解到，使用 H5 的 history 的 pushState 可以代替 hash，并且更加优雅。下面直接实战。

【例 8-4】使用 H5 实现前端路由

1）在 VSCode 中打开目录（D:\demo），新建一个文件 index.html，然后添加代码，核心代码如下：

```html
<!DOCTYPE html>
<html lang="en">
<head>
  <meta charset="UTF-8">
  <meta name="viewport" content="width=device-width, initial-scale=1.0">
  <meta http-equiv="X-UA-Compatible" content="ie=edge">
  <title>hash 实现前端路由</title>
  <h4>使用 h5 实现前端路由</h4>
  <ul>
    <li> <a  onclick="home()">首页</a></li>
    <li> <a  onclick="message()">消息</a></li>
    <li> <a  onclick="mine()">我的</a></li>
  </ul>
  <div id="showContent"
style="height:240px;width:200px;background-color:red">
    home
  </div>

  <script type="text/javascript">

  function home() {
    // 添加到历史记录栈中
    history.pushState({name:'home',id:1},null,"?page=home#index")
    showCard('home')
  };

  function message() {
    history.pushState({name:'message',id:2},null,"?page=message#haha")
    showCard('message')
  }

  function mine(){
    history.pushState({
      id:3,
      name:'mine'
    },null,"?name=tigerchain&&sex=man")
    showCard('mine')
  }

  // 监听浏览器回退并且刷新到指定内容
  window.addEventListener('popstate',function (event) {
    var content = "";
     if(event.state) {
       content = event.state.name;
     }
```

```
        console.log(event.state)
        console.log("history中的历史栈的 name : "+content)
        showCard(content)
    })
    // 此方法和上面的方法是一样的，只是两种不同的写法而已
    // window.onpopstate = function (event) {
    //   var content = "";
    //   if(event.state) {
    //     content = event.state.name;
    //   }
    //   showCard(content);
    // }

    function showCard(name) {
     console.log("当前的 hash 值是: "+location.hash);
     document.getElementById("showContent").innerHTML = name;
     }
  </script>
</body>
</html>
```

我们可以看到前端路由实现了，单击各个导航没有刷新浏览器，并且单击浏览器的"回退"按钮，会显示上一次记录，这都是使用 H5 history 的 pushState 和监听 onpopstate 实现的，这就是一个简单的 SPA，基本上实现了和前面 hash 一样的功能。

2）保存工程并按快捷键 Ctrl+F5 运行，结果如图 8-4 所示。

图 8-4

以上就是通过 H5 的 history 实现的一个前端路由。

我们稍微总结一下：

后端路由：每次访问都要向服务器发送一个请求，服务器响应解析会有延迟，网络不好更严重。

前端路由：只是改变浏览器的地址，不刷新浏览器，不与服务端交互，所以性能大大提高（用户体验提高）。前端路由有两种实现方式：一种方式是实现 hash 并监听 hashchange 事件来实现，另一种方式是使用 H5 的 history 的 pushState()监听 popstate 方法来实现。

至此，我们大概对路由有了一个整体的了解。下面来看 Vue.js 的路由。

8.6　Vue.js 的路由

在现在常用的框架中，其实都是单页应用，也就是入口都是 index.html，仅此一个 HTML 文件而已。但是实际在使用过程中，又存在不同的页面，那么这是如何实现的呢？这就是路由的功劳了，React.js 有 react-router，Vue.js 有 vue-router。

Vue.js 中的路由推荐使用官方支持的 vue-router 库，当然我们也可以不使用 vue-router 库而使用第三方的路由库，或者完全自己写一个路由库（使用 hash 或 history）。Vue.js 的路由是 Vue.js 的官方路由。它与 Vue.js 核心深度集成，让用 Vue.js 构建单页应用变得轻而易举。Vue.js 路由的主要功能包括：嵌套路由映射、动态路由选择、基于组件的路由配置、路由参数、展示由 Vue.js 的过渡系统提供的过渡效果、细致的导航控制、自动激活 CSS 类的链接、H5 history 模式或 hash 模式、可定制的滚动行为以及 URL 的正确编码。

8.6.1　在 HTML 中使用路由

1. 引用路由

在一个 HTML 文件中直接使用路由比较简单，不需要通过 npm 安装组件，这时可以通过 CDN 引用路由或者引用路由的 JS 文件。

（1）通过 CDN 引用路由

如果网速尚可，可以考虑 CDN 方式引用路由，代码如下：

```
<script src="https://unpkg.com/vue@3"></script>
<script src="https://unpkg.com/vue-router@4"></script>
```

第一行代码引入 Vue.js 3，第二行代码引入 vue-router4，vue-router4 目前是较新的版本，也可以不指定具体的版本，而采用最新版：

```
<script src="https://unpkg.com/vue-router@next"></script>
```

（2）引用路由的 JS 文件

如果网速一般，可以考虑先下载 Vue.js 路由的 JS 文件到本地磁盘，然后在程序中引用。我们在浏览器中输入"https://unpkg.com/vue-router"，然后会自动打开如下网址：

```
https://unpkg.com/vue-router@4.0.12/dist/vue-router.global.js
```

此时可以将其另存到本地，文件名是 vue-router.global.js，我们可以把该文件存放到 D 盘，笔者的 Vue.js 也是存放到 D 盘。如果不想下载，笔者已经把该文件放到源码目录的 someSoftwares 文件夹下，可以直接使用。这样就可以离线引用了：

```
<script src="d:/vue.js"></script>
<script src="d:/vue-router.global.js"></script>
```

2. 在 HTML 文件中使用路由

路由的使用有着固定的步骤：

（1）通过 router-link 设置导航链接

router-link 组件支持用户在具有路由功能的应用中单击导航。通过 to 属性指定目标地址，默认渲染为带有正确连接的<a>标签，可以通过配置 tag 属性生成别的标签。另外，当目标路由成功激活时，链接元素自动设置一个表示激活的 CSS 类名。示例代码如下：

```
<!--`<router-link>` 将呈现（渲染）为一个带有正确 `href` 属性的 `<a>` 标签-->
<router-link to="/">Go to Home</router-link>
<router-link to="/about">Go to About</router-link>
```

（2）通过 router-view 指定渲染的位置

router-view 组件主要是构建单页应用时，方便渲染指定路由对应的组件。我们可以把 router-view 当作一个容器，它渲染的组件是用户使用 vue-router 指定的，路由配置完成后，就要使用 router-view 进行渲染了（只要有子路由，就要用它来渲染）。简单来说，router-view 就是用于渲染视图的。router-view 将显示与 URL 对应的组件。用户可以把它放在任何地方以适应布局。

开发时会遇到一种情况，比如单击这个链接跳转到其他组件，通常会跳转到新的页面，但是我们不想跳转到新页面，只在当前页面切换显示，那么就要涉及路由的嵌套了，也可以说是子路由的使用。在开发 Vue.js 项目时经常需要实现在一个页面中切换展现不同的组件页面。示例代码如下：

```
<!-- 路由匹配到的组件将渲染在这里 -->
<router-view></router-view>
```

单击<router-link>链接时，会在<router-view></router-view>所在的位置渲染模板的内容。<router-view></router-view>相当于一个占位符。

（3）定义路由组件

以上两步都是在 HTML 中完成的，现在要进入 JS 代码区。示例代码如下：

```
const Home = { template: '<div>Home</div>' }
const About = { template: '<div>About</div>' }
```

这里为了演示，我们仅仅显示了两个模板。

（4）配置路由

每个路由都需要映射到一个组件。路由的主要功能是将第（1）步的链接路径和第（3）步的路由组件联系起来。示例代码如下：

```
const routes = [
{ path: '/', component: Home },
{ path: '/about', component: About },
]
```

（5）创建路由实例并传递选项配置

调用函数 createRouter 创建路由实例，并将第（4）步定义的路由配置作为选项传入。示例代码如下：

```
const router = VueRouter.createRouter({
history: VueRouter.createWebHashHistory(),
routes, // routes: routes 的缩写，也可以直接写为 routes: routes
```

```
})
```

其中 createWebHashHistory 函数内部提供了 history 模式的实现。为了简单起见，我们在这里使用 hash 模式。

（6）调用 use 使用路由实例

调用函数 use，参数是第（5）步定义的路由实例 router，这样使整个应用支持路由。示例代码如下：

```
app.use(router)
```

下面通过一个完整的实例来实现这些步骤。

【例 8-5】在 HTML 中使用路由

1）在 VSCode 中打开目录（D:\demo），新建一个文件 index.html，然后添加代码，核心代码如下：

```html
<!DOCTYPE html>
<html lang="en">
<head>
    <meta charset="UTF-8">
    <title>Document</title>
</head>
<body>
    <script src="d:/vue.js"></script>
    <script src="d:/vue-router.global.js"></script>
    <div id="box">
    <p>
        <!--1.使用 router-link 组件进行导航 -->
        <!--通过传递 'to' 来指定链接 -->
        <!--'<router-link>' 将呈现一个带有正确 'href' 属性的 '<a>' 标签-->
        <router-link to="/">Go to Home</router-link><br>
        <router-link to="/about">Go to About</router-link>
    </p>
    <!-- 路由出口 -->
    <!-- 2.路由匹配到的组件将渲染在这里 -->
    <router-view></router-view>
    </div>

    <script>
    // 3.定义路由组件，也可以从其他文件导入
    const Home = { template: '<div>Home</div>' }
    const About = { template: '<div>About</div>' }

    // 4.定义一些路由
    // 每个路由都需要映射到一个组件，我们后面再讨论嵌套路由
    const routes = [
    { path: '/', component: Home },
    { path: '/about', component: About },
    ]

    // 5.创建路由实例并传递 routes 配置，用户可以在这里输入更多的配置，但这里保持简单配置
    const router = VueRouter.createRouter({
    //内部提供了 history 模式的实现。为了简单起见，这里使用 hash 模式
    history: VueRouter.createWebHashHistory(),
```

```
    routes, // routes: routes 的缩写
    })

    // 6.创建并挂载根实例
    const app = Vue.createApp({})
    // 7.调用 use，使用路由实例使整个应用支持路由
    app.use(router)
    app.mount('#box')
    // 现在，应用已经启动了
    </script>
</body>
</html>
```

在代码中，我们对 6 大步骤进行了注释和说明。

2）按快捷键 Ctrl+F5 运行，结果如图 8-5 所示。

图 8-5

单击两个链接中的任意一个，可以发现 URL 也随之变化。

【例 8-6】实现注册页

1）在 VSCode 中打开目录（D:\demo），新建一个文件 index.html，然后添加如下代码：

```
<!DOCTYPE html>
<html lang="en">
<head>
    <meta charset="UTF-8">
    <title>Document</title>
</head>
<body>
    <script src="d:/vue.js"></script>
    <script src="d:/vue-router.global.js"></script>
    <div id="box">
    <p>
        <!--1.使用 router-link 组件进行导航 -->
        <!--通过传递 'to' 来指定链接 -->
        <!--'<router-link>' 将呈现一个带有正确 'href' 属性的 '<a>' 标签-->
        <router-link to="/">Go to Home</router-link><br>
        <router-link to="/reg">Go to Register</router-link>
    </p>
    <!-- 路由出口 -->
    <!-- 2.路由匹配到的组件将渲染在这里 -->
    <router-view></router-view>
    </div>

    <script>
// 3.定义路由组件, 也可以从其他文件导入
    const Home = { template: '<div>Home</div>' }
    const myReg = { template:
```

```
<div>
    <p>
    <input  type="text" v-model="name" placeholder="用户名">
    <input  type="text" v-model="email" placeholder="邮箱">
    </p>

    <p> <input type="text" placeholder="手机号码" ref="userphone"></p>
    <p>
    <input  type="password" v-model="pwd" placeholder="密码" id="test">
    <input  type="password" v-model="againpwd" placeholder="重复密码"
id="test1">
    </p>
    <button @click="register()">注册</button>
</div>
    `,
    // data 必须是一个函数
    data() {
        return {
            name:"",
            email:"",
            phone:"",
            pwd:"",
            againpwd:"",
        }
    },
    methods: {
        checkname(){
        if(this.name==""){
            alert("用户名不能为空");
            return -1;
            }
            return 0;
    },

        checkemail(){
            var regEmail=/^[A-Za-zd]+([-_.][A-Za-zd]+)*@([A-Za-zd]+
[-.])+[A-Za-zd]{2,5}$/;
            if(this.email==''){
                alert("邮箱格式不能为空");
                return -1;
            }else if(!regEmail.test(this.email)){
                alert("邮箱格式不正确");
                return -2;
                }
                return 0;
            },
        checkphone(ph){
            if(ph.length!=11){
                alert("手机号码的长度不对");
            return -1;
            }

            if (isNaN(ph)) {
                alert("手机号必须全部是数字。");
            return -2;
        }

            return 0;
```

```
                },
            checkpwd(){
                if(this.pwd==""){ alert("密码不能为空");return -1;}
                else if(this.pwd !=this.againpwd){
                    alert("输入密码不一致");
                    return -2;
                    }
                return 0;
            },

            register(){
                var r = this.checkname();
                if(r)   return;
                r = this.checkemail();
                if(r)   return;
                this.phone=this.$refs.userphone.value;
                r= this.checkphone(this.phone);
                if(r)   return;
                r = this.checkpwd();
                if(r)   return;
                alert("注册成功");

            }
            }

    }

    // 4.定义一些路由
    // 每个路由都需要映射到一个组件，我们后面再讨论嵌套路由
    const routes = [
    { path: '/', component: Home },
    { path: '/reg', component: myReg },
    ]

    // 5.创建路由实例并传递 routes 配置，用户可以在这里输入更多的配置，但这里保持简单配置
    const router = VueRouter.createRouter({
    //内部提供了 history 模式的实现。为了简单起见，这里使用 hash 模式
    history: VueRouter.createWebHashHistory(),
    routes, // `routes: routes` 的缩写
    })

    // 6.创建并挂载根实例
    const app = Vue.createApp({})
    // 7.调用 use，使用路由实例使整个应用支持路由
    app.use(router)
    app.mount('#box')
    // 现在，应用已经启动了
    </script>
</body>
</html>
```

路由组件 myReg 的 template 中定义了 HTML 页面，注意整个 HTML 代码必须用一对"｀"作为定界符，符号"｀"是键盘左上角那个键的上档字符（在 Esc 键上面的那个键），一对"｀"作为定界符，HTML 代码才能有多行。当然如果是单行代码，也可以用单引号作为定界符，比如'<div>Home</div>'，不过为了防止混乱，建议直接都用"｀"比较稳妥。

然后我们又定义了 5 个变量，用来存储用户输入的用户名、邮箱、手机号码和两次密码。

在 methods 中，我们分别定义了检查用户名、检查邮箱、检查手机号码和检查密码的 4 个函数，最后一个 register 函数是当用户单击"注册"按钮时调用的函数，并且在这个函数中调用了另外 4 个检查函数，如果全部通过则跳出信息框以提示"注册成功"。由于功能类似，登录页就简单处理，直接显示一段文字。在上述代码中，我们用了两种方式获取 input 输入框的值，一种方式是使用 ref 获取 input 框的值，比如手机号码；另一种方式是通过 v-model 双向绑定，完成 input 框值的获取，除了手机号码之外，其他使用的都是这种方式。

另外，像这样的组件写在一个 HTML 文件中，能否支持单步调试呢？我们来试一下。在 register 函数中，在"r = this.checkemail();"那一行的左边开头单击，设置一个断点，此时出现一个小红圈，如图 8-6 所示。

图 8-6

此时按 F5 键，在注册页面上输入用户名和邮箱，然后单击"注册"按钮，此时在断点处停下来了，如图 8-7 所示。

图 8-7

2）在 VSCode 中切换到 index.htm，保存工程并按快捷键 Ctrl+F5 运行程序，结果如图 8-8 所示。

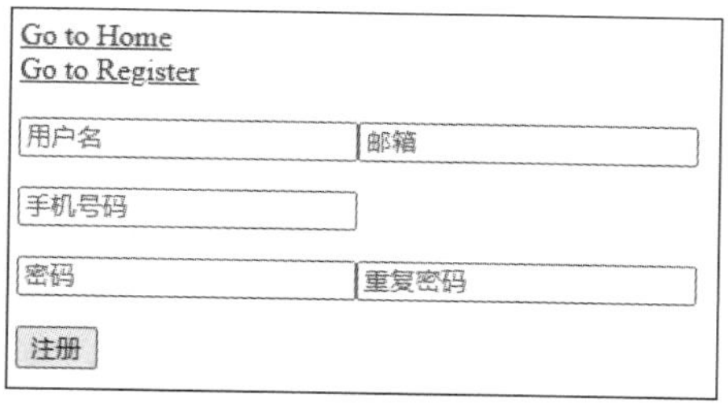

Go to Home
Go to Register

用户名	邮箱

手机号码

密码	重复密码

注册

图 8-8

至此，这个实例就算完成了。回顾一下上述代码，我们在定义 myReg 组件时，能否把 template:后的 HTML 代码放在其他地方呢？这样可以让 myReg 中的代码长度短一点。答案是肯定的，方法是利用<script type="text/html">，type 属性为 text/html 时，在<script>片断中定义被 JS 调用的代码，代码不会在页面上显示。它既解决了 HTML 模板存放和显示的问题，又解决了 JS 和 HTML 代码分离的问题，可谓一举多得。因此，我们可以将注册页的 HTML 代码放到<script type="text/html">中，这样组件定义就看起来简洁多了。

【例 8-7】让组件的 template 和代码分离

1）在 VSCode 中打开目录（D:\demo），把上例的 index.htm 复制一份到 D:\demo 下，然后在<body>中添加如下代码：

```html
<script type="text/html" id="tpl">
    <div>
        <p>
            <input  type="text" v-model="name" placeholder="用户名">
            <input  type="text" v-model="email" placeholder="邮箱">
        </p>

        <p>  <input type="text" placeholder="手机号码" ref="userphone"></p>
        <p>
            <input   type="password" v-model="pwd" placeholder="密码"
id="test">
            <input   type="password" v-model="againpwd" placeholder="重复密码
" id="test1">
        </p>
            <button @click="register()">注册</button>
    </div>
</script>
```

这些代码实现了注册页面，并且设置 id 为 tpl，以后可以直接通过 tpl 来使用这段代码。

2）把 Vue.component 中的 template:后面的 HTML 代码删除，换成#tpl，修改后变为：

```
const myReg = { template: '#tpl',
```

其他代码不需要改变。

3）在 VSCode 中切换到 index.htm，保存工程并按快捷键 Ctrl+F5 运行，结果与上例一样，这里不再展开说明。

至此，这个例子就算完成了。是不是有点进步？我们可以把定义组件时的 template:代码拆分了。但这样拆分，定义组件时简洁了，所有的代码依旧在一个 HTML 文件中，如果要定义的组件的 template:代码很长，那么这个入口文件（index.htm）是不是变得也很长？能否把 template:代码分离到另一个文件中去呢？笔者觉得，让 template:的 HTML 代码分离到其他文件有点不妥，因为这样人为把定义组件的过程分在两个不同的文件中，组件的 HTML 代码在一个文件中，组件的方法和数据又在另一个文件中，这样不大好。更好的方法是把整个组件全部单独定义到一个文件中去。这样，一个组件对应一个页面，且在一个单独的文件中，清清爽爽，即使以后有很多组件需要定义也不怕了，来一个组件，就给它建一个文件。当然，上例也不是完全一无是处，对于代码不多的小组件，和入口文件放在一起也无伤大雅。下面我们把路由的完整定义放在一个单独的文件中。

【例 8-8】路由定义放在单独的文件中

1）在 VSCode 中打开目录（D:\demo），新建一个文件 index.htm，并输入如下代码：

```html
<!DOCTYPE html>
<html lang="en">
<head>
    <meta charset="UTF-8">
    <title>Document</title>
</head>
<body>
    <script src="d:/vue.js"></script>
 <script src="d:/vue-router.global.js"></script>
    <div id="box">
    <p>
```

```
            <router-link to="/">Go to Login</router-link><br>
            <router-link to="/reg">Go to Register</router-link>
        </p>
        <router-view></router-view>
        </div>
         <script src="./login.js"></script>
         <script src="./reg.js"></script>
    </body>
    </html>
```

在上述代码中，我们并没有把组件定义的代码放在该文件中，而是包含了两个 JS 文件：一个是 login.js 文件，另一个是 reg.js 文件。下面我们实现这两个文件。

2）在 D:\demo 中新建 login.js，该文件实现登录组件，输入如下代码：

```
// 1. 定义（路由）组件
const Login = {   template: `
<div>
<p>
<input  type="text" v-model="name" placeholder="username">
<input   type="password" v-model="pwd" placeholder="password" id="test">
</p>

<button @click=" onlogin()">login</button>
</div>`,
// data 必须是一个函数
data() {
    return {
        name:"",
        pwd:"",
    }
},
methods: {
    checkname(){
    if(this.name==""){
        alert("用户名不能为空");
        return -1;
        }
        return 0;
    },

    checkpwd(){
        if(this.pwd==""){ alert("密码不能为空");return -1;}
        return 0;
    },

    onlogin(){
        var r = this.checkname();
        if(r)    return;
        r = this.checkpwd();
        if(r)    return;
        alert("login ok");
    }
  }
}
```

这段代码逻辑很简单，单击"登录"按钮，则执行函数 onlogin，在这个函数中，调用 checkname 函数检查用户名，调用 checkpwd 函数检查输入的密码。

3）在 D:\demo 中新建 reg.js，该文件实现注册组件，输入如下代码：

```
const app = Vue.createApp({})

//= { template: '<div>Home</div>' }
const myReg = { template: `<div>
<p>
    <input  type="text" v-model="name" placeholder="用户名">
    <input  type="text" v-model="email" placeholder="邮箱">
</p>

<p>  <input type="text" placeholder="手机号码" ref="userphone"></p>
<p>
 <input type="password" v-model="pwd" placeholder="密码" id="test">
    <input type="password" v-model="againpwd" placeholder="重复密码"
id="test1">
    </p>
        <button @click="register()">注册</button>
</div>
`,
        data() {
            return {
                name:"",
                email:"",
                phone:"",
                pwd:"",
              againpwd:"",
            }
        },
        methods: {
            checkname(){
            if(this.name==""){
                alert("用户名不能为空");
                return -1;
                }
                return 0;
          },

            checkemail(){
                var
regEmail=/^[A-Za-zd]+([-_.][A-Za-zd]+)*@([A-Za-zd]+[-.])+[A-Za-zd]{2,5}$/;
                if(this.email==''){
                    alert("邮箱格式不能为空");
                    return -1;
                }else if(!regEmail.test(this.email)){
                    alert("邮箱格式不正确");
                    return -2;
                    }
                    return 0;
                },
            checkphone(ph){
                if(ph.length!=11){
                    alert("手机号码长度不对");
                return -1;
                }

                if (isNaN(ph)) {
```

```
                    alert("手机号码必须全部是数字。");
                    return -2;
            }
                return 0;
                },
            checkpwd(){
                if(this.pwd==""){ alert("密码不能为空");return -1;}
                else if(this.pwd !=this.againpwd){
                    alert("输入密码不一致");
                    return -2;
                    }
                return 0;
            },

            register(){
                var r = this.checkname();
                if(r)    return;
                r = this.checkemail();
                if(r)    return;
                this.phone=this.$refs.userphone.value;
                r= this.checkphone(this.phone);
                if(r)    return;
                r = this.checkpwd();
                if(r)    return;
                alert("注册成功");
            }
            }

    }


const routes = [
{ path: '/', component: Login },
{ path: '/reg', component: myReg },
]


const router = VueRouter.createRouter({

history: VueRouter.createWebHashHistory(),
routes, // routes: routes 的缩写
})


app.use(router)
app.mount('#box')
```

至此，入口文件（index.htm）、登录组件（login.js）和注册组件（reg.js）三者就切分开来了，这样的结构非常清爽。那么切分开来能否依旧支持单步调试呢？我们马上来试一下。在 login.js 的 onlogin 函数中的第 2 行设置断点，然后切换到 index.htm，按 F5 键调试运行，在登录页面输入用户名和密码后，单击"登录"按钮，此时会停在断点处，如图 8-9 所示。

按 F10 键会继续下一步，这说明单步调试成功了。

32 onlogin(){
33 var r = this.checkname();
34 if(r) return;

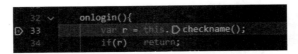

图 8-9

4）在 VSCode 中切换到 index.htm，保存工程并按快捷键 Ctrl+F5 运行，结果如图 8-10 所示。

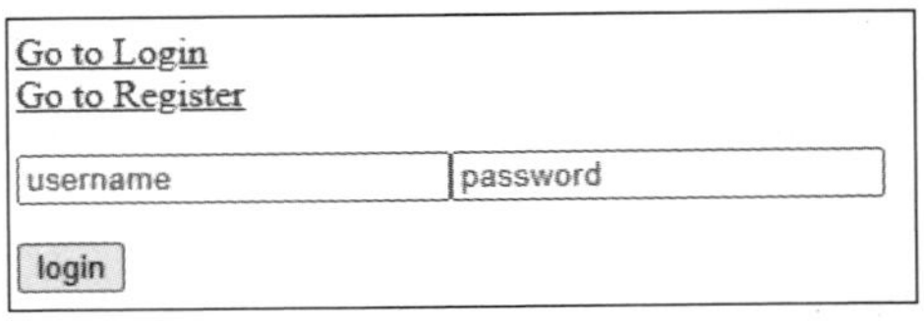

Go to Login
Go to Register
username
password
login

图 8-10

通过这个例子，我们降低了文件之间的藕合度，方便了今后的维护，而且没有使用 Vue.js 文件。当然，脚手架工程和 Vue.js 文件也可以做到这一点，但 Vue.js 文件需要 Webpack 等工具来打包，比较烦琐，笔者在网上看到很多人都不喜欢这一点，所以设计了这个实例供读者参考。但在脚手架工程中也要学会使用路由。

8.6.2 在脚手架工程中使用路由

要在脚手架工程中使用路由，需要先安装路由，使用步骤和 HTML 中使用路由的步骤基本一样。我们可以通过 npm 在工程目录下安装 vue-router，所以通常需要先创建工程，进入工程目录再执行安装命令，接着就可以使用 vue-router 了。下面我们来看具体的实例。

【例 8-9】在脚手架工程中使用路由

1）在 VSCode 中打开目录（D:\demo），然后在命令行窗口中进入该目录，执行命令 vue create myprj 来新建一个 Vue.js 3 项目。稍等片刻，项目创建完成，D:\demo 下就有一个子文件夹 myprj 了。在命令行下进入 myprj，然后执行 vue-router 的安装命令：

```
npm install vue-router@next --save
```

稍等片刻，安装完成，此时 D:\demo\myprj\node_modules\下多了一个子文件夹 vue-router。我们到该文件夹下可以发现有一个 package.json 文件，打开该文件，可以查看刚才安装的 vue-router 的版本，在文件中可以看到版本号：

```
"name": "vue-router",
"version": "4.0.12",
```

安装完毕后，我们就可以使用了。

2）通过 router-link 设置导航链接。在 App.vue 的 template 中添加如下代码：

```
<p>
    <!--使用<router-link>组件定义导航，to 属性指定链接，即 URL 路径 -->
    <router-link to="/">Go to Home</router-link> 
    <router-link to="/news">Go to News</router-link>  
    <router-link to="/about">Go to News</router-link>
```

```
</p>
```

3）通过 router-view 指定渲染的位置。在 App.vue 的 template 中添加如下代码：

```
<router-view></router-view>
```

单击<router-link>链接时，会在<router-view></router-view>所在的位置渲染模板的内容。

4）定义路由组件，我们在 src 目录下新建一个文件夹 views，然后在文件夹 views 下新建一个组件文件，文件名是 myHome.vue，并添加如下代码：

```
<template>
  <div>
    <h1>Home Page</h1>
    <h3>Welcome to our site!</h3>
  </div>
</template>

<script>
export default {};
</script>
```

再在文件夹 views 下新建一个组件文件，文件名是 myNews.vue，并添加如下代码：

```
<template>
  <div>
    <h1>News Page</h1>
    <h3>No News.</h3>
  </div>
</template>

<script>
export default {};
</script>
```

再在文件夹 views 下新建一个组件文件，文件名是 myAbout.vue，并添加如下代码：

```
<template>
<div>
    <h1>About Page</h1>
    <h3>About:our site is about vue3 tech.</h3>
  </div>
</template>

<script>
export default {};
</script>
```

3 个组件的代码都很简单，就是在页面中显示两行文本。

5）配置路由和创建路由实例。在 src 新建一个子文件夹 router，然后在 router 下新建一个文件，文件名是 index.js，并添加如下代码：

```
import { createRouter, createWebHashHistory } from 'vue-router'
import myHome from '../views/myHome.vue'    // 引用组件 myHome
import myNews from '../views/myNews.vue'    // 引用组件 myNews
import myAbout from '../views/myAbout.vue' // 引用组件 myAbout

// 配置路由，简单来说就是通过 URL 地址找到组件，一个路径对应一个组件
const routes = [
```

```
  {
    path: '/',              // URL 路径，称为根路径
    component: myHome  // 对应的组件
  },
  {
    path: '/news',     // URL 路径，称为根路径
    component: myNews    // 对应的组件
  },
  {
    path: '/about',        // URL 路径，称为根路径
    component: myAbout  // 对应的组件
  },
]
// 创建路由实例
const router = createRouter({
  history: createWebHashHistory(), // hash 模式
  routes    // 路由配置项，上面配置的 routes
})

// 默认对外提供路由，导出路由实例
export default router
```

6）调用 use 使用路由实例。在 main.js 中添加如下代码：

```
import { createApp } from 'vue'
import App from './App.vue'
import router from './router'  // 导入路由

const app=createApp(App)
app.use(router)     // 调用 use 使用路由实例
app.mount('#app')  // 挂载
//createApp(App).use(router).mount('#app')     // 上面 3 行写成一行也可以
```

7）在控制台窗口中运行命令：

```
npm run serve
```

稍等片刻，出现 http://localhost:8080/，按 Ctrl 键并单击它。在浏览器中的结果如图 8-11 所示。

图 8-11

8.7　带参数的动态路由匹配

很多时候，我们需要将给定匹配模式的路由映射到同一个组件。例如，我们有一个 User 组件，它应该对所有用户进行渲染，但用户 ID 不同。在 Vue.js 路由中，可以在路径中使用一

个动态字段来实现，我们称之为路径参数。另外，很多页面或者组件要被多次重复利用时，我们的路由都指向同一个组件，这时从不同组件进入一个"共用"的组件，并且还要传入参数，渲染不同的数据。简单来讲，动态路径就是根据路径不同，显示的内容也有所不同。比如 image 目录下有 1.jpg、2.jpg 和 3.jpg 三幅图片，那么图片路径分别为 image/1.jpg、image/2.jpg、image/3.jpg，其中变化的就是这个数字，根据这个数字的变化会展示不同的图片。

我们可以在配置路由的路径中用一个冒号（:）和 id 来表示动态值，比如：

```
path: '/myItem/:id',
component: myItemComp
```

然后在 router-link 中传入具体的值，比如：

```
  <router-link to="/myItem/100">news100</router-link>
<router-link to="/myItem/200">news200</router-link>
```

现在，/myItem/100 和/myItem/200 这样的 URL 会映射到同一个路由。路径参数用冒号（:）表示。当一个路由被匹配时，它的 params 的值将在每个组件中以 this.$route.params 的形式暴露出来，即在组件 myItemComp 中可以通过$route.params.id 收到传来的值，$route 表示当前路由对象。通过动态路由，我们可以让不同的 router-link 指向同一个组件。

【例 8-10】使用动态路径

1）复制一份上例的工程 myprj 到 D:/demo 下，然后用 VSCode 打开 myprj，在 Views 下新建一个文件，文件名是 myItem.vue，并添加如下代码：

```
<template>
    <div >
        get id: {{ $route.params.id }}
    </div>
</template>
```

这段代码很简单，通过$route.params.id 得到传进来的路径 id。这个组件对应的链接在 News 页面下显示，所以我们要在 myNews.vue 中添加链接，代码如下：

```
<template>
  <div>
    <h1>News Page</h1>
    <p>
        <!--使用<router-link>组件定义导航，to 属性指定链接，即 URL 路径 -->
      <router-link to="/myItem/100">news100</router-link><br>
      <router-link to="/myItem/200">news200</router-link><br>
      <router-link to="/myItem/300">news300</router-link>
    </p>
    <!-- 路由匹配到的组件将渲染在这里 -->
    <router-view></router-view>
  </div>
</template>

<script>
export default {};
</script>
```

2）将链接和组件联系起来。在 router 目录下的 index.js 中为 routes 添加一条路由：

```
import myItemComp from '../views/myItem.vue'
```

```
{
   path: '/myItem/:id',
   component: myItemComp
}
```

这样就把路径和组件对应起来了。

3）保存文件并在终端下运行：npm run serve，然后打开 http://localhost:8080，并单击 Go to News 链接，如图 8-12 所示。

图 8-12

我们也可以在同一个路由中设置多个路径参数，它们会映射到$route.params 上的相应字段，如表 8-1 所示。

表 8-1　带参数的动态路由匹配

匹配模式	匹配路径	$route.params
/users/:username	/users/eduardo	{ username: 'eduardo' }
/users/:username/posts/:postId	/users/eduardo/posts/123	{ username: 'eduardo', postId: '123' }

除了$route.params 之外，$route 对象还公开了其他有用的信息，如$route.query（如果 URL 中存在参数）、$route.hash 等。

8.7.1　查询参数

在传统 Web 程序中，经常会因为要查询某个对象而在 URL 中带入查询参数，比如 pen?id=1，表示查询 1 号钢笔。这个需求非常常见，因此 Vue.js 也有这项功能，在路由中支持查询参数，查询参数的使用和传统 Web 类似，只需要通过 "?id=" 来引用不同的参数，比如：

```
<router-link to="/pen?id=1">Use pen 1</router-link><br>
<router-link to="/pen?id=2">Use pen 2</router-link><br>
```

我们在组件中，通过 this.$route.query.id 可以获得 "id=" 后面的数字。

【例 8-11】使用路由查询参数

在 VSCode 中打开目录（D:\demo），新建一个文件 index.html，然后添加如下代码：

```
<!DOCTYPE html>
<html lang="en">
<head>
    <meta charset="UTF-8">
    <title>Document</title>
</head>
```

```html
<body>
    <script src="d:/vue.js"></script>
    <script src="d:/vue-router.global.js"></script>
    <div id="box">
    <p>

        <!--1.使用 router-link 组件进行导航 -->
        <router-link to="/pen?id=1">Use pen 1</router-link><br>
        <router-link to="/pen?id=2">Use pen 2</router-link><br>

        <router-link to="/pencil?id=1">Use pencil 1</router-link><br>
        <router-link to="/pencil?id=2">Use pencil 2</router-link><br>
    </p>
    <!-- 路由出口 -->
    <!-- 2.路由匹配到的组件将渲染在这里 -->
    <router-view></router-view>

    </div>
    <script>
    // 3.定义路由组件，也可以从其他文件导入
    var Pen = {
        template:`
        <div >
            use pen {{ this.$route.query.id }}
        </div>
        `,
    }
    var Pencil = {
        template:`
        <div >
            use pencil: {{ this.$route.query.id }}
        </div>
        `,
    }
    const Home = { template: '<div>Home</div>' }

    // 4.定义一些路由
    // 每个路由都需要映射到一个组件，我们后面再讨论嵌套路由
    const routes = [
    { path: '/', component: Home },
    { path: '/pen', component: Pen },
    { path: '/pencil', component: Pencil },
    ]

    // 5.创建路由实例并传递 routes 配置，用户可以在这里输入更多的配置，但这里保持简单配置
    const router = VueRouter.createRouter({
    // 内部提供了 history 模式的实现。为了简单起见，我们在这里使用 hash 模式
    history: VueRouter.createWebHashHistory(),
    routes, // `routes: routes` 的缩写
    })

    // 6.创建并挂载根实例
    const app = Vue.createApp({})
    // 7.调用 use，使用路由实例使整个应用支持路由
    app.use(router)
    app.mount('#box')
    // 现在，应用已经启动了
```

```
        </script>
</body>
</html>
```

8.7.2   捕获所有路由

常规参数只匹配 URL 片段之间的字符用"/"分隔。如果我们想匹配任意路径，可以使用自定义的路径参数正则表达式，在路径参数后面的括号中加入正则表达式，比如：

```
const routes = [
  // 将匹配所有内容并将其放在 $route.params.pathMatch 下
  { path: '/:pathMatch(.*)*', name: 'NotFound', component: NotFound },
  // 将匹配以 /user- 开头的所有内容，并将其放在 $route.params.afterUser 下
  { path: '/user-:afterUser(.*)', component: UserGeneric },
]
```

在这个特定的场景中，我们在括号之间使用了自定义正则表达式，并将 pathMatch 参数标记为可选、可重复。这样做是为了在需要的时候可以通过将 path 拆分成一个数组直接导航到路由：

```
this.$router.push({
  name: 'NotFound',
  params: { pathMatch: this.$route.path.split('/') },
})
```

8.8   路由的匹配语法

大多数应用都会使用/about 这样的静态路由和/users/:userId 这样的动态路由，但是 Vue.js 路由可以提供更多的方式。

8.8.1   在参数中自定义正则

当定义像:userId 这样的参数时，我们内部使用正则[^/]+（至少有一个字符不是斜杠"/"）来从 URL 中提取参数。这很好用，除非用户需要根据参数的内容来区分两个路由。想象一下，两个路由/:orderId 和/:productName 会匹配完全相同的 URL，所以我们需要一种方法来区分它们。最简单的方法就是在路径中添加一个静态部分来区分它们：

```
const routes = [
  // 匹配 /o/3549
  { path: '/o/:orderId' },
  // 匹配 /p/books
  { path: '/p/:productName' },
]
```

在某些情况下，我们并不想添加静态的/o、/p 部分。由于 orderId 总是一个数字，而 productName 可以是任何东西，因此我们可以在括号中为参数指定一个自定义的正则表达式：

```
const routes = [
```

```
// /:orderId -> 仅匹配数字
{ path: '/:orderId(\\d+)' },
// /:productName -> 匹配其他任何内容
{ path: '/:productName' },
]
```

　　现在转到/25 将匹配/:orderId，其他情况将会匹配/:productName。routes 数组的顺序并不重要。值得注意的是，确保转义反斜杠 "\"，就像我们对\d（变成\\d）所做的那样，在 JavaScript 中实际传递字符串中的反斜杠字符。

8.8.2　可重复的参数

　　如果用户需要匹配具有多个部分的路由，如/first/second/third，此时应该用 "*"（0 个或多个）和 "+"（1 个或多个）将参数标记为可重复的：

```
const routes = [
  // /:chapters ->  匹配 /one、/one/two、/one/two/three 等
  { path: '/:chapters+' },
  // /:chapters -> 匹配 /、/one、/one/two、/one/two/three 等
  { path: '/:chapters*' },
]
```

　　这将为我们提供一个参数数组，而不是一个字符串，并且在使用命名路由时也需要传递一个数组：

```
// 给定 { path: '/:chapters*', name: 'chapters' },
router.resolve({ name: 'chapters', params: { chapters: [] } }).href
// 产生 /
router.resolve({ name: 'chapters', params: { chapters: ['a', 'b'] } }).href
// 产生 /a/b

// 给定 { path: '/:chapters+', name: 'chapters' },
router.resolve({ name: 'chapters', params: { chapters: [] } }).href
// 抛出错误，因为 chapters 为空
```

　　还可以通过 "*" 和 "+" 添加到右边括号后，与自定义正则表达式结合使用：

```
const routes = [
  // 仅匹配数字
  // 匹配 /1、/1/2 等
  { path: '/:chapters(\\d+)+' },
  // 匹配 /、/1、/1/2 等
  { path: '/:chapters(\\d+)*' },
]
```

8.8.3　可选参数

　　可以通过使用 "?" 修饰符（0 个或 1 个）将一个参数标记为可选：

```
const routes = [
  // 匹配/users 和/users/posva
  { path: '/users/:userId?' },
```

```
// 匹配/users 和/users/42
{ path: '/users/:userId(\\d+)?' },
]
```

注　意
"*" 在技术上也标志着一个参数是可选的，但是 "?" 参数不能重复。

8.9　嵌套路由

　　嵌套路由就是在一个被路由过来的页面下可以继续使用路由，嵌套路由也就是路由中的路由。在 Vue.js 中，如果不使用嵌套路由，那么只有一个<router-view>，一旦使用，那么在一个组件中还有<router-view>，这就构成了嵌套。比如在一个页面中，在页面的上半部分有三个按钮，而下半部分是根据单击不同的按钮来显示不同的内容，我们就可以将这个组件的下半部分看成是一个嵌套路由，也就是说在这个组件的下面需要再来一个<router-view>，当单击不同的按钮时，它们的 router-link 分别所指向的组件就会被渲染到这个<router-view>中。

　　在一些应用场景中，一些应用程序的 UI 由多层嵌套的组件组成，如图 8-13 所示。

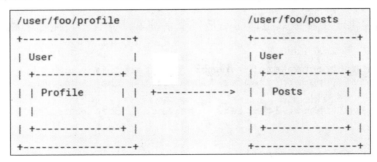

图 8-13

　　这就是实际生活中的一个很好的应用界面，通常是由多层嵌套的组件组合而成的。同样，URL 中各段动态路径也是按照某种结构对应嵌套的各层组件的。User 表示用户页，而 User 就可以看成是 Vue.js 中的一个单页面，这里的 foo 就代表了一个用户，这里的 Profile 可以理解为个人主页，而 Posts 可以理解为这个人所发表的文章，页面上方的标题通常是不变的，即无论切换到这个人发表的文章，还是切换到这个人的个人主页，我们都希望在页面上方显示同样的内容，而在切换时只更换下面的部分，这部分可以用<router-view>来编写，这就是嵌套路由。借助 vue-router，使用嵌套路由配置就可以很简单地表达这种关系。

【例 8-12】实现嵌套路由

1）在 VSCode 中打开目录（D:\demo），新建一个文件 index.html，然后添加如下代码：

```
<!DOCTYPE html>
<html lang="en">
<head>
    <meta charset="UTF-8">
    <title>Document</title>
```

```
</head>
<body>
    <script src="d:/vue.js"></script>
    <script src="d:/vue-router.global.js"></script>
    <div id="box">
    <p>

    <!--'<router-link>' 将呈现一个带有正确 'href' 属性的 '<a>' 标签-->
        -------<router-link to="/"> Home</router-link>--------
        <router-link to="/user">User Center</router-link>--------
        <hr />

    </p>
    <!-- 路由匹配到的组件将渲染在这里 -->
    <router-view></router-view>
    </div>
     <script>

    // 定义路由组件，也可以从其他文件导入
    const User = {
    template: `
        <div class="user">
        <h2>User Center</h2>

        <div class="menu">
        <ul>
        <li><router-link to="/user/profile">profile</router-link></li>
        <li><router-link to="/user/posts">UserPosts</router-link></li>
        </ul>
        </div>
        <div class="content">
        <router-view></router-view>
        </div>

        </div>
        `
    }
    var UserProfile = {
        template:`
        <div >
          my profile:...
        </div>
        `,
        }
    var UserPosts = {
        template:`
        <div >
          my posts:...
        </div>
        `,
    }
    const Home = { template: '<div>Home</div>' }

    // 定义路由，第二个路由包括嵌套路由
    routes = [
    { path: '/', component: Home },   // 第一个路由
    {   // 第二个路由
        path: '/user',
```

```
            component: User,
            children: [              // 嵌套路由开始
            {
                // UserProfile 会被渲染在 User 的<router-view> 中
                path: 'profile',
                component: UserProfile
            },
            {
                // 当 /user/:id/posts 匹配成功
                // UserPosts 会被渲染在 User 的 <router-view> 中
                path: 'posts',
                component: UserPosts
            },
            // 其他子路由
        ]//children
    }// 第二个路由结束
]

    // 创建路由实例并传递 routes 配置，用户可以在这里输入更多的配置，但这里保持简单配置
    const router = VueRouter.createRouter({
    // 内部提供了 history 模式的实现。为了简单起见，我们在这里使用 hash 模式
    history: VueRouter.createWebHashHistory(),
    routes, // `routes: routes` 的缩写
    })

    // 创建并挂载根实例
    const app = Vue.createApp({})
    // 调用 use，使用路由实例使整个应用支持路由
    app.use(router)
    app.mount('#box')
    // 现在，应用已经启动了
    </script>
</body>
</html>
```

在上述代码中，children 就是用来定义嵌套路由的。

2）保存工程并按快捷键 Ctrl+F5 运行，先单击上方的 User Center，再单击 UserPosts，结果如图 8-14 所示。

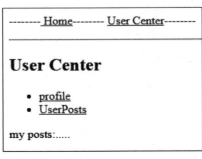

图 8-14

8.10　命名路由

有时通过一个名称来标识路由显得更方便一些，特别是在链接一个路由或者执行一些跳转的时候。用户可以在创建路由实例时，在路由配置中给某个路由设置名称，这就是命名路由。命名路由，顾名思义，就是将生成的路由 URL 通过一个名称来标识。因此，在 Vue.js 路由中，可以在创建路由实例时通过在路由配置中给某个路由设置名称，从而方便地调用路由。

使用命名路由有以下优点：

1）没有硬编码的 URL。
2）params 自动编码和解码。
3）防止在 URL 中出现打字错误。
4）绕过路径排序。

命名路由示例如下：

```
{ path: '/ballpen/:color',name:'ballpen_detail', component:Ballpen}
```

使用属性 name 来指定具体的名称。当我们使用命名路由之后，需要使用 router-link 标签进行跳转时，就可以采取给 router-link 的 to 属性传一个对象的方式，跳转到指定的路由地址，比如：

```
<router-link :to="{ name: 'ballpen_detail',params:{color:'red'}}">Use red
ballpen</router-link>
```

注意 to 前面有一个冒号，后面跟的是一个对象。name 后面就是路由的名称，params 后面是动态路由的参数。

此外，使用了命名路由，我们还可以让某个路径重定向（redirect）到该命名指定的路由中，比如：

```
{ path: '/', redirect:{name:'pencil_detail'} },
```

【例 8-13】命名路由

1）在 VSCode 中打开目录（D:\demo），新建一个文件 index.html，然后添加如下核心代码：

```
<div id="box">
<p>
    <router-link to="/">Home</router-link><br>
    <router-link to="/pencil?id=1">Use pencil</router-link><br>
    <router-link :to="{ name: 'pencil_detail'}">Use
pencil</router-link><br>
    <router-link :to="{ name: 'pen_detail',params:{id:100}}">Use
pen</router-link><br>
    <router-link :to="{ name: 'ballpen_detail',params:{color:'red'}}">Use
red ballpen</router-link><br>
    <router-link to="/ballpen/blue">Use blue ballpen</router-link><br>
    <router-link to="/brush/black/10">Use 10cm black
brush</router-link><br>
    <router-link :to="{ name:
'brush_detail',params:{color:'green',len:15}}">Use 15cm green
```

```
brush</router-link><br>
    </p>
    <router-view></router-view>
    </div>
     <script>
    const Home = { template: '<div>Home</div>' }
    var Pen = {
        template:`
        <div >
            use pen {{ this.$route.params.id }}
        </div>
        `,
    }
    var Pencil = {
        template:`
        <div >
            use pencil: {{ this.$route.query.id }}
        </div>
        `,
    }
    var Ballpen = {
        template:`
        <div >
            use ballpen: {{ this.$route.params.color}}
        </div>
        `,
    }
    var Brush = {
        template:`
        <div >
            use brush: {{ this.$route.params.color}},
{{ this.$route.params.len}}cm
            <p>{{this.$route.name}}</p>
            <p>{{this.$route.path}}</p>
        </div>
        `,
    }
    const routes = [
    { path: '/', redirect:{name:'pencil_detail'} },  // 重定向到'pencil_detail'
对应的路由
    { path: '/pencil',name:'pencil_detail', component: Pencil }, // 没有动态路
径
    { path: '/pen/:id', name:'pen_detail',component: Pen },  // 有一个动态路径
参数
    { path: '/ballpen/:color',name:'ballpen_detail', component:Ballpen}, // 有
一个动态路径参数
    { path: '/brush/:color/:len/',name:'brush_detail', component:Brush}, // 有
两个动态路径参数
    ]
    const router = VueRouter.createRouter({
    history: VueRouter.createWebHashHistory(),
    routes,
    })
```

在上述代码中，第一个路由重定向到 pencil_detail 对应的路由，后面 4 个都是命名路由，而且最后 3 个还使用了动态路径。若使用了动态路径，则 router-link 中可以让 name 和 params 配合使用。

在组件实例内部，可以通过 this. Route 访问路由器实例，this.$route 表示全局的路由器对象，每一个路由都有一个 router 对象，可以获得相应的 name、path、param、squery 等属性，其中 this.$route.name 可以得到命名路由后的名称，this.$route.path 可以得到路由的完整路径。

2）保存工程并按快捷键 Ctrl+F5 运行，单击最后一项，得到结果如图 8-15 所示。

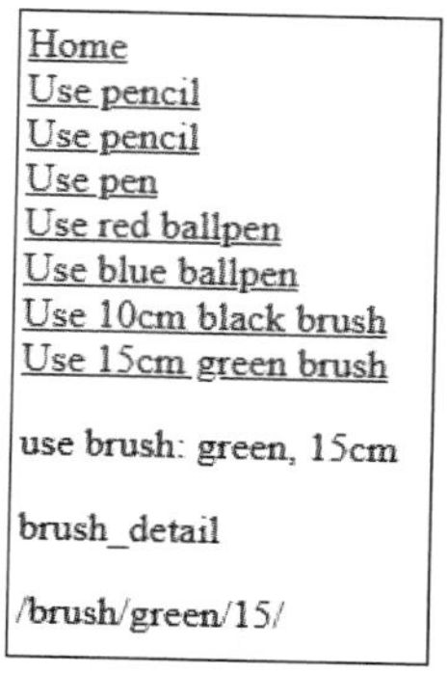

Home
Use pencil
Use pencil
Use pen
Use red ballpen
Use blue ballpen
Use 10cm black brush
Use 15cm green brush

use brush: green, 15cm

brush_detail

/brush/green/15/

图 8-15

8.11　命名视图

有时想同时（同级）展示多个视图，而不是嵌套展示，例如创建一个布局，有 sidebar（侧导航栏）和 main（主内容）两个视图，这时命名视图就派上用场了。我们可以在界面中拥有多个单独命名的视图，而不是只有一个单独的出口。如果 router-view 没有设置名字，那么就是默认视图。比如：

```
<div id="box">
   <router-view></router-view>
   <div class="content">
    <router-view name="a"></router-view>
    <router-view name="b"></router-view>
   </div>
</div>
```

第一对<router-view></router-view>就是默认视图。一个视图使用一个组件渲染，对于同一个路由多个视图就需要多个组件，而且要使用 components（注意有 s），比如：

```
const routes = [
{
    path: '/', components: {
       default: header,
       a: sidebar,
       b: mainbox
    }
}]
```

下面我们通过命名视图来构建一个经典布局，也就是头部组件、侧边组件和显示详细内容的主组件。

【例 8-14】命名视图构建经典布局

1）在 VSCode 中打开目录（D:\demo），新建一个文件 index.html，然后添加如下代码：

```html
<!DOCTYPE html>
<html lang="en">
<head>
    <style>
        .header {
         border: 1px solid red;
        }
        .content{
         display: flex;
        }
        .sidebar {
         flex: 2;
         border: 1px solid green;
         height: 500px;
        }
        .mainbox{
         flex: 8;
         border: 1px solid blue;
         height: 500px;
        }
     </style>

    <meta charset="UTF-8">
    <title>Document</title>
</head>
<body>
    <script src="d:/vue.js"></script>
    <script src="d:/vue-router.global.js"></script>
    <div id="box">
        <router-view></router-view>
        <div class="content">
          <router-view name="a"></router-view>
          <router-view name="b"></router-view>
        </div>
    </div>
    <script>
    const Home = { template: '<div>Home</div>' }
    var header = {
         template:`
         <h1 class="header">Header</h1>
         `,
       }
     var sidebar =   {
      template: '<div class="sidebar">sidebar</div>'
        }

    var mainbox  = {
        template:`
        <div class="mainbox">mainbox</div>
        `,
    }

    const routes = [
    {
        path: '/', components: {
```

```
            default: header,
            a: sidebar,
            b: mainbox
        }
    }]

    const router = VueRouter.createRouter({
    history: VueRouter.createWebHashHistory(),
    routes,
    })

    const app = Vue.createApp({})
    app.use(router)
    app.mount('#box')

    </script>
</body>
</html>
```

2）保存工程并按快捷键 Ctrl+F5 运行，结果如图 8-16 所示。

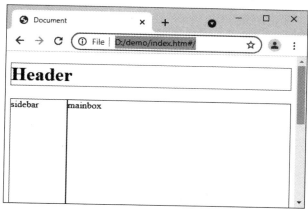

图 8-16

基于这个经典布局，以后可以向其中添加所需要的内容。

8.12　重定向

重定向可以通过 routes 配置来完成，下面的例子是从/home 重定向到/：

```
const routes = [{ path: '/home', redirect: '/' }]
```

当用户访问/home 时，URL 会被/替换，然后匹配成/。重定向的目标也可以是一个命名的路由：

```
const routes = [{ path: '/home', redirect: { name: 'homepage' } }]
```

甚至是一个方法，动态返回重定向目标：

```
const routes = [
  {
```

```
    // /search/screens -> /search?q=screens
    path: '/search/:searchText',
    redirect: to => {
      // 方法接收目标路由作为参数
      // return 重定向的字符串路径/路径对象
      return { path: '/search', query: { q: to.params.searchText } }
    },
  },
  {
    path: '/search',
    // ...
  },
]
```

在写 redirect 时，可以省略 component 配置，因为它从来没有被直接访问过，所以没有组件要渲染。唯一的例外是嵌套路由：如果一个路由记录有 children 和 redirect 属性，它也应该有 component 属性。

另外，还可以重定向到相对位置：

```
const routes = [
  {
    path: '/users/:id/posts',
    redirect: to => {
      // 方法接收目标路由作为参数
      // return 重定向的字符串路径/路径对象
    },
  },
]
```

8.13 编程式导航

除了使用<router-link>创建 a 标签来定义导航链接外，我们还可以借助 router 的方法来实现导航。通过 router 实例的方法来实现导航的方式通常称为编程式导航，因为是在 JS 程序中实现导航，而不是通过链接。在 Vue.js 中，router 实例通过 push 和 replace 两个方法来实现编程式导航。

8.13.1 push 实现编程式导航

push 方法会向 history 栈添加一个新的记录，所以，当用户单击浏览器后退按钮时，会回到之前的 URL。其实，当单击 <router-link>时，内部会调用这个方法，所以单击<router-link :to="…">相当于调用 router.push(…)。<router-link :to="…">一般称为声明式导航，router.push(…)一般称为编程式导航。

router.push 方法的参数可以是一个字符串路径，或者一个描述地址的对象。例如：

```
router.push('/users/eduardo')  // 字符串路径
router.push({path:'/pencil'})  // 路径对象
```

注意 path 后面有一个冒号。

对于动态路径参数要注意，如果提供了 path，params 会被忽略，此时可以提供命名路由或手写完整的带有参数的路径，比如：

```
// 命名的路由，并加上参数，让路由建立 URL
router.push({ name:'ballpen_detail',params:{color:'red'}})
// 我们可以手动建立 URL
router.push('/pen/'+penNo)
```

对于带查询参数的路径，可以用 query，比如：

```
router.push({path:'/pencil',query:{brand:'sky001'}})
```

由于属性 to 与 router.push 接受的对象种类相同，所以两者的规则完全相同。router.push 与所有其他导航方法都会返回一个 Promise，让我们可以等到导航完成后才知道是成功还是失败。

【例 8-15】push 实现编程式导航

1）在 VSCode 中打开目录（D:\demo），新建一个文件 index.html，然后添加如下代码：

```html
<!DOCTYPE html>
<html lang="en">
<head>
    <meta charset="UTF-8">
</head>
<body>
    <script src="d:/vue.js"></script>
    <script src="d:/vue-router.global.js"></script>
    <div id="box">
      <post-item></post-item>
    </div>

    <script src="router.js"></script>
    <script>
    const app = Vue.createApp({});
    app.component('PostItem', {
      setup() {
      const usePen = (penNo) => {  // 单击事件处理函数
         router.push('/pen/'+penNo)  // 字符串路径
    }
    const usePencil = (flag) => {
      if(flag==1) router.push({path:'/pencil'})   // 路径对象
      else if(flag==2)  router.push({path:'/pencil',query:{brand:'sky001'}})
      else router.push({ name:'pencil_detail'})  // 命名的路由
    }

    const useBallpen = (flag) => {
      if(flag==1)  router.push({ path:'/ballpen/red'})  // 完整路径
      else router.push({ name:'ballpen_detail',params:{color:'red'}}) // 带
一个动态路径参数的命名路由
    }

    const useBrush = () => {
       router.push({ name:'brush_detail',params:{color:'red',len:20}}) // 带
两个动态路径参数的命名路由
    }

     return { usePen,usePencil,useBallpen,useBrush }
```

```
    },//setup
    template: `
     <button @click="usePen(1,100)">use pen</button>
     <button @click="usePen(2,100)">use pen</button>
     <button @click="usePencil(1)">use pencil</button>
     <button @click="usePencil(2)">use pencil</button>
     <button @click="usePencil(3)">use pencil</button>
     <button @click="useBallpen(2)">use ballpen</button>
     <button @click="useBrush">use brush</button>
     <router-view></router-view>
     `
    });
    app.use(router)
    app.mount('#box')
    </script>
</body>
</html>
```

在上述代码中，我们在页面上放置了 7 个按钮，调用函数来执行 push 的不同形式。为了让一个文件中的代码不至于太长，我们将路由定义的相关代码专门放到一个独立的文件 router.js 中，router.js 的代码基本和 8.10 节的例子相同，限于篇幅，这里不再赘述。

2）保存工程并按快捷键 Ctrl+F5 运行程序，结果如图 8-17 所示。

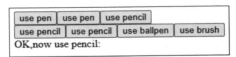

图 8-17

8.13.2　replace 实现编程式导航

replace 方法的作用类似于 router.push，唯一不同的是，它在导航时不会向 history 添加新记录，正如它的名字所暗示的那样，即它取代了当前的条目。replace 的用法和 push 类似，比如：

```
router.replace(...)
```

另外，也可以直接在传递给 router.push 的 routeLocation 中增加一个属性 replace: true，比如：

```
router.push({ path: '/home', replace: true })
// 相当于
router.replace({ path: '/home' })
```

8.13.3　横跨历史

go 方法采用一个整数作为参数，表示在历史堆栈中前进或后退多少步，类似于 window.history.go(n)。比如：

```
router.go(1)   // 向前移动一条记录，与 router.forward()相同
router.go(-1)  // 返回一条记录，与 router.back()相同
```

```
router.go(3)    // 前进 3 条记录
```

　　读者可能已经注意到，router.push、router.replace 和 router.go 是 window.history.pushState、window.history.replaceState 和 window.history.go 的翻版，它们确实模仿了 window.history 的 API。因此，如果读者已经熟悉 Browser History APIs，在使用 Vue.js 路由时，操作历史记录就会觉得很熟悉。值得一提的是，无论在创建路由器实例时传递什么样的 history 配置，Vue.js 路由的导航方法（push、replace、go）都能始终如一地工作。

8.14　不同的历史模式

　　在创建路由器实例时，history 配置允许我们在不同的历史模式中进行选择。前面的实例都采用的是 hash 模式，hash 模式是用 createWebHashHistory()创建的：

```
import { createRouter, createWebHashHistory } from 'vue-router'
const router = createRouter({
  history: createWebHashHistory(),
  routes: [
    //...
  ],
})
```

　　它在内部传递实际 URL 之前使用了一个哈希字符（#）。由于这部分 URL 从未被发送到服务器，因此它不需要在服务器层面进行任何特殊处理。不过，它在 SEO 中确实有不好的影响。如果读者担心这个问题，可以使用 HTML5 history 模式，即 HTML 历史模式。比如：

```
import { createRouter, createWebHistory } from 'vue-router'
const router = createRouter({
  history: createWebHistory(),函数 createWebHistory() 创建 HTML 5 历史模式
  routes: [
    //...
  ],
})
```

　　当使用这种历史模式时，URL 会看起来很"正常"，例如 https://example.com/user/id，没有"#"。不过，问题来了：由于我们的应用是一个单页的客户端应用，如果没有适当的服务器配置，用户在浏览器中直接访问 https://example.com/user/id，就会得到一个 404 错误。要解决这个问题，需要做的是在服务器上添加一个简单的回退路由。如果 URL 不匹配任何静态资源，它应提供与用户应用程序中 index.html 相同的页面。

8.15　导航守卫

　　导航守卫就是路由跳转过程中的一些钩子函数，路由跳转是一个大的过程，这个大的过程分为跳转前、中、后等细小的过程，在每个过程中都有一个函数，我们可以根据需要在这些函数中添加一些功能,这就是导航守卫,即导航守卫主要用来通过跳转或取消的方式守卫导航。

导航守卫分为：全局的导航守卫、单个路由独享的导航守卫、组件内的导航守卫三种。

1. 全局的导航守卫

全局的导航守卫是指路由实例上直接操作的钩子函数，它的特点是所有路由配置的组件都会触发，直白点就是触发路由就会触发这些钩子函数。钩子函数按执行顺序包括 beforeEach、beforeResolve、afterEach，分别称为全局前置守卫、全局解析守卫和全局后置守卫。

beforeEach 在路由跳转前触发，参数包括 to、from 和 next 三个，这个钩子主要用于登录验证，也就是路由还没跳转前通知，以免跳转了再通知就为时已晚。

beforeResolve 和 beforeEach 类似，也是路由跳转前触发，参数也是 to、from 和 next，和 beforeEach 的区别是在导航被确认之前，同时在所有组件内守卫和异步路由组件被解析之后，解析守卫就被调用，即在 beforeEach 和组件内 beforeRouteEnter（组件内守卫）之后、afterEach 之前调用。

afterEach 和 beforeEach 相反，它是在路由跳转完成后触发，参数包括 to 和 from，没有了 next（参数会单独介绍），它发生在 beforeEach 和 beforeResolve 之后，beforeRouteEnter 之前。全局后置守卫在分析、更改页面标题、发布页面等场合经常会用到。

2. 单个路由独享的导航守卫

单个路由独享的导航守卫是指在单个路由配置的时候也可以设置的钩子函数，其位置就是下面示例中的位置，也就是像 Foo 这样的组件都存在这样的钩子函数。

```
routes: [
  {
    path: '/foo',
    component: Foo,
    beforeEnter: (to, from, next) => {
      // ...
    }
  }
]
```

beforeEnter 和 beforeEach 完全相同，如果都设置，则紧随 beforeEach 之后执行，参数包括 to、from 和 next。

3. 组件内的导航守卫

组件内的导航守卫是指在组件内执行的钩子函数，类似于组件内的生命周期，相当于为配置路由的组件添加的生命周期钩子函数。钩子函数按执行顺序包括 beforeRouteEnter、beforeRouteUpdate、beforeRouteLeave 三个，执行位置如下：

```
<template>
  ...
</template>
export default{
  data(){
    //...
  },
  beforeRouteEnter (to, from, next) {
    // 在渲染该组件的对应路由被 confirm 前调用
    // 不能获取组件实例 this
```

```
      // 因为在守卫执行前，组件实例还没被创建
    },
    beforeRouteUpdate (to, from, next) {
      // 在当前路由改变且该组件被复用时调用
      // 举例来说，对于一个带有动态参数的路径 /foo/:id，在 /foo/1 和 /foo/2 之间跳转时，
      // 由于会渲染同样的 Foo 组件，因此组件实例会被复用。而这个钩子就会在这个情况下被调用。
      // 可以访问组件实例 this
    },
    beforeRouteLeave (to, from, next) {
      // 导航离开该组件的对应路由时调用
      // 可以访问组件实例 this
    }
}
<style>
  ...
</style>
```

beforeRouteEnter 在路由进入之前调用，参数包括 to、from 和 next。该钩子函数在全局前置守卫（beforeEach）和独享守卫（beforeEnter）之后，全局解析守卫（beforeResolve）和全局后置守卫（afterEach）之前调用，要注意的是该守卫内访问不到组件的实例，即 this 为 undefined，也就是它在 beforeCreate 生命周期前触发。在这个钩子函数中，可以通过传一个回调给 next 来访问组件实例。在导航被确认的时候执行回调，并且把组件实例作为回调方法的参数，可以在这个守卫中请求服务端获取数据，当成功获取并能进入路由时，调用 next 并在回调中通过 vm 访问组件实例进行赋值等操作（为了确保能对组件实例的完整访问，next 中函数的调用在 mounted 之后）。

beforeRouteUpdate 在当前路由改变，并且该组件被复用时调用，可以通过 this 访问实例，参数包括 to、from 和 next。对于一个带有动态参数的路径/foo/:id，在/foo/1 和/foo/2 之间跳转的时候，组件实例会被复用，该守卫会被调用。当前路由 query 变更时，该守卫会被调用。

beforeRouteLeave 在导航离开该组件的对应路由时调用，可以访问组件实例 this，参数包括 to、from、next。

下面总结一下：全局路由钩子函数：beforeEach(to,from,next)、beforeResolve(to,from,next)、afterEach(to,from)；独享路由钩子函数：beforeEnter(to,from,next)；组件内路由钩子函数：beforeRouteEnter(to,from,next)、beforeRouteUpdate(to,from,next)、beforeRouteLeave(to,from, next)。

下面看一个实例来实现登录验证，只有验证成功的用户才能查看"彩票"页面下面的信息。

【例 8-16】通过全局守卫实现登录验证

1）在 VSCode 中打开目录（D:\demo），然后在命令行窗口中进入该目录，并执行命令 vue create myprj 来新建一个 Vue.js 3 项目。稍等片刻，项目创建完成，D:\demo 下就有一个子文件夹 myprj 了。在命令行下进入 myprj，然后执行 vue-router 的安装命令：

```
npm install vue-router@next --save
```

稍等片刻，安装完成，此时 D:\demo\myprj\node_modules\下多了一个子文件夹 vue-router。我们到该文件夹下可以发现有一个 package.json 文件，打开该文件，可以查看刚才安装的

vue-router 的版本，在文件中可以看到版本号：

```
"name": "vue-router",
"version": "4.0.12",
```

安装完毕后，我们就可以使用了。

2）通过 router-link 设置导航链接。在 App.vue 的 template 中添加如下代码：

```
<p>
<router-link to="/">首页</router-link>---
<router-link :to="{ name: 'ticket'}">彩票信息</router-link>---
<router-link :to="{ name: 'login'}">登录</router-link>---
</p>
```

3）通过 router-view 指定渲染的位置。在 App.vue 的 template 中添加如下代码：

```
<router-view></router-view>
```

单击<router-link>链接时，会在<router-view></router-view>所在的位置渲染模板的内容。

4）定义路由组件。在 src 目录下的子文件夹 components 下新建一个组件文件，文件名是 myTicket.vue，并添加如下代码：

```
<template>
    <div>登录成功！<br> 彩票页面</div>
    <div>彩票号码：123888</div>
</template>

<script>
export default {
}
</script>
```

组件的代码都很简单，就是在页面中显示几行文本。

5）配置路由和创建路由实例。在 src 新建一个子文件夹 router，然后在 router 下新建一个文件，文件名是 index.js，添加如下代码：

```
import {createRouter, createWebHistory} from 'vue-router'
import Ticket from '@/components/myTicket'
import Login from '@/components/myLogin'

const router = createRouter({
  history: createWebHistory(),
  routes: [
    {
      path: '/',
      redirect: {
        name: 'ticket'
      }
    },
    {
      path: '/ticket',
      name: 'ticket',
      component: Ticket,
      meta: {
        title: '彩票'
```

```
      }
    },
    {
      path: '/login',
      name: 'login',
      component: Login,
      meta: {
        title: '登录'
      }
    }
  ]
})
// 在全局前置守卫中实现登录验证
router.beforeEach(to => {
  // 判断目标路由是否是/login，如果是，则直接返回 true
  if(to.path == '/login'){
    return true;
  }
  else{
    // 否则判断用户是否已经登录，注意这里是字符串判断
    if(sessionStorage.isAuth === "true"){
      return true;
    }
    // 如果用户访问的是受保护的资源，并且没有登录，则跳转到登录页面
    // 并将当前路由的完整路径作为查询参数传给 Login 组件，以便登录成功后返回先前的页面
    else{
      return {
        path: '/login',
        query: {redirect: to.fullPath}
      }
    }
  }
})

router.afterEach(to => {
  document.title = to.meta.title;
})

export default router
```

在上述代码中，我们在全局前置守卫中实现了登录验证，默认用户名是 Jack，口令是 888。

6）调用 use 使用路由实例。在 main.js 中添加如下代码：

```
import { createApp } from 'vue'
import App from './App.vue'

import router from './router'
createApp(App).use(router).mount('#app')
```

7）在控制台窗口中运行命令：

```
npm run serve
```

稍等片刻，出现 http://localhost:8080/，按 Ctrl 键并单击它。在浏览器中产生如图 8-18 所示的结果。

当我们输入用户名 Jack 和口令 888，再单击"登录"按钮时，则会出现彩票页面，如图

8-19 所示。

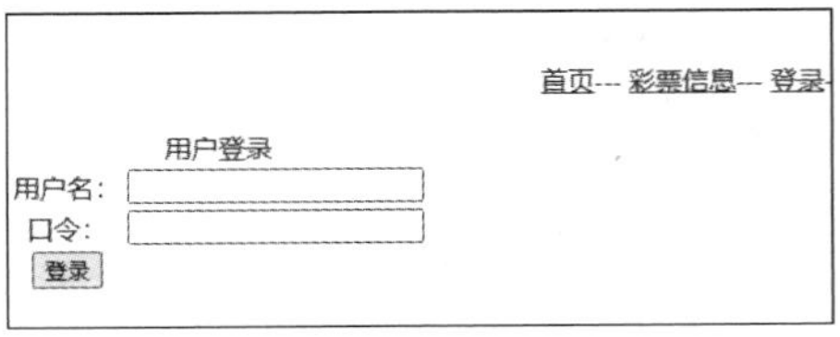

图 8-18

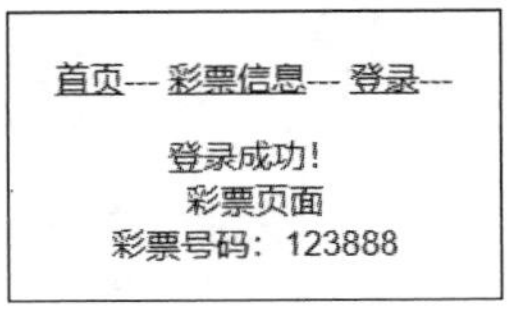

图 8-19

这就说明登录成功了。

第9章

组合式 API

前面我们学习的内容大部分是选项式 API 编程,本章将接触到 Vue.js 3 的新方式——组合式 API 编程。当然选项式编程是基础,不建议一开始就学习组合式 API 编程。

9.1　组合式 API 概述

组合式 API 这个概念是在 Vue.js 3 中引出的,要了解组合式 API,必须先知道选项式 API 的局限性:

1)代码碎片化:业务代码分散在选项中,不方便维护和管理。当组件变得越来越大时,可读性变得越来越困难,选项代码冗长、不方便查看等。这种碎片化使得理解和维护复杂组件变得困难,选项的分离掩盖了潜在的逻辑问题。此外,在处理单个逻辑关注点时,我们必须不断地"跳转"相关代码的选项块。

2)逻辑复用的问题:相同的代码逻辑很难在多个组件中进行复用。

3)TypeScript 相关问题:对 TypeScript 的支持并不友好。

尤其是一个问题,可以想一下,一个 Vue.js 组件可能涉及多个业务逻辑,比如收藏、点赞、关注等,这些我们平时编写的时候一般都是在 data 中定义一些初始化数据,在 method 中再编写一些方法,在 watch 中监听数据变化。这样业务是不是就分散到各个 option 选项中了?那么日后想修改代码或者添加某个逻辑的功能时,找代码会非常累(因为很零散)。只是文字描述或许不具体,我们假设一个 Vue.js 组件的代码有好几千行,如下所示:

```
export default {
  data() {
    return {

      // 一大堆响应式数据 rd
      a, // 处理数据 a 的函数请向下 3000 行
```

```
        b, // 处理数据 b 的函数请向下 4000 行

        c, // 处理数据 c 的函数请向下 5000 行

        d, // 处理数据 d 的函数请向下 6000 行
    };
    },
    created() {
        ...
    },
    mounted() {
        ...
    },
    // 第 3000 行
    // methods 选项中定义了一大堆处理响应式数据的函数 rf
    methods: {
        // 处理响应式数据 a 的一堆函数

        // 处理响应式数据 b 的一堆函数

        // 处理响应式数据 c 的一堆函数

        // 处理响应式数据 d 的一堆函数

    },

    // 第 7000 行
    watch: {
    ...
    },
    // 第 8000 行
    computed: {
    ...
    },
}
```

可以发现，响应式数据 rd 及其处理函数 rf 被割裂在不同段落中描述，相隔数千行，要相互对照观察非常麻烦。理想的方式是响应式数据 rd 及其处理函数 rf 连在一起描述，便于相互观察和对照。

于是 Vue.js 3 提出了组合式 API 的概念，很好地解决了上面的问题，可以使得我们的业务逻辑变得集中化、模块化，而不是分散在各个 options（data、methods、created、mounted、watch、computed）中。其实从"组合"这个词语上也可以体会到，就是把零散的东西分门别类地归整在一起。此外，还可以对集中的模块进行封装化管理，也就是业务抽离，单独建立一个文件夹新建 JS 去写导出模块，然后在需要使用的地方进行导入。这样以后用户修改业务逻辑、增加功能时，只需要在对应模块进行修改就好了。

为什么组合式 API 就可以让代码避免碎片化呢？因为组合式 API 的组合就在于它把变量、函数集中在一起，减少了分离掩盖的潜在逻辑问题。

9.2　入口函数 setup

现在我们已经知道为什么要使用组合式 API 了，那么接下来开始使用组合式 API。在 Vue.js 组件中，我们通过 setup 函数来使用组合式 API，组合式 API 特指 setup 函数。Vue.js 编译系统一看到函数名称为 setup，就知道这个函数集中了响应式数据 rd 及其处理函数 rf，会另眼相待进行专门处理。下面我们将分别从函数的调用时机、this 指向、函数参数、返回值 4 个方面来解析 setup 函数。

9.2.1　调用时机与 this 指向

setup 函数在创建组件之前被调用，所以在 setup 被执行时，组件实例并没有被创建。因此，在 setup 函数中将没有办法获取到 this。我们来看下面这个实例。

【例 9-1】setup 在创建组件之前被调用

1）打开 VSCode，在 D:\demo 下新建一个文件，文件名是 index.htm，然后输入如下代码：

```html
<!DOCTYPE html>
<html lang="en">
<head>
    <meta charset="UTF-8">
  <script src="d:/vue.js"></script>
</head>
<body>
 <div id="box"></div>

    <script>
// 配置对象
const component = {
  template:'<div>hello</div>',
  setup() {
     // 先于 created 执行, 此时组件尚未创建, this 指向 window
     console.log('----do setup----');
     console.log(this); // this 指向 window
   },
  beforeCreate() {
     console.log("----do beforeCreate ----"); // proxy 对象 -> 组件实例
     console.log(this);
   },
   created() {
     console.log("----do Created ----");
     console.log(this); // proxy 对象 -> 组件实例
   }
}
  // 1.通过 createApp 方法创建根组件，返回根组件实例
  const app = Vue.createApp(component)
  // 2.通过实例对象的 mount 方法进行挂载
  app.mount('#box')
    </script>
</body>
</html>
```

我们分别定义了 setup 函数和 created 函数。在 Vue.js 的生命周期中，钩子函数的执行次序是 beforeCreate、created、beforeMount 和 mounted 等。created 函数在实例创建完成后被立即调用，在这一步，实例已完成以下配置：数据观测、属性和方法的运算、watch/event 事件回调。然而，挂载阶段还没开始，而 setup 函数将先于 beforeCreate 函数执行。

2）按快捷键 Ctrl+F5 运行程序，控制台窗口的运行结果如下：

```
----do setup----
Window {window: Window, self: Window, document: #document, name: '', location:
Location, …}
----do beforeCreate ----
Proxy {_: <accessor>, $: <accessor>, $el: <accessor>, $data: <accessor>, $props:
<accessor>, …}
----do Created ----
Proxy {_: <accessor>, $: <accessor>, $el: <accessor>, $data: <accessor>, $props:
<accessor>, …}
```

可以看到 setup 函数先于 beforeCreate 函数执行。这也说明，setup 函数在组件创建之前就被调用了。

9.2.2　函数参数

对于 setup 函数来说，它接收两个可选的参数，分别为 props 和 context。通过 props 传递过来的所有数据，我们都可以在这里进行接收，并且获取到的数据将保持响应性。下面的实例将打印从父组件传递过来的数据。

【例 9-2】查看参数 props 的内容

1）打开 VSCode，在 D:\demo 下新建一个文件，文件名是 index.htm，然后输入如下代码：

```html
<!DOCTYPE html>
<html lang="en">
<head>
    <meta charset="UTF-8">
  <script src="d:/vue.js"></script>
</head>
<body>
 <div id="box">
  <componentb title="hi,boy"></componentb>
 </div>

    <script>
 const componentB = {
   props: {
     title: {
       type: String,
       required: true
     }
   },
   setup(props) {
    console.log(props);
    console.log(props.title);
   },
   template: `
   <div>{{title}}</div>
```

```
        }
    const root = {
        components:{
                componentb:componentB
            }
        }
    const app = Vue.createApp(root)
    app.mount('#box')
        </script>
</body>
</html>
```

在上述代码中，在根组件中局部注册了一个子组件 componentb，然后在 dom 中将字符串 "hi,boy" 传给子组件，再在子组件的 setup 函数中通过参数 props 将其打印出来。

2）按快捷键 Ctrl+F5 运行程序，控制台窗口的运行结果如下：

```
Proxy {title: 'hi,boy'}
hi,boy
```

setup 的另一个可选参数 context 是一个 JavaScript 对象，这个对象暴露了三个组件的属性，可以通过解构的方式来分别获取这三个组件的属性。比如：

```
// setup(props, context) {
setup(props, { attrs, slots, emit }) {
    // Attribute（非响式对象）非 props 数据
    console.log(attrs)
    // 插槽（非响式对象）
    console.log(slots);
    // 触发事件（方法）=== this.$emit
    console.log(emit);
    }
```

其中 attrs 是绑定到组件中的非 props 数据，并且是非响应式的；slots 是组件的插槽，同样也是非响应式的，插槽在子组件中使用，是为了将父组件中的子组件模板数据正常显示，如果<slot></slot>标签有内容，就默认显示里面的内容，父组件传了就会覆盖此默认的内容；emit 是一个方法，它将发出一个事件，在父组件中可以监听这个事件，相当于 Vue.js 2 中的 this.$emit 方法。

【例 9-3】查看参数 context

1）打开 VSCode，在 D:\demo 下新建一个文件，文件名是 index.htm，然后输入如下代码：

```
<!DOCTYPE html>
<html lang="en">
<head>
    <meta charset="UTF-8">
    <script src="d:/vue.js"></script>
</head>
<body>
<div id="box">
    <componentb title="hi,boy" desc="hi,son" @update="onUpdate">
        <h1>common slot</h1>
    </componentb>
</div>
```

```
    <script>
const componentB = {
  props: {
    title: {
      type: String,
      required: true
    }
  },
  setup(props, { attrs, slots, emit }) {
    // Attribute（非响应式对象）
    console.log(attrs.desc)
    // 插槽（非响应式对象）
    console.log(slots.default()); // [{__v_isVNode: true, __v_skip: true,
type: "h1", …}]
    // 触发事件（方法）
    emit('update', 'hi,dad')    // 发出一个事件，在父组件中监听这个事件，并打印输出
  },
  template: `
    <div>{{title}}</div>
    `
}

const root = {
  components:{
        componentb:componentB
      },
  methods: {
    onUpdate(para) {
      console.log(para); // 子组件更新的数据
    }
  }
}
  const app = Vue.createApp(root)
  app.mount('#box')
    </script>
</body>
</html>
```

emit 发出一个事件，在父组件中监听这个事件，一旦监听到，就会调用 onUpdate 函数，参数 para 保存 emit 传来的字符串 "hi,dad"，随后将其打印。注意，emit 的第一个参数 doupdate 要和@doupdate 中的 doupdate 对应。

2）按快捷键 Ctrl+F5 运行程序，控制台窗口的运行结果如下：

```
hi,son
(1) [{…}]
hi,dad
```

9.2.3 返回值

setup 函数可返回两种值：若返回一个对象，则对象中的属性、方法在模板中可以直接使用；若返回一个渲染函数，则可以自定义渲染内容，但这种方式不常用。下面的实例中返回一个对象，模板中直接使用 setup 函数的返回对象的属性和方法，若不是返回值，则不能直接使用。

【例 9-4】使用 setup 的返回对象

1）打开 VSCode，在 D:\demo 下新建一个文件，文件名是 index.htm，然后输入如下代码：

```html
<!DOCTYPE html>
<html lang="en">
<head>
    <meta charset="UTF-8">
  <script src="d:/vue.js"></script>
</head>
<body>
 <div id="box">
  <componentb title="hi,boy"> </componentb>
 </div>

    <script>
const componentB = {
    props: {
      title: {
        type: String,
        required: true
      }
    },


    setup() {
    let name = "Jack";
    let age = 18;


    function showName() {
      alert(`name:${name} \nage:${age}`)
    }

    // 返回一个对象（常用）
    return {
      name,
      age,
      showName
    }
  },
    // 在模板中直接使用 setup 函数的返回对象的属性值和方法
    template: `<div>
    {{title}}<br>
    {{name}},{{age}}
    <button @click="showName">show name and age</button>
    </div>
    `
  }

const root = {
    components:{
            componentb:componentB
        },
    methods: {
      onUpdate(para) {
        console.log(para);
      }
    }
```

```
  }
  const app = Vue.createApp(root)
  app.mount('#box')
    </script>
</body>
</html>
```

在上述代码中，我们直接在组件 componentb 的模板中使用 setup 函数的返回对象的属性值和方法。如果我们把 name 在 return 中删除，则无法直接在模板中使用，会报错。

2）按快捷键 Ctrl+F5 运行程序，结果如图 9-1 所示。

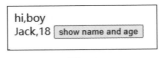

图 9-1

最后总结一下 setup 函数的所有特性：

1）setup 函数是组合式 API 的入口函数，它在组件创建之前被调用，且只会调用一次。

2）因为在 setup 执行时组件尚未创建，setup 函数中的 this 不是当前组件的实例。

3）函数接收 props 和 context 两个参数，context 可以解构为 attrs、slots、emit 函数。

4）函数可以返回一个对象，对象的属性可以直接在模板中进行使用，就像之前使用 data 和 methods 一样。

5）setup 内部的属性和方法必须通过 return 暴露出来，否则没有办法使用。

6）setup 内部不存在 this，不能挂载 this 相关的东西。

7）setup 与钩子函数并列时，setup 不能调用生命周期相关函数，但生命周期可以调用 setup 相关的属性和方法。

8）setup 内部数据不是响应式的。

9.3 响应式函数

回想一下以前 Vue.js 选项式编程中是如何创建响应式数据的，看下面的代码：

```
<template>
  <h1>{{ title }}</h1>
</template>

<script>
  export default {
    data() {
      return {
        title: "Hello, Vue!"    // 把数据放入 data 函数，就成为响应式数据
      };
    }
  };
</script>
```

在 Vue.js 选项式编程中，我们只需要把数据放入 data 函数，Vue.js 会自动使用

Object.defineProperty 把每个属性全部转为 getter/setter，并将属性记录为依赖。Vue.js 追踪这些依赖，在其被访问和修改时通知变更。Vue.js 中每个组件实例都对应一个 watcher 实例，它会在组件渲染的过程中把"接触"过的属性数据记录为依赖。之后当依赖项的 setter 触发时会通知 watcher，从而使它关联的组件重新渲染，如图 9-2 所示。

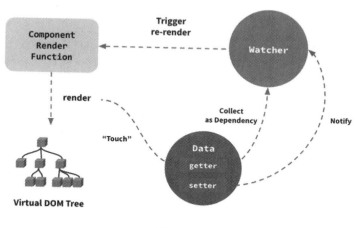

图 9-2

　　然而选项式编程的数据响应式其实是一个半完全体，它对于对象上新增的属性无能为力，对于数组则需要拦截它的原型方法来实现响应式。

　　为了解决这些问题，现在 Vue.js 3 中导入了 ref、toRefs 和 reactive 来创建响应式数据。直接看下面的组件代码：

```
<template>
  <h1>{{ title }}</h1>                    // 直接使用 title
  <h2>{{ data.author }}</h2>
  <h2>{{ age }}</h2>
</template>

<script>
  import { ref, reactive, toRefs } from "vue";

  export default {
    setup() {
      const title = ref("Hello, Vue 3!");
      const data = reactive({
        author: "sheben",
        age: "20"
      });
      const dataAsRefs = toRefs(data)
      const { age } = dataAsRefs

      setTimeout(() => {
        title.value = "New Title";   // 使用 title.value 来修改其值
      }, 5000);

      return { title, data };
    }
  };
</script>
```

其中，ref 的作用就是将一个原始数据类型转换成一个响应式数据，原始数据类型共有 7 个，分别是 String、Number、BigInt、Boolean、Symbol、Undefined、Null。当 ref 作为渲染上下文（从 setup 函数中返回的对象）上的属性返回并可以在模板中被访问时，它将自动展开为内部值，不需要在模板中追加（如以上代码中，在 template 中可以直接使用 title，在 setup 函数中使用 title.value 来修改其值）。

reactive 的作用是将一个对象转换成一个响应式对象。

toRefs 的作用是将一个响应式对象转换为一个普通对象，把其中每一个属性转换为响应式数据。为什么需要 toRefs？reactive 转换的响应式对象在销毁或展开（如解构赋值）时，响应式特征就会消失。为了在展开的同时保持其属性的响应式特征，我们可以使用 toRefs。

在 Vue.js 3 中，setup 默认返回的普通数据不是响应式的，如果希望数据是响应式的，有 4 种方式：reactive、toRef、toRefs 和 ref，它们都是响应式函数。

9.3.1 reactive 函数

reactive 是一个函数，它可以定义一个复杂数据类型，将普通数据转换为响应式数据。如果要在脚手架工程中使用 reactive 函数，可以先导入再使用，比如：

```
import { reactive } from 'vue'
    const obj = reactive({        // 数据响应式
      msg: 'hello'
    })
```

如果不是在脚手架工程，而是在一个单独的 HTML 文件中使用，则可以通过 Vue.js 来调用：

```
const obj = Vue.reactive({        // 数据响应式
        msg: 'hello'
        })
```

响应式就是数据改变后，视图也会自动更新。我们先来看一个实例，setup 函数的普通数据是无法响应的。随后我们设计一个实例，使其变为响应式。

【例 9-5】setup 普通数据无法响应

1）打开 VSCode，在 D:\demo 下新建一个文件，文件名是 index.htm，然后输入如下代码：

```
<!DOCTYPE html>
<html lang="en">
<head>
    <meta charset="UTF-8">
  <script src="d:/vue.js"></script>
</head>
<body>
 <div id="box">
  <post-item></post-item>
 </div>
    <script>
    const app = Vue.createApp({});
    app.component('PostItem', {
        setup() {
            let obj ='hello'   // 普通数据
            const hClick = () => {
```

```
obj= 'world'        // 改变数据
console.log(obj)   // 查看数据是否真的改变
}
return { obj, hClick }  // 返回数据和方法,这样模板中可以使用它们
},
template: `
<div>
{{ obj}}
<button @click="hClick">change</button>
</div>
`
});
const vm = app.mount('#box');
</script>
</body>
</html>
```

在 setup 函数中定义了普通数据 obj,然后定义了方法 hClick,用于改变数据。在模板中,我们先显示数据,然后放置一个按钮,当单击按钮时,会调用方法 hClick。由于 obj 是普通数据,不具备响应式特性,因此即使 obj 改变了,页面上也不会更新显示。

2)按快捷键 Ctrl+F5 运行程序,结果如图 9-3 所示。

图 9-3

当我们单击 change 按钮时,在 VSCode 的控制台窗口中可以看到 obj 的值已经变为 world 了,但页面上仍然没变化。下面的实例让普通数据变为响应式数据,页面上就会自动变化了。

【例 9-6】让 setup 普通数据变为响应式数据

1)打开 VSCode,在 D:\demo 下新建一个文件,文件名是 index.htm,然后输入如下代码:

```
<!DOCTYPE html>
<html lang="en">
<head>
    <meta charset="UTF-8">
  <script src="d:/vue.js"></script>
</head>
<body>
 <div id="box">
  <post-item></post-item>
 </div>
    <script>
  const app = Vue.createApp({});
  app.component('PostItem', {
    setup() {
        const obj = Vue.reactive({  // 数据响应式
        msg: 'hello'
        })
        const hClick = () => {
        obj.msg = 'world'
        console.log(obj.msg)
        }
        return { obj, hClick }
    },
```

```
    template: `
    <div>
        {{obj.msg}}
        <button @click="hClick">change</button>
    </div>
    `
    });
    const vm = app.mount('#box');
    </script>
</body>
</html>
```

这次在 setup 函数中,将普通数据 msg 通过函数 reactive 转为响应式,这样 msg 发生变化,页面上也会随之更新。

2)按快捷键 Ctrl+F5 运行程序, 然后单击 change 按钮, 此时会发现 hello 变为 world 了, 这就说明数据已经变为响应式数据了, 如图 9-4 所示。

图 9-4

9.3.2　ref 函数

ref 函数可以用于创建一个响应式数据。如果利用 ref 函数将某个对象中的属性变成响应式数据, 修改响应式数据是不会影响到原始数据的。reactive 和 ref 都是用来定义响应式数据的。reactive 更推荐去定义复杂的数据类型, 而 ref 更推荐定义基本类型, 当然 ref 也可以定义数组和对象。另外, reactive 适用于多个数据, ref 适用于单个数据。

【例 9-7】通过 ref 创建响应式数据

1)打开 VSCode, 在 D:\demo 下新建一个文件, 文件名是 index.htm, 然后输入如下代码:

```
<!DOCTYPE html>
<html lang="en">
<head>
    <meta charset="UTF-8">
    <script src="d:/vue.js"></script>
</head>
<body>
 <div id="box">
  <post-item></post-item>
 </div>
    <script>
    const app = Vue.createApp({});
    app.component('PostItem', {
        setup(){
    let obj = {name : 'Alice', age : 12};
    let newName = Vue.ref(obj.name);  // 将普通数据转换为响应式数据
    function hClick(){
      newName.value = 'Tom';  // 通过.value 去赋值
      console.log(obj);         // 在控制台窗口打印
      console.log(newName)
    }
```

```
        return {newName,obj,hClick}  // 返回数据和方法
    },
        template: `
        <div>
            {{ newName }}
            {{ obj }}
            <button @click="hClick">change</button>
        </div>
        `
    });
    const vm = app.mount('#box');
    </script>
</body>
</html>
```

在上述代码中，我们通过 Vue.ref 将普通数据 obj.name 转换为响应式数据 newName。在方法 hClick 中，对 newName 进行赋值。

2）按快捷键 Ctrl+F5 运行程序，然后单击 change 按钮，此时在页面上会发现 Alice 变为 Tom 了，这就说明数据已经变为响应式数据了，而原来的 obj 中的 name 依旧没有变化，如图 9-5 所示。

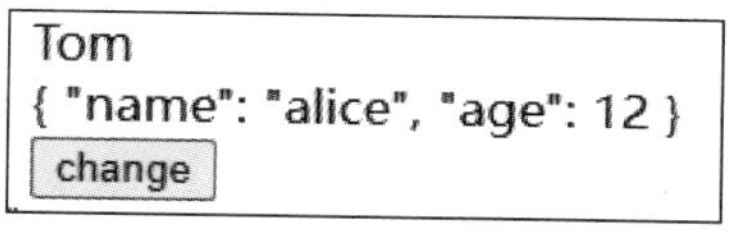

图 9-5

在上述代码中，当 change 执行时，响应式数据发生改变，而原始数据 obj 并不会改变。原因在于，ref 的本质是复制，与原始数据没有引用关系。

了解了基本用法后，下面我们再看一个有实际应用场景的实例，通过 ref 函数实现一个电子时钟，时间的获取是通过 JS 的 Date 对象来实现的，通过 Date 对象可以调用获得年、月、日、星期等函数，另外，我们还调用 JS 内置的 setInterval 函数，该函数可以间隔执行自定义函数，我们设置间隔为 1 秒，也就是每隔 1 秒执行自定义函数。在自定义函数中，获取当前系统的时间并赋值给响应式数据，从而在页面上自动更新显示。

【例 9-8】实现电子时钟

1）打开 VSCode，在 D:\demo 下新建一个文件，文件名是 index.htm，然后输入如下代码：

```
<!DOCTYPE html>
<html lang="en">
<head>
    <meta charset="UTF-8">
    <script src="d:/vue.js"></script>
</head>
<body>
 <div id="box">
  <post-item></post-item>
 </div>
    <script>
    const app = Vue.createApp({});
    app.component('PostItem', {
     setup() {
```

```
            let msg = Vue.ref('')    // 响应式数据
            const week = ['Sunday', 'Monday', 'Tuesday', 'Wednesday', 'Thursday',
'Friday', 'Saturday']
            // 自定义函数，用来获取当前系统的时间
            const timeShow = () =>{
                let myTime= new Date()   //实例化 Date
                msg.value = myTime.getFullYear() + '.'
                msg.value += toTwo(myTime.getMonth()+1) + '.'
                msg.value += toTwo(myTime.getDate()) + ' '
                msg.value += week[myTime.getDay()]
                msg.value += toTwo(myTime.getHours()) + ':'
                msg.value += toTwo(myTime.getMinutes()) + ':'
                msg.value += toTwo(myTime.getSeconds())
            }

            const toTwo = (x) => x>9?x:'0'+x
            setInterval(timeShow,1000)    // JS 内置的定时器函数，间隔 1 秒执行 timeShow
            return {msg}
        },//setup
        template: `<h2>{{ msg }}</h2>`
        });

        const vm = app.mount('#box');
        </script>
</body>
</html>
```

在上述代码中，msg 是响应式数据，timeShow 是自定义函数，用来获取当前时间，并格式化后存放到 msg 中，最后让 msg 返回，这样模板中就可以使用了。另外，JS 内置函数 setInterval 设置的是每隔 1000 毫秒（即 1 秒）执行自定义函数 timeShow，这样每隔 1 秒，msg 中的内容就发生一次变化，从而页面上也是每隔 1 秒就更新一次，从而实现电子钟的效果。

2）按快捷键 Ctrl+F5 运行程序，结果如图 9-6 所示。

2022.03.02 Wednesday15:08:39

图 9-6

9.3.3　toRef 函数

toRef 函数的作用是将响应式对象中某个字段提取出来成为单独响应式数据，修改这个单独响应式数据是会影响原始数据的。

toRef 函数可以用来复制 reactive 中的属性并转成 ref，而且它既保留了响应式，也保留了引用，也就是从 reactive 复制过来的属性进行修改后，除了视图会更新之外，原有 reactive 里面对应的值也会跟着更新，它复制的其实就是引用 + 响应式 ref。

【例 9-9】将字段变为单独响应式数据

1）打开 VSCode，在 D:\demo 下新建一个文件，文件名是 index.htm，然后输入如下代码：

```
<!DOCTYPE html>
<html lang="en">
<head>
```

```
      <meta charset="UTF-8">
    <script src="d:/vue.js"></script>
  </head>
  <body>
   <div id="box">
    <post-item></post-item>
   </div>
      <script>
      const app = Vue.createApp({});
      app.component('PostItem', {
          setup() {
          orgObj={
          msg: 'hello',
          info: 'hi'
          }
    const obj = Vue.reactive(orgObj)  // 将数据对象转换为响应式
    const newMsg = Vue.toRef(obj, 'msg')  // 将响应式对象 obj 中的字段 msg 进行单独
响应

    const hClick = () => {
     newMsg.value = 'world'
     console.log(orgObj)
     console.log(obj)  // 打印 obj 中的内容
    }
    return { newMsg ,hClick }   // newMsg 可以单独导出使用了
   },
   template: `
       <div>
       {{ newMsg}}
       <button @click="hClick">change</button>
       </div>
       `
   });
   const vm = app.mount('#box');
    </script>
  </body>
  </html>
```

在 setup 函数中，我们将普通对象 orgObj 通过 reactive 函数转为响应式对象，然后通过 toRef 函数将响应式对象中的字段 msg 转为单独的响应式数据 newMsg，这样可以单独导出（也就是 return 返回），并可以在模板中使用它。当我们单击按钮时，将调用 hClick 函数，在该函数中将修改 newMsg 的值，此时页面上将自动更新。

2）按快捷键 Ctrl+F5 运行程序，然后单击 change 按钮，此时在页面上会发现 hello 变为 world 了，如图 9-7 所示。

图 9-7

另外，从控制台窗口中可以看到：

```
{msg: 'world', info: 'hi'}
Proxy {msg: 'world', info: 'hi'}
```

第二行是 console.log(obj) 的结果，显示出 obj 中的 msg 也成为 world 了，这说明更改了 newMsg，同时也更改了原有的 obj.msg 属性。

9.3.4　toRefs 函数

toRefs 函数用来复制 reactive 中的属性并转成 ref，而且它既保留了响应式，也保留了引用，也就是从 reactive 复制过来的属性进行修改后，除了视图会更新之外，原有 reactive 中对应的值也会跟着更新，它复制的其实就是引用 + 响应式 ref。toRef 和 toRefs 的区别是：toRef 复制 reactive 中的单个属性并转成 ref，而 toRefs 复制 reactive 中的所有属性并转成 ref。

【例 9-10】toRefs 的基本使用

1）打开 VSCode，在 D:\demo 下新建一个文件，文件名是 index.htm，然后输入如下代码：

```
<!DOCTYPE html>
<html lang="en">
<head>
    <meta charset="UTF-8">
 <script src="d:/vue.js"></script>
</head>
<body>
 <div id="box">
  <post-item></post-item>
 </div>
    <script>
   const app = Vue.createApp({});
   app.component('PostItem', {
       setup() {
       orgObj={
       msg: 'hello',
       info: 'hi'
       }
     const obj = Vue.reactive(orgObj)
     let rObj = Vue.toRefs(obj)
     const hClick = () => {
       rObj.msg.value = 'world'

       console.log(orgObj)
       console.log(obj)
     }
     return { obj,rObj, hClick }
   },
    template: `
       <div>
       {{obj}} <br>
       {{ rObj}}<br>
       {{ rObj.msg}}<br>
       {{ rObj.msg.value}}<br>
       <button @click="hClick">change</button>
       </div>
       `
   });
   const vm = app.mount('#box');
    </script>
</body>
</html>
```

在上述代码中，我们通过 toRefs 函数将 reactive 中的所有属性转成响应式数据。

2）按快捷键 Ctrl+F5 运行程序，然后单击 change 按钮，此时在页面上会发现所有的 hello

都变为 world 了，如图 9-8 所示。

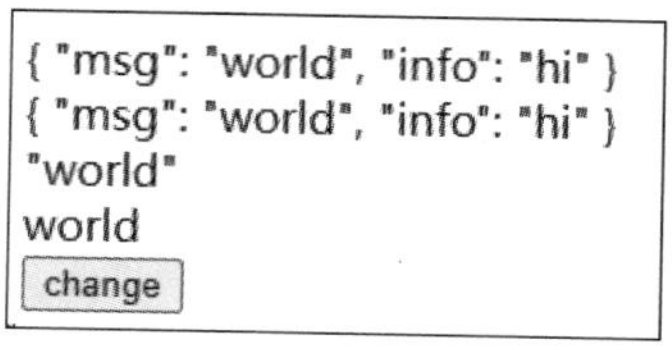

```
{ "msg": "world", "info": "hi" }
{ "msg": "world", "info": "hi" }
"world"
world
change
```

图 9-8

另外，可以发现 template 要想访问 toRefs 的值，如果不带上.value，就会出现双引号，比如图 9-8 中第三行的 world。而 template 要想访问 toRef 的值，不需要带上.value。

可能有的读者会问：这两个属性在实际应用场景中有什么作用呢？这个用处可多了，这里简单举一个封装获取鼠标移动位置的例子。

【例 9-11】获取鼠标移动位置

1）打开 VSCode，在 D:\demo 下新建一个文件，文件名是 index.htm，然后输入如下代码：

```html
<!DOCTYPE html>
<html lang="en">
<head>
    <meta charset="UTF-8">
  <script src="d:/vue.js"></script>
</head>
<body>
 <div id="box">
  <post-item></post-item>
 </div>
    <script>
  const app = Vue.createApp({});
  app.component('PostItem', {
    setup() {
  // 封装位置函数
  function usePosition(state, x, y)
  {
    const position = Vue.reactive({
      x: 0,
      y: 0
    })

    // 绑定鼠标移动事件
    const onMouseMove = (event) => {
      position.x = event.x
      position.y = event.y
    }//onMouseMove

    window.addEventListener('mousemove', onMouseMove)

    // 返回
    return Vue.toRefs(position)
  } //usePosition

  // 接受 x, y 位置
  const {x, y} = usePosition()
  return {x, y}
```

```
    },//setup
  template: `
  <h2>
  x: {{ x }}
  y: {{ y }}
</h2> `
    });
    const vm = app.mount('#box');
    </script>
</body>
</html>
```

2）按快捷键 Ctrl+F5 运行程序，然后在页面上移动鼠标，就可以看到 x 和 y 的值在不停地变化，如图 9-9 所示。

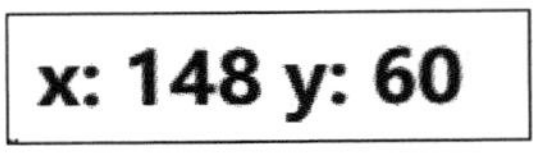

x: 148 y: 60

图 9-9

我们可以看到，实例中将提前封装好的 usePosition 函数通过 toRefs 返回一个响应式的数据，然后直接拿来用。我们还可以将它放到 JS 文件中，在需要的地方导入进来即可，无须再去重复声明。

9.4　watch 监听

虽然计算属性在大多数情况下都适用，但是有时也需要一个自定义的监听器，这就是为什么 Vue.js 通过 watch 提供了一个更通用的方法来响应数据的变化。当需要在数据变化时执行异步或开销较大的操作时，监听器方式是最有用的。值得注意的是，计算属性中不可以做异步操作，监听器可以做异步操作，相当于计算属性的升级版。监听器的原理如图 9-10 所示。

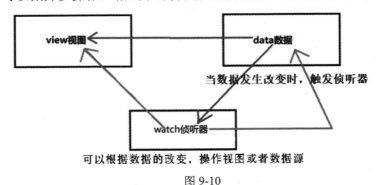

图 9-10

如果在脚手架工程的 Vue.js 文件中使用 watch，可以这样导入：

```
import { watch } from 'vue'
```

如果是在非脚手架工程中使用，则直接通过 Vue.js 来调用即可，比如 Vue.watch。

watch 可以直接在 setup 中使用，调用方式是以回调函数的方式呈现。

9.4.1　监听 ref 定义的响应式数据

当响应式数据通过 ref 函数来定义时，watch 接收两个参数，第一个参数是 ref 定义的响应式数据，第二个参数是一个箭头函数形式的回调函数。当响应式数据发生变化时，将调用这个回调函数，严格来讲，应该是响应式数据变化时，将调用 watch 函数中的回调函数，不过这样似乎有点烦琐。示例如下：

```
const count = ref ( 10 )
watch ( count , ( newValue, oldValue ) => {
      //回调函数主体部分，当响应式数据 count 发生变化时会调用
          }//回调函数结束
)//watch 函数结束
```

下面看一个基本的实例，监听 ref 定义的一个响应式数据。

【例 9-12】监听 ref 定义的一个响应式数据

1）打开 VSCode，在 D:\demo 下新建一个文件，文件名是 index.htm，然后输入如下代码：

```
<!DOCTYPE html>
<html lang="en">
<head>
    <meta charset="UTF-8">
  <script src="d:/vue.js"></script>
</head>
<body>
<div id="box">
 <post-item></post-item>
</div>
    <script>
  const app = Vue.createApp({});
  app.component('PostItem', {
    setup() {
      const num = Vue.ref(0)    //num 是响应式数据
  // watch(要监听的数据，回调函数)
  Vue.watch(num, (v1, v2) => {
    // v1 是改变以后的新值，v2 是改变前的值
    console.log(v1, v2)
    // 注意：监听普通函数可以获取修改前后的值，被监听的数据必须是响应式的
  })

  // 单击事件处理函数
    const butFn = () => {
    num.value++
  }

 return { butFn, num }
},//setup
template: `
 <p>num: {{ num }}</p>
 <button @click="butFn">plus</button>
 `
});

  const vm = app.mount('#box');
 </script>
```

```
</body>
</html>
```

在上述代码中，通过 ref 定义了一个响应式数据 num，然后在 watch 中监听 num，当 num 发生变化时，就会触发 watch 中的回调函数，我们只是把 num 的前后值进行了控制台打印，读者可以根据需要增加功能，注意这里的回调函数以箭头函数形式出现。怎么让 num 发生变化呢？我们通过单击按钮来调用 butFn，在 butFn 中进行 num 的累加，在模板中显示 num 的值。

2）按快捷键 Ctrl+F5 运行程序，然后单击两次 plus 按钮，此时页面上的结果如图 9-11 所示。

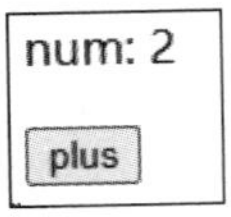

图 9-11

控制台上的输出结果如下：

```
1 0
2 1
```

【例 9-13】监听 ref 定义的多个响应式数据

1）打开 VSCode，在 D:\demo 下新建一个文件，文件名是 index.htm，然后输入如下代码：

```
<!DOCTYPE html>
<html lang="en">
<head>
    <meta charset="UTF-8">
 <script src="d:/vue.js"></script>
</head>
<body>
 <div id="box">
  <post-item></post-item>
 </div>
    <script>
    const app = Vue.createApp({});
    app.component('PostItem', {
      setup() {
        const num = Vue.ref(0)
        const num2 = Vue.ref(20)

      Vue.watch([num, num2], (v1, v2) => {
      // 存入的结果是一个数组，返回的结果也是数组格式的
      // v1 是最新结果的数组
      // v2 是旧数据的数组
      console.log('v1', v1, 'v2', v2)
      // 总结：可以得到更新前后的值，监听的结果也是数组数据顺序一致
    })

      const butFn = () => {
      num.value++
      num2.value++
    }

     return { butFn, num,num2 }
```

```
    },//setup
   template: `
    <p>num: {{ num }},num2:{{num2}}</p>
    <button @click="butFn">plus</button>
    `
   });

   const vm = app.mount('#box');
   </script>
 </body>
 </html>
```

当监听多个响应式数据时，传入 watch 的第一个参数是一个数组，结果返回的也是一个数组格式的结果。

2）按快捷键 Ctrl+F5 运行程序，然后单击两次 plus 按钮，此时页面上的结果如图 9-12 所示。

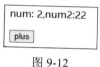

图 9-12

控制台上的输出结果如下：

```
v1 (2) [1, 21] v2 (2) [0, 20]
v1 (2) [2, 22] v2 (2) [1, 21]
```

我们将在下面的实例中实现筛选功能，就是输入某个关键字，然后从一堆字符串中筛选出包含关键字的字符串。

【例 9-14】筛选字符串

1）打开 VSCode，在 D:\demo 下新建一个文件，文件名是 index.htm，然后输入如下代码：

```
<!DOCTYPE html>
<html lang="en">
<head>
    <meta charset="UTF-8">
  <script src="d:/vue.js"></script>
</head>
<body>
 <div id="box">
  <post-item></post-item>
 </div>
   <script>
   const app = Vue.createApp({});
   app.component('PostItem', {
    setup() {
     const mytext = Vue.ref('')
     const list = Vue.ref([])
     const caschList = []
     Vue.watch(mytext, () => {
       console.log(mytext.value)
       list.value = caschList.value.filter(item =>
item.includes(mytext.value))
      })
      Vue.onMounted(() => {
      caschList.value = [
        "C++",
```

```
        "Vue.js",
        "TypeScript",
        "Java",
        "Visual C++",
        "Delphi"
      ];

    })
    return {
      mytext,
      list
    }

  },//setup
  template: `
  Input key words:
<input type="text" v-model="mytext" /><p></p>
result:
<ul>
  <li v-for="(item, index) in list" :key="index">
    {{item}}
  </li>
</ul>
  `
  });

  const vm = app.mount('#box');
    </script>
</body>
</html>
```

2）按快捷键 Ctrl+F5 运行程序，然后在编辑框中输入 C，就把包含字符 C 的字符串筛选出来了，结果如图 9-13 所示。

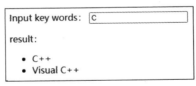

图 9-13

9.4.2 监听 reactive 定义的对象

相对于 ref 通常定义基本数据，reactive 更多的是定义较复杂的数据，比如对象。当响应式数据通过 reactive 函数来定义时，watch 也是接收两个参数，第一个参数可以是一个响应式对象或箭头函数，该箭头函数返回 reactive 定义的对象的某个字段；第二个参数是一个箭头函数形式的回调函数。当响应式数据发生变化时，将调用这个回调函数。当第一个参数是响应式对象时，即如果监听的是对象，那么监听器的回调函数的两个参数是一样的结果，表示最新的对象数据，此时可以直接读取被监听的对象，得到的值也是最新的；如果监听的是对象的某个字段，则回调函数的两个参数分别表示前后值。监听对象示例如下：

```
    const son = Vue.reactive(  //响应式数据对象
```

```
              {name:'Tom'})
    Vue.watch(son, (v1, v2) => { //v1 和 v2 都是新值
      //回调函数主体部分
    }//回调函数结束
    )//watch 函数结束
```

监听对象的某个字段的示例如下:

```
    const son = Vue.reactive( // 响应式数据对象
         {name:'Tom',
          age:12})
    Vue.watch(()=>son.name, (new, old) => { // new 是改变以后的新值, old 是改变前的值
      // 回调函数主体部分
    }// 回调函数结束
    )// watch 函数结束
```

可以看出, watch 的两个参数都是箭头函数形式。

【例 9-15】监听 reactive 定义的响应式数据

1)打开 VSCode, 在 D:\demo 下新建一个文件, 文件名是 index.htm, 然后输入如下代码:

```html
<!DOCTYPE html>
<html lang="en">
<head>
    <meta charset="UTF-8">
  <script src="d:/vue.js"></script>
</head>
<body>
 <div id="box">
  <post-item></post-item>
 </div>
   <script>
   const app = Vue.createApp({});
   app.component('PostItem', {
     setup() {
       const son = Vue.reactive({name:'Tom', age:12})
   // watch(要监听的数据,回调函数)
   Vue.watch(son, (v1, v2) => {
     console.log(v1, ',',v2)  //
   } // 箭头函数结束
   )

     const butFn = () => {
     son.name = 'Jack'
   }

   return { butFn, son }
   },//setup
   template: `
   <p>{{ son.name }}</p>
   <button @click="butFn">plus</button>
   `
   });

   const vm = app.mount('#box');
   </script>
</body>
```

```
</html>
```

在上述代码中，通过 reactive 函数定义了一个响应式对象 son，然后直接把 son 作为第一个参数传入 watch 函数中，这个时候 watch 的回调函数的两个参数的值都将是 son 更新后的值，我们通过控制台上的打印可以看到这一点。

2）按快捷键 Ctrl+F5 运行程序，然后单击 plus 按钮，此时页面上的结果如图 9-14 所示。

图 9-14

此时，控制台上的输出结果如下：

```
Proxy {name: 'Jack', age: 12} , Proxy {name: 'Jack', age: 12}
```

由此可见，输出结果都是更新后的值。

【例 9-16】监听响应式对象数据的某个属性

1）打开 VSCode，在 D:\demo 下新建一个文件，文件名是 index.htm，然后输入如下代码：

```html
<!DOCTYPE html>
<html lang="en">
<head>
    <meta charset="UTF-8">
    <script src="d:/vue.js"></script>
</head>
<body>
 <div id="box">
  <post-item></post-item>
 </div>
    <script>
    const app = Vue.createApp({});
    app.component('PostItem', {
      setup() {
        const son = Vue.reactive(
          {name:'Tom',age:12})
    // watch（要监听的数据,回调函数）
    Vue.watch(()=>son.name, (v1, v2) => {
      // v1 是改变以后的新值，v2 是改变前的值
      console.log(v1, v2)
    } // 箭头函数结束
    ) // watch

    // 单击事件处理函数
      const butFn = () => {
      son.name = 'Jack'
    }

     return { butFn, son }
    },//setup
    template: `
     <p> {{ son.name }}</p>
     <button @click="butFn">plus</button>
```

```
    });

    const vm = app.mount('#box');
    </script>
</body>
</html>
```

在上述代码中，通过函数 reactive 定义了响应式对象 son，然后我们监听 son 中的 name 属性，并以箭头函数的形式传入 watch 的第一个参数。在 watch 的回调函数中，只是简单地打印了 name 变化前后的值。

2）按快捷键 Ctrl+F5 运行程序，然后单击 change 按钮，上方的文字就变成了 Jack，结果如图 9-15 所示。

图 9-15

9.5　案例：团购购物车

我们运用本章学习的知识综合起来实现一个简单的团购购物车，购物车的功能主要是添加商品数量、减少商品数量和去除某种商品。这里商品定为图书。为了简单起见，图书数据就用一个数组来定义，每个数组元素是一个对象，包含 4 个字段，比如：

```
id: 1,
name: "Linux C 与 C++ 一线开发实践",
price: 129,
count: 100,
```

其中 name 是书名，price 是书价，count 是数量。添加数量就是对 count 加 1，减少数量就是对 count 减 1。删除图书就是把数组中对应 id 的元素删除。

【例 9-17】实现团购购物车

1）打开 VSCode，在 D:\demo 下新建一个文件，文件名是 index.htm，然后输入如下代码：

```
<!DOCTYPE html>
<html lang="en">
<head>
    <meta charset="UTF-8">
    <script src="d:/vue.js"></script>
</head>
<body>
 <div id="box">
  <post-item></post-item>
 </div>
    <script>
    const app = Vue.createApp({});
    app.component('PostItem', {
      setup() {
        const state = Vue.reactive({
```

```
      books: [         // 定义图书对象数组
        {
          id: 1,
          name: "Linux C 与 C++ 一线开发实践",
          price: 129,
          count: 100,
        },
        {
          id: 2,
          name: "Visual C++ 2017 从入门到精通",
          price: 149,
          count: 500,
        },
        {
          id: 3,
          name: "Windows C/C++加密解密实战",
          price: 130,
          count: 600,
        },
      ],
    });
    function dec(i){   // 指定图书数量减 1
      state.books[i].count--;
    };
    function inc(i){   // 指定图书数量加 1
      state.books[i].count++;
    };
    function remove(i){   // 删除某种图书
      state.books.splice(i, 1); // 删除 index 指定的图书对象
      for (let j = 0; j < state.books.length; j++) {
        state.books[j].id = j + 1;    // 重新排序计算所含数据的 id 值
      }
    };

    const pr = Vue.computed(() => {   //计算总价
      let totalPrice = 0; // 初始化总价为 0
      for (let i = 0; i < state.books.length; i++) {
        // 把数组中的每个元素的价格*数量，再相加到 totalPrice
        totalPrice += state.books[i].price * state.books[i].count;
      }
      return totalPrice; // 得到总价
    });
    return {
      ...Vue.toRefs(state),
      pr,
      dec,
      inc,
      remove,
    };

  },//setup
  template: `
<div id="app">
<div v-if="books.length">
</div>
<h2 v-else>
  购物车为空
```

```
      </h2>
      <table border="1" align="center" width="500">
        <caption>
            <h2>团购购物车</h2>
        </caption>
        <thead>
          <tr>
            <th></th>
            <th>书名</th>
            <th>价格(元)</th>
            <th>数量</th>
            <th>操作</th>
          </tr>
        </thead>
        <tbody>
          <tr v-for="(item, index) in books" :key="index" align="center">
            <td>{{ item.id }}</td>
            <td>{{ item.name }}</td>
            <td>{{ item.price}}</td>
            <td>
              <button @click="dec(index)" v-bind:disabled="item.count <= 0">
                -
              </button>
              {{ item.count }}
              <button @click="inc(index)">+</button>
            </td>
            <td>
              <button @click="remove(index)">移除</button>
            </td>
          </tr>
          <tr align="center">
            <td colspan="2">合计</td>
            <td colspan="3">{{ pr}}</td>
          </tr>
        </tbody>
      </table>
    </div>
    `
    });

    const vm = app.mount('#box');
    </script>
</body>
</html>
```

2）按快捷键 Ctrl+F5 运行程序，结果如图 9-16 所示。

团购购物车

	书名	价格(元)	数量	操作
1	Linux C与C++ 一线开发实践	129	- 100 +	移除
2	Visual C++ 2017从入门到精通	149	- 500 +	移除
3	Windows C/C++加密解密实战	130	- 600 +	移除
	合计		165400	

图 9-16

第10章

使用 UI 框架 Element Plus

Element Plus 是由 "饿了么" 公司的前端团队开源出品的一套为开发者、设计师和产品经理准备的基于 Vue.js 3.0 的 UI（用户界面）组件库，提供了配套设计资源，帮助用户的网站快速成型。本章将介绍如何使用 UI 框架 Element Plus。

10.1 概　　述

Element Plus 使用 TypeScript + Composition API 进行了重构，主要特点如下：

1）使用 TypeScript 开发，提供完整的类型定义文件。

2）使用 Vue.js 3.0 Composition API 降低耦合度，简化逻辑。

3）使用 Vue.js 3.0 Teleport 新特性重构挂载类组件。

4）使用 Lerna 维护和管理项目。

5）使用更轻量、更通用的时间日期解决方案 Day.js。

6）升级适配 popper.js、async-validator 等核心依赖。

7）完善 52 种国际化语言的支持。

8）一致性。与现实生活的流程、逻辑保持一致，遵循用户习惯的语言和概念；在界面中一致，所有的元素和结构需保持一致，比如设计样式、图标和文本、元素的位置等。

9）反馈佳。控制反馈：通过界面样式和交互特效让用户可以清晰地感知自己的操作；页面反馈：操作后，通过页面元素的变化清晰地展现当前状态。

10）效率高。简化流程：设计简洁直观的操作流程；清晰明确：语言表达清晰且表意明确，让用户快速理解进而做出决策；帮助用户识别：界面简单直白，让用户快速识别而非回忆，减少用户记忆负担。

11）可控性好。用户决策：根据场景可给予用户操作建议或安全提示，但不能代替用户进行决策；结果可控：用户可以自由地进行操作，包括撤销、回退和终止当前操作等。

10.2　使用 Element Plus 的基本步骤

使用 Element Plus 的基本步骤如下：

1）通过 CDN 方式导入其 CSS（用户美化控件外观），或者一次性下载并安装 Element Plus 组件库，以后就可以离线使用了。

2）在 JavaScript 代码中，通过应用实例调用 use 函数注册组件库 Element Plus。

3）在 HTML 代码中通过标签使用不同的组件，比如按钮。

值得注意的是，由于 Vue.js 3 不再支持 IE 11，故而 Element Plus 也不支持 IE 11 及之前的版本，但 Firefox 和 Chrome 浏览器的最新版都是支持的。

10.2.1　CDN 方式使用 Element Plus

如果不想安装 Element Plus 插件，我们通过浏览器直接导入 Element Plus 就可以使用了，即通过 CDN 的方式全量导入 Element Plus。根据不同的 CDN 提供商有不同的导入方式，这里以 unpkg 为例，读者也可以使用其他的 CDN 供应商，比如 jsDelivr。这种方式需要保持网络在线，如果网速慢，就比较困难，需要有耐心。除了导入 Element Plus 之外，还需要导入对应的 CSS，否则显示的按钮比较丑陋。导入的代码如下：

```
<!-- import CSS -->
<link rel="stylesheet"
href="https://unpkg.com/element-plus/dist/index.css" rel="external nofollow"
target="_blank" >
<!-- import element-plus -->
<script src="https://unpkg.com/element-plus" rel="external
nofollow" ></script>
```

下面我们来看一个简单的实例，在页面上显示一个按钮，单击按钮会跳出一个信息框。

【例 10-1】第一个 Element Plus 程序

1）在 VSCode 中打开目录（D:\demo），新建一个文件 index.htm，然后添加代码，代码如下：

```
<html>
  <head>
    <meta charset="UTF-8" />
    <script src="d:/vue.js"></script>
    <!-- import CSS -->
    <link rel="stylesheet"
href="https://unpkg.com/element-plus/dist/index.css" rel="external nofollow"
target="_blank" >
```

```
    <!-- import element-plus -->
    <script src="https://unpkg.com/element-plus" rel="external
nofollow" ></script>
    <title>Element Plus demo</title>
  </head>
  <body>
    <div id="app">
        <el-button @click="onLogin">{{message}}</el-button>
    </div>
    <script>
      const App = {
        data() {
          return {
            message: "Hello Element Plus",  // 用作按钮的名称
          };
        },
        methods: {
            onLogin() {
            alert("login ok");  // 显示信息框
        },
      },
        };
        const app = Vue.createApp(App);
        app.use(ElementPlus);
        app.mount("#app");
    </script>
  </body>
</html>
```

我们看到 Element Plus 中的按钮需要用 el-button 标签来引用，并关联到按钮单击事件函数 onLogin，在这个函数中会出现一个消息框。按钮的名称由 message 定义。随后 createApp 函数创建一个 Vue.js 应用（上下文）实例，然后通过 use 函数来注册组件库 Element Plus。

2）按快捷键 Ctrl+F5 运行程序，此时在网页上可以看到一个漂亮的按钮，如图 10-1 所示。

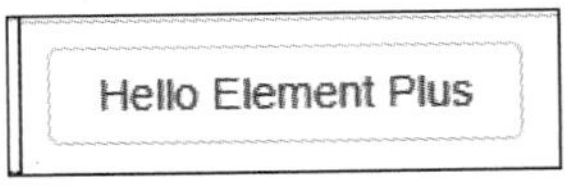

图 10-1

如果单击按钮，则会出现一个信息框。

10.2.2　离线方式使用 Element Plus

离线方式肯定首先需要安装 Element Plus。我们推荐使用包管理器的方式安装，它能更好地与 Vite、网络包打包工具配合使用。如果要直接安装在当前目录，则使用：

```
npm install element-plus --save
```

如果网络环境不佳，则推荐使用 cnpm 或阿里巴巴镜像。如果要安装在 npm 预先设置好的目录（这里用的目录依旧是 D:\mynpmsoft，设置命令是 npm config set prefix="D:\mynpmsoft"）下，则可以使用全局安装方式：

```
npm install element-plus -g
```

安装后，D:\mynpmsoft 下就有一个名为 element-plus 的文件夹了。现在我们就可以在本地导入 element-plus 了。

【例 10-2】本地导入 element-plus

1）在 VSCode 中打开目录（D:\demo），复制上例的 index.htm 到该目录，然后修改两行导入 element-plus 的代码，代码如下：

```
<!-- import CSS -->
<link rel="stylesheet"
href="D:/mynpmsoft/node_modules/element-plus/dist/index.css">
<!-- import element-plus -->
<script
src="D:/mynpmsoft/node_modules/element-plus/dist/index.full.js"></script>
```

其他代码保持不变。

2）按快捷键 Ctrl+F5 运行程序，此时在网页上可以看到有一个漂亮的按钮了，如图 10-2 所示。

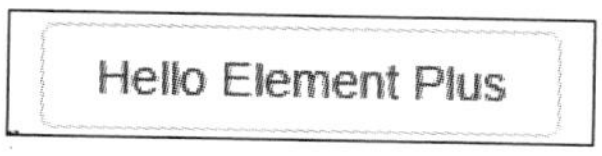

Hello Element Plus

图 10-2

因为是在本地导入，所以加载速度非常快。至此，我们基本了解了 element-plus 的开发步骤。下面开始学习各个 UI 组件。

10.3　按钮的使用

基本的 UI 组件应该算是按钮了。element-plus 提供了不少好看的按钮，如图 10-3 所示。

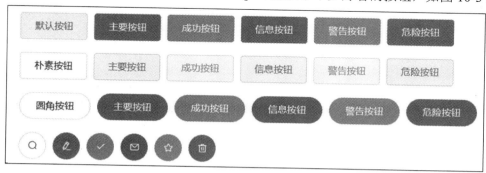

图 10-3

不同风格的按钮都是通过属性来设置的，常见属性如图 10-4 所示。

Attributes				
参数	说明	类型	可选值	默认值
size	尺寸	string	medium / small / mini	—
type	类型	string	primary / success / warning / danger / info / text	—
plain	是否朴素按钮	boolean	—	false
round	是否圆角按钮	boolean	—	false
circle	是否圆形按钮	boolean	—	false
loading	是否加载中状态	boolean	—	false
disabled	是否禁用状态	boolean	—	false
icon	图标类名	string	—	—
autofocus	是否默认聚焦	boolean	—	false
native-type	原生 type 属性	string	button / submit / reset	button

图 10-4

1. 按钮分类

type 表示按钮分类，el-button 按钮基本是靠颜色区分的。另外还有一种文本按钮 type="text"，由于比较小，比较适合用于表格每行的操作栏部分。比如：

```
<el-button>默认</el-button>
<el-button type="primary">primary</el-button>
<el-button type="success">success</el-button>
<el-button type="info">info</el-button>
<el-button type="warning">warning</el-button>
<el-button type="danger">danger</el-button>
<el-button type="text">text</el-button>
```

2. 按钮样式

Element 提供了朴素按钮、圆角按钮、圆形按钮，需要注意的是圆形按钮一般只放一个图标进去，示例代码如下：

```
<el-button type="primary" plain>朴素按钮</el-button>
<el-button type="primary" round>圆角按钮</el-button>
<el-button type="primary" circle icon="el-icon-search"></el-button>
```

3. 按钮状态

按钮状态其实就是 HTML 标准的功能，通过 disabled 实现禁用即可。比如：

```
<el-button type="primary">正常</el-button>
<el-button type="primary" disabled>禁用</el-button>
```

4. 按钮分组

按钮分组很好用，像常见的分页按钮，分成一组的话更加好看，通过<el-button-group>将按钮包裹起来即可实现。比如：

```
<el-button-group>
 <el-button type="primary" icon="el-icon-arrow-left">上一页</el-button>
 <el-button type="primary">下一页<i class="el-icon-arrow-right
el-icon--right"></i></el-button>
</el-button-group>
```

5. 按钮尺寸

Element 提供了默认、中、小、很小 4 种尺寸，示例代码如下：

```
<el-button>默认</el-button>
<el-button type="primary" size="medium ">medium</el-button>
<el-button type="primary" size="small">small</el-button>
<el-button type="primary" size="mini">mini</el-button>
```

6. 按钮图标

带图标的按钮可以增加辨识度和美观度，也可以节省显示空间。有了图标，文字就不一定需要了，有些图标一看就知道含义。按钮图标如图 10-5 所示。

图 10-5

前面三个图标的含义分别是编辑、分享和删除。加图标就设置 icon 属性的值。

el-button 提供的功能已经比较完善了，拿来使用即可。注意不推荐自己定义 style 来修改默认样式，那样做容易导致外观不统一。

【例 10-3】使用 el-button

1）在 VSCode 中打开目录（D:\demo），复制上例的 index.htm 到该目录，然后在 div 中添加如下代码：

```
<div id="box">
  <el-row>
    <el-button>默认按钮</el-button>
    <el-button type="primary">主要按钮</el-button>
    <el-button type="success">成功按钮</el-button>
    <el-button type="info">信息按钮</el-button>
    <el-button type="warning">警告按钮</el-button>
    <el-button type="danger">危险按钮</el-button>
  </el-row><br>

  <el-row>
    <el-button plain>朴素按钮</el-button>
    <el-button type="primary" plain>主要按钮</el-button>
    <el-button type="success" plain>成功按钮</el-button>
    <el-button type="info" plain>信息按钮</el-button>
    <el-button type="warning" plain>警告按钮</el-button>
    <el-button type="danger" plain>危险按钮</el-button>
  </el-row><br>
```

```
<el-row>
  <el-button round>圆角按钮</el-button>
  <el-button type="primary" round>主要按钮</el-button>
  <el-button type="success" round>成功按钮</el-button>
  <el-button type="info" round>信息按钮</el-button>
  <el-button type="warning" round>警告按钮</el-button>
  <el-button type="danger" round>危险按钮</el-button>
</el-row><br>

  <el-button @click="onLogin">{{message}}</el-button>
</div>
```

其他代码保持不变。限于篇幅，我们只对最后一个按钮添加了 click 事件处理。其他按钮如果要添加事件处理，可以参考最后一个按钮进行。

2）按快捷键 Ctrl+F5 运行程序，结果如图 10-6 所示。

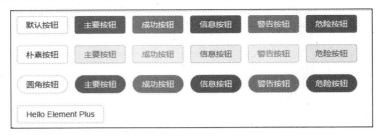

图 10-6

10.4　网址链接

网址链接也称文本超链接。我们对一个文本字符串单击，就会跳到其他网页上。Element Plus 提供了不同颜色的网址链接，用于区分不同的危险程度或不同链接类型，如图 10-7 所示。

MIT , Primary link , Successful link , Warning link , Dangerous link ,

图 10-7

例如，警告链接是橙色的，危险链接是红色的。此外，链接还可以添加其他属性，比如是否禁用、是否有下画线等，具体可见表 10-1。

表 10-1　其他属性

参数	说明	类型	可选值	默认值
Type	类型	string	primary / success / warning / danger / info	default
Underline	是否有下画线	boolean	—	true
Disabled	是否禁用状态	boolean	—	false
Href	原生 href 属性	string	—	-
Icon	图标类名	string	—	-

处于禁用状态的链接，鼠标移上去的时候，如图 10-8 所示。

图 10-8

【例 10-4】使用网址链接

1）在 VSCode 中打开目录（D:\demo），新建一个名为 index.htm 的文件，然后输入如下核心代码：

```
<div id="box">
    <el-link href="https://web.mit.edu/" rel="external nofollow"
target="_blank" target="_blank">MIT</el-link> ,
    <el-link href="https://web.mit.edu/" type="primary" disabled>Primary
link</el-link> ,
    <el-link href="https://web.mit.edu/" type="success"
underline=false>Successful link</el-link> ,
    <el-link href="https://web.mit.edu/" type="warning">Warning
link</el-link> ,
    <el-link type="danger">Dangerous link</el-link> ,
    <el-link type="info">Information link</el-link>
</div>
<script>
    const app = Vue.createApp({});
    app.use(ElementPlus);
    app.mount("#box");
</script>
```

上述代码逻辑很简单，就是标签<el-link>的使用，在这个标签中，可以通过 href 设置网址链接（URL），并设置一些属性，比如禁用 disabled 属性等。另外，type 不同，网址文本的颜色也不同。

2）按快捷键 Ctrl+F5 运行程序，结果如图 10-9 所示。

MIT , Primary link , Successful link , Warning link , Dangerous link , Information link

图 10-9

10.5　单选按钮

单选按钮（Radio）用于在一组备选项中进行单选，比如选择性别。要使用复选框，只需要设置 v-model 绑定变量，选中意味着变量的值为相应 Radio label 属性的值，label 可以是 string、number 或 boolean，当使用 number 或 boolean 时，label 前要有个冒号。也就是说，当 v-model 绑定变量的值等于某个 radio 的 label 属性值时，表示该 label 被选中，当用户选中其他 radio 时，v-model 绑定的变量值就是所选 radio 的 label 值。

10.5.1　基础用法

下面介绍单选按钮的常用属性。

（1）label

label 用于存放 radio 的值，当 v-model 绑定的变量的值和 label 值相等时，该 radio 被选中。label 的值可以是 string、number、boolean 三种类型。比如：

```
<el-radio v-model="radio1" label="Mon">Monday</el-radio>
<el-radio v-model="radio1" :label=5>Tuesday</el-radio>
```

注　意
如果将数字或 boolean 值（true 或 false）赋给 label，则 label 前要有个冒号。

（2）disabled

disabled 用于表示单选按钮是否禁用，当处于禁用状态时，则用户无法对其选中或不选中。如果仅仅想禁用，则直接使用 disabled 即可，比如：

```
<el-radio disabled v-model="radio3" label="dis1">op1</el-radio>
<el-radio :disabled=true v-model="radio3" label="dis2">op2</el-radio>
<el-radio :disabled="bDis" v-model="radio3"
label="dis3">op3</el-radio>
```

三个选择框都绑定到变量 radio3。第一行仅仅有 disabled，说明这个单选按钮是不可用的。第二行 disabled 被赋值为 true，说明也是不可用的，注意 disabled 前有个冒号。第三行中 bDis 是一个 data 属性，可以通过对其设置不同的 boolean 值而动态控制单选按钮的可用性。

其他还有 border、size，其中 border 属性的类型是 boolean，用来控制是否显示边框，size 用来设置单选按钮的尺寸，可选值有 medium、small、mini。

以上介绍的这些属性都用于展现不同的外观，此外还需要知道用户何时单击选中了某个单选按钮，此时就要用到单选按钮的 change 事件。要注意的是，如果不是用户单击而让单选按钮绑定值发生变化，则不会触发该事件，稍后可以在按钮中用代码改变绑定值，看是否触发 change 事件。在该事件处理函数中，可以得到当前所选按钮的 label 值，从而可以根据用户选择做出下一步的业务逻辑。比如：

```
<el-radio v-model="radio4" label="r4" border @change="mych">op4</el-radio>
```

mych 是在 methods 中定义的函数，但用户选中该单选按钮会调用该函数。change 的事件处理函数 mych 可以接收到一个参数，参数值就是当前所选中的单选按钮的 label 值。

【例 10-5】单选按钮的基本使用

1）在 VSCode 中打开目录（D:\demo），新建一个名为 index.htm 的文件，然后输入如下核心代码：

```
<div id="box">
  Today is:
  <div>
    <el-radio v-model="radio1" label="Mon">Monday</el-radio>
    <el-radio v-model="radio1" :label=5>Tuesday</el-radio>
  </div>
  <div>
    <el-radio v-model="radio2" label="Won">Wednesday</el-radio>
    <el-radio v-model="radio2" label="Thu">Thursday</el-radio>
  </div>
```

```
        <el-radio disabled v-model="radio3" label="dis1">op1</el-radio>
        <el-radio :disabled=true v-model="radio3" label="dis2">op2</el-radio>
        <el-radio :disabled="bDis" v-model="radio3" label="dis3">op3</el-radio>

        <el-radio v-model="radio4" label="r4" border
@change="mych">op4</el-radio>
        <el-radio v-model="radio4" label="r5" border
@change="mych">op5</el-radio>

    <el-button  @click="onbtn">change radio</el-button>
  </div>
  <script>
    const app = Vue.createApp({
        data() {
        return {
        radio1: "mm",     // radio1 初始值为字符串 "mm"
        radio2:'Won',     // radio2 初始值为字符串 "Won"
        radio3:'dis2',    // radio3 初始值为 "dis2"
        bDis:true,        // 初始值为 true，说明不可用；如果设置为 false，则可用
        radio4:"r4"
        }
      },
      methods:{
       mych(val)    // 单选按钮的 change 事件的处理函数
       {
        alert(val);
       },
       onbtn() {      // 单击按钮触发的事件处理函数
         if(this.radio4=="r4")
                 this.radio4 = "r5";  // 代码设置 radio4 的绑定值为字符串 "r5"
          else
           this.radio4 = "r4";    // 代码设置 radio4 的绑定值为字符串 "r4"
      },
      }
    });
    app.use(ElementPlus);
    rc = app.mount("#box");
  </script>
```

　　在上述代码中，第 1 个和第 2 个单选按钮的标题分别是 Monday 和 Tuesday，这两个单选按钮都绑定到变量 radio1，radio1 的初始值为字符串 "mm"，所以这两个单选按钮中，处于选择状态的那个 radio 是 label 为 "mm" 的那个 radio，当用户选择第 2 个单选按钮时，则 radio1 的值为 5，因为第 2 个单选按钮的 label 为 5。第 3 个和第 4 个单选按钮的标题分别是 Wednesday 和 Thursday，这两个单选按钮都绑定到变量 radio2，radio2 的初始值是字符串 "Won"，因此 label 为 "Won"（标题是 Wednesday）的单选按钮处于选中状态，如果用户单击了标题为 "Thursday" 的单选按钮，则 radio2 的值为 "Thu"。第 5 个、第 6 个、第 7 个单选按钮用于演示禁用状态，这三个单选按钮都绑定到变量 radio3。第一行仅仅有 disabled，说明这个选择框是不可用的；第二行 disabled 被赋值为 true，说明也是不可用的，注意 disabled 前有个冒号；第三行中 bDis 是一个 data 属性，其初始值为 true，说明不可用；如果设置为 false，则可用。最后两个单选按钮带有边框，主要演示 change 事件，通过 "@change=" 可以设置事件对应的处理函数，这里的处理函数是 mych，但用户单击其中之一的单选按钮并使得其状态由未选中变为选中时，则会触发该事件的处理函数，注意触发有两个条件，一是用户单击，二是状态由

未选中变为选中，如果仅仅是改变绑定变量的值，则是不会触发事件的。为此，我们设计了一个按钮，在按钮事件处理函数中，通过代码改变变量 radio4 的值，可以看到，按钮选择发生改变了，但是 change 事件没有发生。

2）按快捷键 Ctrl+F5 运行程序，结果如图 10-10 所示。

图 10-10

10.5.2 单选按钮组

单选按钮组适用于在多个互斥的选项中选择的场景。结合 el-radio-group 元素和子元素 el-radio 可以实现单选组，在 el-radio-group 中绑定 v-model，在 el-radio 中设置好 label 即可，无须再给每一个 el-radio 绑定变量。另外，还提供了 change 事件来响应变化，它会传入一个参数，参数值就是该单选按钮的 label 值。

【例 10-6】单选按钮组的使用

1）在 VSCode 中打开目录（D:\demo），新建一个名为 index.htm 的文件，然后输入如下核心代码：

```
<div id="box">
  Today is:
  <el-radio-group v-model="radio"  @change="mysel">
    <el-radio :label=1>Monday</el-radio>
    <el-radio :label=2>Tuesday</el-radio>
    <el-radio :label=3>Wednesday</el-radio>
  </el-radio-group>
</div>
<script>
  const app = Vue.createApp({
      data() {
    return {
      radio:2
    }
  },
  methods:{
    mysel(val)
    {
      alert(val);
    }
  }
});
  app.use(ElementPlus);
  rc = app.mount("#box");
</script>
```

我们通过 el-radio-group 定义了单选按钮组，其中 3 个单选按钮都绑定到变量 radio，radio

的值就是当前处于选中状态的单选按钮的 label 值。当单击 3 个单选按钮中的任意一个时，如果其状态由未选中变为选中，则会执行 mysel 函数，该函数的参数 val 就是当前所选按钮的 label 值。

2）按快捷键 Ctrl+F5 运行程序，结果如图 10-11 所示。

图 10-11

变量 radio 的初始值是 2，所以刚开始是 Tuesday 的单选按钮处于选中状态。

10.5.3　按钮样式

如果不喜欢单选按钮的默认样式，还可以换换口味。只需要把 el-radio 元素换成 el-radio-button 元素即可。另外，当我们不显式地在标签之间设置单选按钮的标题时，单选按钮的标题将采用 label 的值。

【例 10-7】单选按钮的其他样式

1）在 VSCode 中打开目录（D:\demo），新建一个名为 index.htm 的文件，然后输入如下核心代码：

```
<div id="box">
  Today is:
  <el-radio-group v-model="radio2">
    <el-radio-button label="Monday"></el-radio-button>
    <el-radio-button label="Tuesday">Tue</el-radio-button>
  </el-radio-group>
  <el-radio-group v-model="radio4" disabled >
    <el-radio-button label="Wednesday"></el-radio-button>
    <el-radio-button label="Thursday">Thur</el-radio-button>
  </el-radio-group>
</div>
<script>
  const app = Vue.createApp({
      data() {
      return {
        radio2:"Monday"
      }
    }
  });
  app.use(ElementPlus);
  rc = app.mount("#box");
</script>
```

在上述代码中使用了 el-radio-button 来设置单选按钮的另一种样式。另外，第一个单选按钮中没有显式地设置标题，因此该单选按钮的标题就是"Monday"，而第二个单选按钮显式地设置了标题"Tue"，因此其标题就是"Tue"。第二组单选按钮我们用了 disabled，所以是不可用状态。

2）按快捷键 Ctrl+F5 运行程序，结果如图 10-12 所示。

图 10-12

10.6 复　选　框

有单选按钮，就肯定有复选框（Checkbox），它通过打勾来实现选中。复选框用于在一组备选项中进行多选。单击复选框，当出现一个对勾时，表示选中；如果没有对勾，则表示未选中。

要使用复选框，只需要设置 v-model 绑定变量，我们可以在 el-checkbox 元素中定义 v-model 绑定的变量，绑定变量的类型是 Boolean，如果选中，则变量值为 true；如果未选中，则变量值为 false。

10.6.1　基础用法

下面介绍 checkbox 的常用属性。

（1）label

label 用于选中状态的值，但只有在 checkbox-group 或者绑定对象类型为 array 时才有效。如果不显式地设置复选框的标题，则复选框的标题就是 label 的值。在 checkbox-group 中或者绑定对象类型为 array 时，label 用于存放 checkbox 的值，当 v-model 绑定的变量的值和 label 的值相等时，表示该 checkbox 被选中。label 的值可以是 string、number、boolean、object 等类型。比如：

```
<el-checkbox v-model="checked1" label="apple">red apple</el-checkbox>
```

> **注　意**
> 如果将数字或 boolean 值（true 或 false）赋给 label，则 label 前要有个冒号。

（2）disabled

disabled 用于表示复选框是否禁用，当处于禁用状态时，则用户无法对其选中或不选中。如果仅仅想禁用，则直接使用 disabled 即可，比如：

```
<el-checkbox disabled v-model="chk1" label="dis1">op1</el-checkbox>
<el-checkbox :disabled=true v-model="chk1"
label="dis2">op2</el-checkbox>
<el-checkbox :disabled="bDis" v-model="chk1"
label="dis3">op3</el-checkbox>
```

三个选择框都绑定到变量 radio3。第一行仅仅有 disabled，说明这个复选框是不可用的。第二行 disabled 被赋值为 true，说明也是不可用的，注意 disabled 前有个冒号。第三行中 bDis 是一个 data 属性，可以通过对其设置不同的 boolean 值而动态控制复选框的可用性。

其他还有 border、size 属性，其中 border 属性的类型是 boolean，用来控制是否显示边框；size 属性用来设置复选框的尺寸，可选值有 medium、small、mini。

以上介绍的这些属性都用于展现不同的外观，此外我们还需要知道用户何时单击选中了某个复选框，此时就要用到复选框的 change 事件，但要注意的是，如果不是用户单击而让 checkbox 绑定值发生变化，则不会触发该事件，稍后我们可以在按钮中用代码改变绑定值，看是否触发 change 事件。在该事件处理函数中，可以得到当前复选框的绑定变量的值，从而可以根据用户选择做出下一步的业务逻辑。比如：

```
<el-checkbox v-model="chk4" label="r4" border
@change="mych">op4</el-checkbox>
```

chk4 是绑定到变量，mych 是在 methods 中定义的函数，用户选中该 checkbox，则会调用该函数。change 的事件处理函数 mych 可以接收到一个参数，参数值就是当前选中的 checkbox 的状态值，如果选中就是 true，未选中就是 false。

【例 10-8】复选框的基本使用

1）在 VSCode 中打开目录（D:\demo），新建一个名为 index.htm 的文件，然后输入如下核心代码：

```
<div id="box">
What fruits do you like to eat?<br>
<el-checkbox v-model="checked1" label="apple">red apple</el-checkbox>
<el-checkbox v-model="checked2" label="watermelon"></el-checkbox><br>
<el-checkbox disabled v-model="chk1" label="dis1">op1</el-checkbox>
<el-checkbox :disabled=true v-model="chk1"
label="dis2">op2</el-checkbox>
<el-checkbox :disabled="bDis" v-model="chk1"
label="dis3">op3</el-checkbox><br>
<el-checkbox v-model="chk4" label="r4" border
@change="mych">op4</el-checkbox>
</div>
<script>
const app = Vue.createApp({
    data()
    {
     return {
     checked1: true,  // 第 1 个复选框绑定的变量的初始值是 true
     checked2: false,// 第 2 个复选框绑定的变量的初始值是 false
     chk1:false,   // 第 3 个、第 4 个、第 5 个复选框绑定的变量的初始值是 false
     bDis:true,    // bDis 为 true 表示第 5 个复选框不可用
     chk4:true     // 第 6 个复选框绑定的变量的初始值是 true，说明选中
     }
    },
    methods:{
     mych(val)  // 单击复选框的事件处理函数
     {
      alert(val);  // 弹出一个信息框
     }
    }
});
app.use(ElementPlus);
rc = app.mount("#box");
</script>
```

在上述代码中，第 1 个和第 2 个复选框的标题分别是 red apple 和 watermelon，这两个复

选框分别绑定到变量 checked1 和 checked2, checked1 的初始值为 true, 所以第 1 个复选框处于选中状态, checked2 的初始值为 false, 所以第 2 个复选框开始未选中; 当用户选择第 2 个复选框时, checked2 的值变为 true, 从第 2 个复选框中可以看出, 如果没有显式地设置标题, 即没有在 "><" 之间设置文本, 标题就用 label 的值, 即 watermelon。第 3 个、第 4 个、第 5 个复选框用于演示禁用状态, 这三个复选框都绑定到变量 chk1。这三行中的第一行仅仅有 disabled, 说明这个复选框是不可用的; 第二行 disabled 被赋值为 true, 说明也是不可用的, 注意 disabled 前有个冒号; 第三行中 bDis 是一个 data 属性, 其初始值为 true, 说明也是不可用的, 如果设置为 false, 则可用。最后一个复选框带有边框, 主要演示 change 事件, 通过 "@change=" 可以设置事件对应的处理函数, 这里的处理函数是 mych, 用户单击其中之一的复选框则会触发该事件的处理函数, 只要单击复选框, 复选框的选中状态肯定发生改变, 从而会触发该事件, 并执行事件处理函数, 我们在事件处理函数 mych 中显示一个信息框, 展现该复选框单击后的状态值, 即 true 或 false。

2) 按快捷键 Ctrl+F5 运行程序, 结果如图 10-13 所示。

图 10-13

10.6.2　复选框组

复选框组适用于多个复选框绑定到同一个数组的场景, 通过是否勾选来表示这一组选项中的项是否选中。checkbox-group 元素能把多个 checkbox 管理为一组, 只需要在 Group 中使用 v-model 绑定 Array 类型的变量即可。el-checkbox 的 label 属性是该 checkbox 对应的值, 若该标签中无内容, 则该属性也充当 checkbox 按钮后的介绍。label 与数组中的元素值相对应, 如果存在指定的值, 则为选中状态, 否则为不选中状态。

【例 10-9】复选框组的使用

1) 在 VSCode 中打开目录 (D:\demo), 新建一个名为 index.htm 的文件, 然后输入如下核心代码:

```
<div id="box">
    <el-checkbox-group v-model="checkList" @change="mysel">
     <el-checkbox label="复选框 A"></el-checkbox>
     <el-checkbox label="复选框 B"></el-checkbox>
     <el-checkbox label="复选框 C"></el-checkbox>
     <el-checkbox label="禁用" disabled></el-checkbox>
     <el-checkbox label="选中且禁用" disabled></el-checkbox>
    </el-checkbox-group>
</div>
<script>
  const app = Vue.createApp({
      data() {
```

```
            return {
                checkList: ['选中且禁用', '复选框 A'],//开始的时候有 2 个元素，则 2 个选中
            }
        },
        methods:{
            mysel(val)
            {
                alert(val);
            }
        }
    });
    app.use(ElementPlus);
    rc = app.mount("#box");
</script>
```

我们通过 el-checkbox-group 定义了复选框组，里面包含 5 个复选框，都绑定到变量 checkList，checkList 的值就是当前处于选中状态的复选框的 label 值，因为可能有多个复选框处于选中状态，所以 checkList 应该对应一个数组，数组中存放当前所有处于选中状态的复选框的 label 值，开始时 checkList 有两个元素值，所以 label 值和数组元素值相等的复选框处于选中状态。另外，我们还定义了 change 事件的处理函数 mysel，该函数的参数 val 就是数组 checkList。我们可以通过选中或不选中某个复选框，看到 checkList 数组中的内容增加或减少。选中就会在数组中增加这个复选框的 label 值，不选中则在数组中去掉该复选框的 label 值。

2）按快捷键 Ctrl+F5 运行程序，结果如图 10-14 所示。

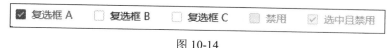

图 10-14

10.6.3　可选项目数量的限制

使用 min 和 max 属性能够限制可以被勾选的项目的数量。一旦当前处于选中状态的复选框的个数是 min，那个处于选中状态的复选框就变为灰色不可用了，这是为了防止用户把它（处于选中状态的复选框）的对勾也去掉。一旦当前处于选中状态的复选框的个数是 max，则处于未选中状态的复选框都会变为灰色不可用，这是为了防止用户去勾选它们，从而让选中的复选框的个数大于 max。

【例 10-10】设置选择数量的限制

1）在 VSCode 中打开目录（D:\demo），新建一个名为 index.htm 的文件，然后输入如下核心代码：

```
        <div id="box">
        <el-checkbox-group v-model="checkedCities" :min="1" :max="2">
            <el-checkbox v-for="city in cities" :label="city" :key="city">{{city}}
</el-checkbox>
        </el-checkbox-group>
    </div>
    <script>
        const cityOptions = ['Shanghai', 'London', 'New York', 'Paris']
        const app = Vue.createApp({
            data() {
```

```
        return {
          checkedCities: ['Shanghai', 'London'],
          cities: cityOptions,
        }
      }
    });
    app.use(ElementPlus);
    rc = app.mount("#box");
</script>
```

在上述代码中，复选框组绑定到数组 checkedCities，刚开始数组中有两个元素："Shanghai"和"London"，所以对应的这两个复选框是处于选中状态的。因为我们设置的 max 属性为 2，只允许最大选中 2 个，所以运行后，另外两个复选框就不可用了，直到当前选中的复选框个数少于 2，才变得可用。当选中的复选框个数为 1 时，那个选中的复选框将变得不可用，这就使得处于选中状态的复选框至少为 1 个。

2）按快捷键 Ctrl+F5 运行程序，结果如图 10-15 所示。

图 10-15

10.6.4　按钮样式

只需要把 el-checkbox 元素替换为 el-checkbox-button 元素即可。

【例 10-11】设置复选框其他样式

1）在 VSCode 中打开目录（D:\demo），新建一个名为 index.htm 的文件，然后输入如下核心代码：

```
    <div id="box">
      <el-checkbox-group v-model="checkedCities" :min="0" :max="2">
        <el-checkbox-button v-for="city in cities" :label="city" :key="city">
{{city}} </el-checkbox-button>
      </el-checkbox-group>
    </div>
    <script>
      const cityOptions = ['Shanghai', 'London', 'New York', 'Paris']
      const app = Vue.createApp({
        data() {
        return {
          checkedCities: ['Shanghai', 'London'],
          cities: cityOptions,
        }
      }
    });
    app.use(ElementPlus);
    rc = app.mount("#box");
    </script>
```

在上述代码中，我们使用了一个 for 循环来显示各个复选框，这样可以使代码更加简洁。同时设置了最大选中复选框数量是 2，最小选中数量是 0。

2）按快捷键 Ctrl+F5 运行程序，结果如图 10-16 所示。

图 10-16

10.7　输　入　框

输入框（Input）也称编辑框，可以通过键盘输入字符或者通过鼠标粘贴字符。通常情况下，应当处理 input 事件，并更新组件的绑定值（或使用 v-model），否则输入框内显示的值将不会改变。通过 el-input 标签就可以展现一个输入框。比如：

```
<el-input v-model="myinput" placeholder="input content"></el-input>
```

placeholder 属性表示当输入框中没有内容时，将会在输入框中出现一行淡色的提示"input content"。

下面介绍输入框的常用属性。

1. 禁用状态

通过 disabled 属性可以指定是否禁用 input 组件。禁用后的输入框将变为灰色，且不可对其输入内容。当 disabled 为 true 时，则表示禁用，比如：

```
<el-input placeholder="input content" v-model="myinput" :disabled=true>
</el-input>
```

> **注　意**
>
> 不要忘记 disabled 前面有个冒号。

2. 密码框

输入框经常会用作一个密码框，用户输入密码时，所输入的字符一般用*来代替显示，从而旁人看不见所输的具体内容。使用 show-password 属性即可得到一个可切换显示/隐藏的密码框。比如：

```
<el-input placeholder="input password" v-model="myinput"
show-password></el-input>
```

3. 多行文本

如果要输入多行文本，将 type 属性的值指定为 textarea，并且文本框的高度可以用 rows 属性来控制，当 rows 为 1 时，文本框的高度是一行文本的高度，当 rows 为 2 时，文本框的高度是 2 行文本的高度，当 rows 为 3 时，文本框的高度是 3 行文本的高度，以此类推。当我们输入的内容超过文本框高度时，右边将自动出现滚动条。另外，输入多行文本时，绑定的数据属性将用"\n"作为换行字符。比如：

```
<el-input type="textarea" :rows=3   v-model="textarea">
```

【例 10-12】输入框的使用

1）在 VSCode 中打开目录（D:\demo），新建一个名为 index.htm 的文件，然后输入如下核心代码：

```
<div id="box">
    <el-input v-model="myinput" placeholder="input content"></el-input>
    <el-input placeholder="input content" v-model="myinput" :disabled=true>
</el-input>
    <el-input placeholder="input password" v-model="myinput"
show-password></el-input><br><br>
    <el-input type="textarea" :rows=3   v-model="textarea">
</div>
<script>
    const app = Vue.createApp({
        data() {
        return {
            myinput:"",  // 单行文本输入框绑定到变量，开始为空
            textarea:""  // 多行文本输入框绑定到变量，开始为空
        }
      }
    });
    app.use(ElementPlus);
    rc = app.mount("#box");
</script>
```

在上述代码中一共显示了 4 个文本输入框。第一个文本输入框是正常的单行输入框，第二个文本输入框被禁用了，第三个文本输入框是密码框，第四个文本输入框可以输入多行文本。

2）按快捷键 Ctrl+F5 运行程序，结果如图 10-17 所示。

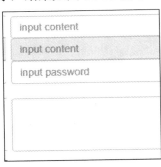

图 10-17

当我们在文本框中输入如图 10-18 所示的数据时，通过控制台可以查看绑定的变量 textarea 的值，如图 10-19 所示。

图 10-18   图 10-19

10.8 InputNumber 计数器

InputNumber 计数器仅允许输入标准的数字值，并可以定义范围，如图 10-20 所示。

图 10-20

中间是一个编辑框,当单击左边的减号按钮时,编辑框中的数字减 1,该过程也称减一步;当单击右边的加号按钮时,编辑框中的数字加 1,该过程也称加一步。通常一步对应的数值是 1,这个数值称为步长(step),即一步的距离。我们可以设置步长,比如设置步长为 2,则单击一次加号按钮,编辑框中的数字就递增 2,单击一次减号按钮,编辑框中的数字就递减 2。

要使用 InputNumber,只需要在 el-input-number 元素中使用 v-model 绑定变量即可,变量的初始值就是计数器刚开始显示在编辑框中的数字。另外,与其他组件类似,当数字发生改变时,可以触发 change 事件,我们可以定义该事件的处理函数,比如:

```
<el-input-number v-model="num" @change="handleChange"></el-input-number>
```

其中 handleChange 是定义在 methods 中的函数。

对于 InputNumber 计数器,最重要的还是对属性的掌握。下面介绍 InputNumber 计数器的常见属性。

1. 禁用

disabled 属性接收一个 Boolean,设置为 true 即可禁用整个组件。

2. 范围

如果用户只需要控制数值在某一范围内,可以设置 min 和 max 属性,不设置 min 和 max 属性时,最小值为 0。比如:

```
<el-input-number v-model="num" :min="1" :max="10" ></el-input-number>
```

3. 步长

通过设置 step 属性可以设置步长,该属性接收一个 Number 类型的数字,可以是整数,也可以是小数。比如:

```
<el-input-number v-model="num" :step="2"></el-input-number>
<el-input-number v-model="num" :step="0.5"></el-input-number>
```

4. 严格步长

step-strictly 属性接收一个 Boolean。如果这个属性被设置为 true,则只能输入步长的倍数。比如:

```
<el-input-number v-model="num" :step="2" step-strictly></el-input-number>
```

5. 精度

设置 precision 属性可以控制数值精度,接收一个 Number。

```
<el-input-number v-model="num4" :precision=2 :step=0.1 step-strictly>
</el-input-number>
```

若 precision 为 2,则小数点后取 2 位。

6. 按钮位置

通过设置 controls-position 属性可以控制按钮位置。比如，加减按钮都在右边：

```
<el-input-number v-model="num4" controls-position="right" step-strictly>
</el-input-number>
```

【例 10-13】计数器的使用

1）在 VSCode 中打开目录（D:\demo），新建一个名为 index.htm 的文件，然后输入如下核心代码：

```
<div id="box">
 <el-input-number v-model="num"  @change="handleChange">
</el-input-number>
    <el-input-number v-model="num2" :step=0.5 :min=1  :max=10 >
</el-input-number>
    <el-input-number v-model="num3" :step=2 step-strictly>
</el-input-number>
    <el-input-number v-model="num4" :precision=2 :step=0.1 step-strictly>
</el-input-number>
    <el-input-number v-model="num4" controls-position="right" step-strictly>
</el-input-number>
</div>
<script>const app = Vue.createApp({
    data() {
    return {
     num:8,
     num2:9,
     num3:6,
     num4:9
    }
  },//data
  methods: {
   handleChange(val) {
            alert(val);  //显示更新后的值
   },
  },
  });
  app.use(ElementPlus);
  rc = app.mount("#box");
</script>
```

在上述代码中，我们定义了 5 个计数器，第 1 个计数器处理了 change 事件，处理函数是 handleChange，该函数有一个参数 val，它的内容是单击按钮后的值，即更新后的值；第 2 个计数器设置了步长为 0.5，范围是 1~10，如果超过 10，则无法再递增；第 3 个计数器设置了步长为 2；第 4 个计数器设置了步长为 0.1，并且精度是 2；第 5 个计数器把按钮都放在右边。

2）按快捷键 Ctrl+F5 运行程序，结果如图 10-21 所示。

图 10-21

10.9 选 择 器

当选项过多时，使用选择器（Selector）的下拉菜单来展示并选择内容。选择器既可以用于单选，也可以用于多选。通过标签元素 el-select 和 el-option 即可显示选择器，同时通过 v-model 绑定变量，并且 v-model 的值为当前被选中项的 value 属性值。每个选择项都有一个 label 和 value，label 用于显示在下拉菜单中，即该选择项的显示内容，value 表示该选择项的值，方便在编程中使用。下面介绍选择器的常用属性。

1. 禁用

如果为 el-select 设置 disabled 属性，则整个选择器不可用。比如：

```
<el-select v-model="value" disabled placeholder="please select:">
```

2. 多选

如果为 el-select 设置 multiple 属性，则可启用多选，此时 v-model 的值为当前选中值所组成的数组。默认情况下，选中值会以 Tag 的形式展现，用户也可以设置 collapse-tags 属性将它们合并为一段文字。比如：

```
<el-select v-model="myv2" multiple placeholder="select please:">
```

3. 可搜索

可以利用搜索功能快速查找选项，比如输入某个选项的第一个字，那么就会自动搜到完整的选项名称，从而方便用户，可以少输文字。为 el-select 添加 filterable 属性即可启用搜索功能。默认情况下，selector 会找出所有 label 属性包含输入值的选项。如果希望使用其他的搜索逻辑，可以通过传入一个 filter-method 来实现。filter-method 为一个 Function，它会在输入值发生变化时调用，参数为当前输入值。比如：

```
<el-select v-model="value" filterable placeholder="please select">
```

【例 10-14】选择器的使用

1）在 VSCode 中打开目录（D:\demo），新建一个名为 index.htm 的文件，然后输入如下核心代码：

```
<div id="box">
    <el-select v-model="myv" placeholder="please select:">
     <el-option
     v-for="item in options"
     :key="item.value"
     :label="item.label"
     :value="item.value"
     >
     </el-option>
    </el-select>

    <el-select v-model="myv2" multiple placeholder="select please:">
     <el-option
       v-for="item in cities"
       :key="item.value"
```

```
          :label="item.label"
          :value="item.value"
      >
      </el-option>
   </el-select>

   <el-select v-model="myv3" filterable placeholder="select">
      <el-option
        v-for="item in foods"
        :key="item.value"
        :label="item.label"
        :value="item.value"
      >
      </el-option>
   </el-select>

</div>
<script>
  const app = Vue.createApp({
       data() {
      return {
        options: [
         {
          value: 'op1',
          label: '12',
         },
         {
          value: 'op2',
          label: '13',
         },
         {
          value: 'op3',
          label: '11',
         }
         ],
         cities: [
         {
          value: 'op1',
          label: 'Shanghai',
         },
         {
          value: 'op2',
          label: 'New York',
         },
         {
          value: 'op3',
          label: 'Paris',
         }
       ],
       foods: [
        {
         value: '选项 1',
         label: '馄饨',
        },
        {
         value: '选项 2',
         label: '龙须面',
        },
        {
```

```
            value: '选项3',
            label: '北京烤鸭',
          },
        ],
          myv: '',
          myv2:'',
          myv3:''
        }
      },//data
      methods: {
        handleChange(val) {
                alert(val);
      },
    },
    });
    app.use(ElementPlus);
    rc = app.mount("#box");
</script>
```

在上述代码中，我们定义了 3 个选择器，每个选择器中通过 v-for 来循环展现所有的选择项。第一个选择器只能单选。第二个选择器可以实现多选，多选的值将全部显示出来。第三选择器可以实现搜索功能，当输入选择项名称的第一个字时，如果该选择项存在，则可以完整地搜索出来，直接选择即可。

2）按快捷键 Ctrl+F5 运行程序，结果如图 10-22 所示。

图 10-22

10.10　开　　关

开关（Switch）也是网页中经常会出现的界面元素。它表示两种相互对立的状态间的切换，多用于触发"开/关"。这个组件的使用相对简单，通过 v-model 绑定到一个 Boolean 类型的变量，可以使用 active-color 属性与 inactive-color 属性来设置开关的背景色。

下面介绍开关组件的常用属性。

1. 禁用

通过设置 disabled 属性，接收一个 Boolean，设置为 true 即可禁用。比如：

```
<el-switch v-model="value1" disabled> </el-switch>
```

2. 文字描述

使用 active-text 属性与 inactive-text 属性来设置开关的文字描述。比如：

```
<el-switch v-model="value1" active-text="Monthly payment" inactive-text="
Annual payment ">
```

3. 加载中

加载中就是指示一种状态正在进行中，需要稍等一会。贴心的开关组件居然还提供了这个非常棒的功能，如果设置了"加载中"属性，则开关组件中的小圆圈内会有一个轮子在滚动的动画效果。设置 loading 属性，接收一个 Boolean，设置为 true 即为加载中状态。比如：

```
<el-switch v-model="value1" loading> </el-switch>
```

【例 10-15】 开关组件的使用

1）在 VSCode 中打开目录（D:\demo），新建一个名为 index.htm 的文件，然后输入如下核心代码：

```
<div id="box">
<el-switch v-model="value1" active-color="#13ce66"
inactive-color="#ff4949"></el-switch>
<el-switch v-model="value2" disabled> </el-switch>
<el-switch v-model="value3" loading> </el-switch><br>
<el-switch v-model="value4" active-text="Monthly payment"
inactive-text=" Annual payment "></el-switch>
</div>
<script>
const app = Vue.createApp({
    data() {
    return {
      value1: true,
      value2:false,
      value3:true,
      value4:false
    }
  },//data
  methods: {
    handleChange(val) {
            alert(val);
  },
},
});
app.use(ElementPlus);
rc = app.mount("#box");
</script>
```

在上述代码中，我们定义了 4 个开关组件，第一个开关组件是正常的，第二个开关组件是不可用的，第三个开关组件处于加载中，第四个开关组件有文字描述。

2）按快捷键 Ctrl+F5 运行程序，结果如图 10-23 所示。

图 10-23

10.11　滑　　块

通过拖曳滑块（Slider）可以在一个固定区间内进行选择，比如在拖曳滑块时显示当前值。图 10-24 就是一个简单的滑块组件。

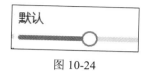

图 10-24

当我们拖曳圆圈向左右移动时会显示数字。滑块组件的标签是 el-slider，比如：

```
<el-slider v-model="value" range :marks="marks"> </el-slider>
```

滑块组件的常用属性如表 10-2 所示。

表 10-2　滑块组件的常用属性

参数	说明	类型	可选值	默认值
model-value/v-model	绑定值	number	—	0
min	最小值	number	—	0
max	最大值	number	—	100
disabled	是否禁用	boolean	—	false
step	步长	number	—	1
show-input	是否显示输入框	boolean	—	false
show-input-controls	在显示输入框的情况下，是否显示输入框的控制按钮	boolean	—	true
input-size	输入框的尺寸	string	large/medium/small/mini	small
show-stops	是否显示间断点	boolean	—	false
show-tooltip	是否显示 tooltip	boolean	—	true
format-tooltip	格式化 tooltip message	function(value)	—	—
range	是否为范围选择	boolean	—	false
vertical	是否为竖向模式	boolean	—	false
height	Slider 的高度，竖向模式时必填	string	—	—
label	屏幕阅读器标签	string	—	—
debounce	输入时的去抖延迟，单位为毫秒，仅在 show-input 等于 true 时有效	number	—	300
tooltip-class	tooltip 的自定义类名	string	—	—
marks	标记,key 的类型必须为 number 且取值在闭区间 [min, max] 内，每个标记可以单独设置样式	object	—	—

滑块组件的事件如表 10-3 所示。

表 10-3　滑块组件的事件

事件名称	说明	回调参数
Change	值改变时触发（使用鼠标拖曳时，只在松开鼠标后触发）	改变后的值
Input	数据改变时触发（使用鼠标拖曳时，活动过程实时触发）	改变后的值

【例 10-16】滑块组件的基本使用

1）在 VSCode 中打开目录（D:\demo），新建一个名为 index.htm 的文件，然后输入如下核心代码：

```
<div id="box">
    <div class="block">
        <span class="demonstration">默认</span>
        <el-slider v-model="value1"></el-slider>
    </div>
    <div class="block">
        <span class="demonstration">自定义初始值</span>
        <el-slider v-model="value2"></el-slider>
    </div>
    <div class="block">
        <span class="demonstration">隐藏 Tooltip</span>
        <el-slider v-model="value3" :show-tooltip="false"></el-slider>
    </div>
    <div class="block">
        <span class="demonstration">格式化 Tooltip</span>
        <el-slider v-model="value4" :format-tooltip="formatTooltip">
</el-slider>
    </div>
    <div class="block">
        <span class="demonstration">禁用</span>
        <el-slider v-model="value5" disabled></el-slider>
    </div>
</div>

<script>
  const app = Vue.createApp({
    data() {
    return {
     value1: 0,
     value2: 50,
     value3: 36,
     value4: 48,
     value5: 42,
    }
  },
  methods: {
    formatTooltip(val) {
      return val / 100
    },
  },
  });
    app.use(ElementPlus);
    rc = app.mount("#box");
</script>
```

2）按快捷键 Ctrl+F5 运行程序，结果如图 10-25 所示。

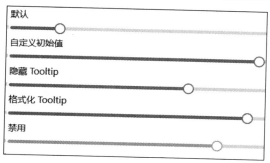

图 10-25

另外，可以设置 marks 属性展示标记，比如摄氏温度。

【例 10-17】在滑块上展示标记

1）在 VSCode 中打开目录（D:\demo），新建一个名为 index.htm 的文件，然后输入如下核心代码：

```
<div id="box">
    <div class="block">
      <el-slider v-model="value" range :marks="marks"> </el-slider>
    </div>
  </div>

  <script>
    const app = Vue.createApp({
      data() {
    return {
      value: [30, 60],
      marks: {
        0: '0°C',
        8: '8°C',
        37: '37°C',
        50: {
          style: {
            color: '#1989FA',
          },
          label: '50%',
        },
      },
    }
  },
    });
    app.use(ElementPlus);
    rc = app.mount("#box");
</script>
```

2）按快捷键 Ctrl+F5 运行程序，结果如图 10-26 所示。

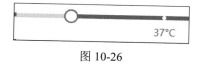

图 10-26

另外，如果设置 vertical，可使 Slider 变成竖向模式，此时必须设置高度（height）属性。

示例代码如下：

```
<el-slider v-model="value" vertical height="200px"> </el-slider>
```

10.12　时间拾取器

　　时间拾取器（TimePicker）用于选择或输入时间，在实际应用开发中经常会用到。时间拾取器的标签是 el-time-picker，通过 disabledHours disabledMinutes 和 disabledSeconds 限制可选时间范围。该组件有两种交互方式：默认情况下通过鼠标滚轮进行选择，打开 arrow-control 属性则通过界面上的箭头进行选择。此外，添加 is-range 属性即可选择时间范围，同样支持 arrow-control 属性。

　　TimePicker 的常用属性如表 10-4 所示。

表 10-4　TimePicker 的常用属性

参数	说明	类型	可选值	默认值
model-value / v-model	绑定值	date	—	—
readonly	完全只读	boolean	—	false
disabled	禁用	boolean	—	false
editable	文本框可输入	boolean	—	true
clearable	是否显示清除按钮	boolean	—	true
size	输入框尺寸	string	medium / small / mini	—
placeholder	非范围选择时的占位内容	string	—	—
start-placeholder	范围选择时开始日期的占位内容	string	—	—
end-placeholder	范围选择时开始日期的占位内容	string	—	—
is-range	是否为时间范围选择	boolean	—	false
arrow-control	是否使用箭头进行时间选择	boolean	—	false
align	对齐方式	string	left / center / right	left
popper-class	TimePicker 下拉框的类名	string	—	—
range-separator	选择范围时的分隔符	string	—	'-'
format	显示在输入框中的格式	string	—	HH:mm:ss

　　TimePicker 的相关事件如表 10-5 所示。

表 10-5　TimePicker 的相关事件

事件名	说明	参数
change	用户确认选定的值时触发	组件绑定值
blur	当 input 失去焦点时触发	组件实例
focus	当 input 获得焦点时触发	组件实例

　　TimePicker 的相关方法如表 10-6 所示。

表 10-6　TimePicker 的相关方法

方法名	说明	参数
focus	使 input 获取焦点	—
blur	使 input 失去焦点	—

【例 10-18】TimePicker 的基本使用

本实例将演示 TimePicker 的基本使用，具体步骤如下：

1）在 VSCode 中打开目录（D:\demo），新建一个名为 index.htm 的文件，然后输入如下核心代码：

```
<div id="box">
  <el-time-picker
  v-model="value1"
  :disabled-hours="disabledHours"
  :disabled-minutes="disabledMinutes"
  :disabled-seconds="disabledSeconds"
  placeholder="任意时间点"
  >
  </el-time-picker>
  <el-time-picker
  arrow-control
  v-model="value2"
  :disabled-hours="disabledHours"
  :disabled-minutes="disabledMinutes"
  :disabled-seconds="disabledSeconds"
  placeholder="任意时间点"
  >
  </el-time-picker>
</div>

<script>
const makeRange = (start, end) => {
  const result = []
  for (let i = start; i <= end; i++) {
    result.push(i)
  }
  return result
}

  const app = Vue.createApp({
    data() {
      return {
    value1: new Date(2016, 9, 10, 18, 40),
    value2: new Date(2016, 9, 10, 18, 40),
    }
  },
  methods: {
   // 如允许 17:30:00 - 18:30:00
   disabledHours() {
     return makeRange(0, 16).concat(makeRange(19, 23))
   },
   disabledMinutes(hour) {
     if (hour === 17) {
```

```
        return makeRange(0, 29)
      }
      if (hour === 18) {
        return makeRange(31, 59)
      }
    },
    disabledSeconds(hour, minute) {
      if (hour === 18 && minute === 30) {
        return makeRange(1, 59)
      }
    },
  },
  });
  app.use(ElementPlus);
  rc = app.mount("#box");
</script>\
```

2）按快捷键 Ctrl+F5 运行程序，结果如图 10-27 所示。

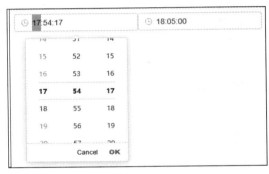

图 10-27

10.13　时间选择器

时间选择器（TimeSelect）没有 TimePicker 那么精确，通常用于对固定预设好的几个时间进行选择，但使用起来更方便。TimeSelect 使用 el-time-select 标签，分别通过 star、end 和 step 指定可选的起始时间、结束时间和步长。

TimeSelect 的常用属性如表 10-7 所示。

表 10-7　TimeSelect 的常用属性

参数	说明	类型	可选值	默认值
readonly	完全只读	boolean	—	false
disabled	禁用	boolean	—	false
editable	文本框可输入	boolean	—	true
clearable	是否显示清除按钮	boolean	—	true
size	输入框尺寸	string	medium / small / mini	—
Placeholder	非范围选择时的占位内容	string	—	—

（续）

参数	说明	类型	可选值	默认值
start-placeholder	范围选择时开始日期的占位内容	string	—	—
end-placeholder	范围选择时开始日期的占位内容	string	—	—
is-range	是否为时间范围选择	boolean	—	false
arrow-control	是否使用箭头进行时间选择	boolean	—	false
value	绑定值	date(TimePicker) / string(TimeSelect)	—	—
align	对齐方式	string	left / center / right	left
popper-class	TimePicker 下拉框的类名	string	—	—
picker-options	当前时间日期选择器特有的选项	object	—	{}
range-separator	选择范围时的分隔符	string	-	'-'

TimeSelect 的相关事件如表 10-8 所示。

表 10-8　TimeSelect 的相关事件

事件名	说明	参数
change	用户确认选定的值时触发	组件绑定值
blur	当 input 失去焦点时触发	组件实例
focus	当 input 获得焦点时触发	组件实例

TimeSelect 的相关方法如表 10-9 所示。

表 10-9　TimeSelect 的相关方法

方法名	说明	参数
focus	使 input 获取焦点	—
blur	使 input 失去焦点	—

【例 10-19】TimeSelect 的基本使用

本实例将演示 TimeSelect 的基本使用，具体步骤如下：

1）在 VSCode 中打开目录（D:\demo），新建一个名为 index.htm 的文件，然后输入如下核心代码：

```
<div id="box">
  <el-time-select
  v-model="value1"
  :picker-options="{
    start: '08:30',
    step: '00:15',
    end: '18:30'
  }"
  placeholder="please select time">
</el-time-select>
</div>

<script>
```

```
const app = Vue.createApp({
  data() {
  return {
    value1: ''
  }
},
  });
  app.use(ElementPlus);
  rc = app.mount("#box");
</script>
```

2）按快捷键 Ctrl+F5 运行程序，结果如图 10-28 所示。

图 10-28

10.14　日期拾取器

日期拾取器（DatePicker）用于精确获取一个日期，通过 DatePicker 可以选择或输入一个日期。DatePicker 的常用属性如表 10-10 所示。

表 10-10　DatePicker 的常用属性

参数	说明	类型	可选值	默认值
model-value / v-model	绑定值	date(DatePicker) / array(DateRangePicker)	—	—
readonly	完全只读	boolean	—	false
Disabled	禁用	boolean	—	false
editable	文本框可输入	boolean	—	true
clearable	是否显示清除按钮	boolean	—	true
size	输入框尺寸	string	large/medium/small/mini	large
Placeholder	非范围选择时的占位内容	string	—	—
start-placeholder	范围选择时开始日期的占位内容	string	—	—
end-placeholder	范围选择时结束日期的占位内容	string	—	—

（续）

参数	说明	类型	可选值	默认值
type	显示类型	string	year/month/date/ dates/ week/ datetime/ datetimerange/ daterange/ monthrange	date
format	显示在输入框中的格式	string		YYYY-MM-DD

DatePicker 的相关事件如表 10-11 所示。

表 10-11　DatePicker 的相关事件

事件名称	说明	回调参数
change	用户确认选定的值时触发	组件绑定值
blur	当 input 失去焦点时触发	组件实例
focus	当 input 获得焦点时触发	组件实例
calendar-change	选中日历日期后会执行的回调，只有当 daterange 时才生效	[Date, Date]

DatePicker 的相关方法如表 10-12 所示。

表 10-12　DatePicker 的相关方法

方法名	说明	参数
focus	使 input 获取焦点	—

【例 10-20】DatePicker 的基本使用

本实例将演示 DatePicker 的基本使用，具体步骤如下：

1）在 VSCode 中打开目录（D:\demo），新建一个名为 index.htm 的文件，然后输入如下核心代码：

```
<div id="box">
   <div class="block">
      <span class="demonstration">默认</span>
      <el-date-picker v-model="value1" type="date" placeholder="选择日期">
      </el-date-picker>
   </div>
   <div class="block">
      <span class="demonstration">带快捷选项</span>
      <el-date-picker
         v-model="value2"
         type="date"
         placeholder="选择日期"
         :disabled-date="disabledDate"
         :shortcuts="shortcuts"
      >
      </el-date-picker>
```

```
    </div>
  </div>

<script>
  const app = Vue.createApp({
    data() {
      return {
    disabledDate(time) {
      return time.getTime() > Date.now()
    },
    shortcuts: [
      {
        text: 'Today',
        value: new Date(),
      },
      {
        text: 'Yesterday',
        value: () => {
          const date = new Date()
          date.setTime(date.getTime() - 3600 * 1000 * 24)
          return date
        },
      },
      {
        text: 'A week ago',
        value: () => {
          const date = new Date()
          date.setTime(date.getTime() - 3600 * 1000 * 24 * 7)
          return date
        },
      },
    ],
    value1: '',
    value2: '',
  }
},
  });
  app.use(ElementPlus);
  rc = app.mount("#box");
</script>
```

2）按快捷键 Ctrl+F5 运行程序，结果如图 10-29 所示。

图 10-29

10.15　日期时间拾取器

日期时间拾取器（DateTimePicker）不但可以选取日期，还可以选取时间，即在同一个选择器中选取日期和时间，DateTimePicker 由 DatePicker 和 TimePicker 派生而来，相关属性可以参照 DatePicker 和 TimePicker。

【例 10-21】DateTimePicker 的基本使用

本实例将演示 DateTimePicker 的基本使用，具体步骤如下：

1）在 VSCode 中打开目录（D:\demo），新建一个名为 index.htm 的文件，然后输入如下核心代码：

```
<div id="box">
  <div class="block">
    <span class="demonstration">默认</span>
    <el-date-picker v-model="value1" type="datetime" placeholder="选择日期
时间">
    </el-date-picker>
  </div>
  <div class="block">
    <span class="demonstration">带快捷选项</span>
    <el-date-picker
      v-model="value2"
      type="datetime"
      placeholder="选择日期时间"
      :shortcuts="shortcuts"
    >
    </el-date-picker>
  </div>
  <div class="block">
    <span class="demonstration">设置默认时间</span>
    <el-date-picker
      v-model="value3"
      type="datetime"
      placeholder="选择日期时间"
      :default-time="defaultTime"
    >
    </el-date-picker>
  </div>
</div>

<script>
  const app = Vue.createApp({
    data() {
      return {
      shortcuts: [
        {
          text: '今天',
          value: new Date(),
        },
        {
          text: '昨天',
          value: () => {
```

```
        const date = new Date()
        date.setTime(date.getTime() - 3600 * 1000 * 24)
        return date
      },
    },
    {
      text: '一周前',
      value: () => {
        const date = new Date()
        date.setTime(date.getTime() - 3600 * 1000 * 24 * 7)
        return date
      },
    },
  ],
  value1: '',
  value2: '',
  value3: '',
  defaultTime: new Date(2000, 1, 1, 12, 0, 0), // '12:00:00'
  }
},
  });
  app.use(ElementPlus);
  rc = app.mount("#box");
</script>
```

2）按快捷键 Ctrl+F5 运行程序，结果如图 10-30 所示。

图 10-30

10.16 上   传

基于上传（Upload）组件，可以通过单击或者拖曳上传文件。上传组件使用的标签是 el-upload。通过属性 slot 可以传入自定义的上传按钮类型和文字提示。可以通过设置属性 limit 和 on-exceed 来限制上传文件的个数和定义超出限制时的行为。可以通过设置属性 before-remove

来阻止文件的移除操作。

【例 10-22】上传组件的基本使用

本实例将演示上传组件的基本使用，具体步骤如下：

1）在 VSCode 中打开目录（D:\demo），新建一个名为 index.htm 的文件，然后输入如下核心代码：

```html
<div id="box">
  <el-upload
  class="upload-demo"
  action="https://jsonplaceholder.typicode.com/posts/"
  :on-preview="handlePreview"
  :on-remove="handleRemove"
  :before-remove="beforeRemove"
  multiple
  :limit="3"
  :on-exceed="handleExceed"
  :file-list="fileList"
>
    <el-button size="small" type="primary">单击上传</el-button>
    <template #tip>
      <div class="el-upload__tip">只能上传 jpg/png 文件，且不超过 500kb</div>
    </template>
</el-upload>

</div>

<script>
  const app = Vue.createApp({
    data() {
    return {
    fileList: [
      {
        name: 'food.jpeg',
        url: 'https://fuss10.elemecdn.com/3/63/
4e7f3a15429bfda99bce42a18cdd1jpeg.jpeg?imageMogr2/thumbnail/360x360/format/web
p/quality/100',
      },
      {
        name: 'food2.jpeg',
        url: 'https://fuss10.elemecdn.com/3/63/
4e7f3a15429bfda99bce42a18cdd1jpeg.jpeg?imageMogr2/thumbnail/360x360/format/web
p/quality/100',
      },
    ],
    }
  },
  methods: {
    handleRemove(file, fileList) {
      console.log(file, fileList)
    },
    handlePreview(file) {
      console.log(file)
    },
    handleExceed(files, fileList) {
      this.$message.warning(
```

```
      `当前限制选择 3 个文件, 本次选择了 ${files.length} 个文件, 共选择了 ${
       files.length + fileList.length
      } 个文件`
     )
    },
    beforeRemove(file, fileList) {
     return this.$confirm(`确定移除 ${file.name}? `)
    },
   },

   });
   app.use(ElementPlus);
   rc = app.mount("#box");
</script>
```

2）按快捷键 Ctrl+F5 运行程序，结果如图 10-31 所示。

图 10-31

10.17　评　　分

相信大家点外卖后，经常会对服务进行评分。此时评分（Rate）组件可以派上用场了。评分组件的标签是 el-rate。比如：

```
<el-rate v-model="value1"></el-rate>
```

评分默认被分为三个等级，可以利用颜色数组对分数及情感倾向进行分级（默认情况下不区分颜色）。三个等级所对应的颜色用 colors 属性设置，而它们对应的两个阈值则通过 low-threshold 和 high-threshold 设定。用户也可以通过传入的颜色对象来自定义分段，键名为分段的界限值，键值为对应的颜色。

【例 10-23】Rate 组件的基本使用

本实例将演示 Rate 组件的基本使用，具体步骤如下：

1）在 VSCode 中打开目录（D:\demo），新建一个名为 index.htm 的文件，然后输入如下核心代码：

```
<div id="box">
  <div class="block">
    <span class="demonstration">默认不区分颜色</span>
    <el-rate v-model="value1"></el-rate>
  </div>
  <div class="block">
    <span class="demonstration">区分颜色</span>
    <el-rate v-model="value2" :colors="colors"> </el-rate>
```

```
    </div>

  </div>

  <script>
    const app = Vue.createApp({
      data() {
        return {
      value1: null,
      value2: null,
        colors: ['#99A9BF', '#F7BA2A', '#FF9900'],
      }
    },
    });
    app.use(ElementPlus);
    rc = app.mount("#box");
  </script>
```

2）按快捷键 Ctrl+F5 运行程序，结果如图 10-32 所示。

图 10-32

10.18　颜色拾取器

颜色拾取器（ColorPicker）用于颜色选择，支持多种格式。ColorPicker 组件使用的标签是 el-color-picker，比如：

```
<el-color-picker v-model="color1"></el-color-picker>
```

【例 10-24】ColorPicker 的基本使用

本实例将演示 ColorPicker 的基本使用，具体步骤如下：

1）在 VSCode 中打开目录（D:\demo），新建一个名为 index.htm 的文件，然后输入如下核心代码：

```
<div id="box">
  <div class="block">
    <span class="demonstration">有默认值</span>
    <el-color-picker v-model="color1"></el-color-picker>
  </div>
  <div class="block">
    <span class="demonstration">无默认值</span>
    <el-color-picker v-model="color2"></el-color-picker>
  </div>
</div>

<script>
  const app = Vue.createApp({
    data() {
      return {
```

```
            color1: '#409EFF',
            color2: null,
        }
    },
    });
    app.use(ElementPlus);
    rc = app.mount("#box");
</script>
```

2）按快捷键 Ctrl+F5 运行程序，结果如图 10-33 所示。

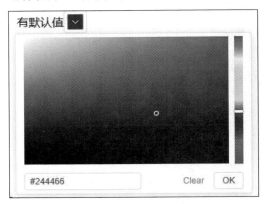

图 10-33

10.19　穿　梭　器

穿梭器（Transfer）组件用于将一个列表中选择的数据移动到另一个列表（目标列表）中。Transfer 组件使用的标签是 el-transfer，比如：

```
<el-transfer v-model="value" :data="data" />
```

Transfer 的数据通过 data 属性传入。数据需要是一个对象数组，每个对象有以下属性：key 为数据的唯一性标识，label 为显示文本，disabled 表示该项数据是否禁止转移。目标列表中的数据项会同步绑定至 v-model 的变量，值为数据项的 key 所组成的数组。当然，如果希望在初始状态时目标列表不为空，则可以像本例一样为 v-model 绑定的变量赋予一个初始值。

【例 10-25】Transfer 的基本使用

本实例将演示 Transfer 的基本使用，具体步骤如下：

1）在 VSCode 中打开目录（D:\demo），新建一个名为 index.htm 的文件，然后输入如下核心代码：

```
<div id="box">
    <el-transfer v-model="value" :data="data" />
</div>
<script>
    const app = Vue.createApp({
        data() {
            const generateData = (_) => {
```

```
        const data = []
        for (let i = 1; i <= 15; i++) {
          data.push({
            key: i,
            label: `备选项 ${i}`,
            disabled: i % 4 === 0,
          })
        }
        return data
      }
      return {
        data: generateData(),
        value: [1, 4],
      }
    },
  });
  app.use(ElementPlus);
  rc = app.mount("#box");
</script>
```

2）按快捷键 Ctrl+F5 运行程序，结果如图 10-34 所示。

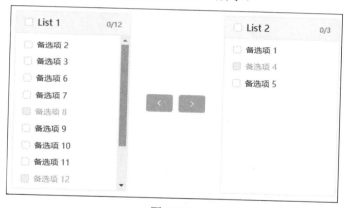

图 10-34

10.20　表　　单

表单（Form）由输入框、选择器、单选按钮、复选框等控件组成，用以收集、校验、提交数据。在 Form 组件中，每一个表单域由一个 Form-Item 组件构成，表单域中可以放置各种类型的表单控件，包括 Input、Select、Checkbox、Radio、Switch、DatePicker、TimePicker 等。Form 组件使用的标签通常是 el-form 和 el-form-item 联合起来使用，前者用于标记整个表单组件，后者用于标记某个单独子组件。

【例 10-26】Form 组件的基本使用

本实例将演示 Form 组件的基本使用，具体步骤如下：

1）在 VSCode 中打开目录（D:\demo），新建一个名为 index.htm 的文件，然后输入如下核心代码：

```
<div id="box">
  <el-form ref="form" :model="form" label-width="80px">
    <el-form-item label="活动名称">
      <el-input v-model="form.name"></el-input>
    </el-form-item>
    <el-form-item label="活动区域">
      <el-select v-model="form.region" placeholder="请选择活动区域">
        <el-option label="区域一" value="shanghai"></el-option>
        <el-option label="区域二" value="beijing"></el-option>
      </el-select>
    </el-form-item>
    <el-form-item label="活动时间">
      <el-col :span="11">
        <el-date-picker
          type="date"
          placeholder="选择日期"
          v-model="form.date1"
          style="width: 100%;"
        ></el-date-picker>
      </el-col>
      <el-col class="line" :span="2">-</el-col>
      <el-col :span="11">
        <el-time-picker
          placeholder="选择时间"
          v-model="form.date2"xx`
          style="width: 100%;"
        ></el-time-picker>
      </el-col>
    </el-form-item>
    <el-form-item label="即时配送">
      <el-switch v-model="form.delivery"></el-switch>
    </el-form-item>
    <el-form-item label="活动性质">
      <el-checkbox-group v-model="form.type">
        <el-checkbox label="美食/餐厅线上活动" name="type"></el-checkbox>
        <el-checkbox label="地推活动" name="type"></el-checkbox>
        <el-checkbox label="线下主题活动" name="type"></el-checkbox>
        <el-checkbox label="单纯品牌曝光" name="type"></el-checkbox>
      </el-checkbox-group>
    </el-form-item>
    <el-form-item label="特殊资源">
      <el-radio-group v-model="form.resource">
        <el-radio label="线上品牌商赞助"></el-radio>
        <el-radio label="线下场地免费"></el-radio>
      </el-radio-group>
    </el-form-item>
    <el-form-item label="活动形式">
      <el-input type="textarea" v-model="form.desc"></el-input>
    </el-form-item>
    <el-form-item>
      <el-button type="primary" @click="onSubmit">立即创建</el-button>
      <el-button>取消</el-button>
    </el-form-item>
  </el-form>
</div>
<script>
```

```
      const app = Vue.createApp({
        data() {
          return {
          form: {
            name: '',
            region: '',
            date1: '',
            date2: '',
            delivery: false,
            type: [],
            resource: '',
            desc: '',
          },
          }
        },
        methods: {
          onSubmit() {
            alert("submit ok")
          },
        },
      });
        app.use(ElementPlus);
        rc = app.mount("#box");
</script>
```

2）按快捷键 **Ctrl+F5** 运行程序，如图 10-35 所示。

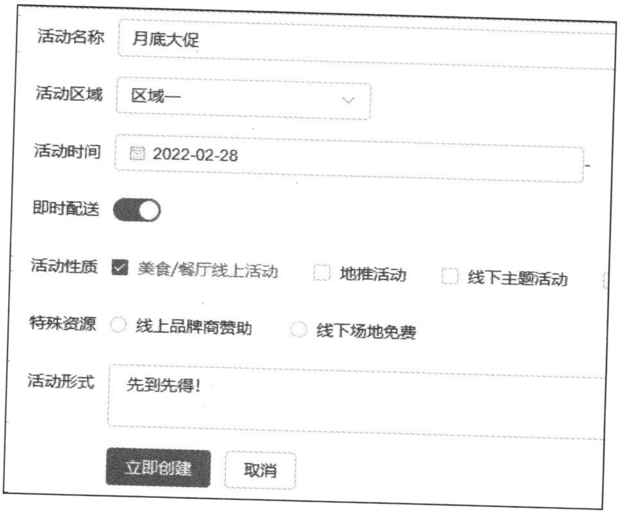

图 10-35

10.21　表　　格

表格（Table）组件用于展示多条结构类似的数据，可对数据进行排序、筛选、对比或其他自定义操作。Table 组件针对整个表格使用的标签是 el-table，针对列所使用的标签是 el-table-column，比如：

```
<el-table :data="tableData" style="width: 100%">
```

```
        <el-table-column prop="date" label="join date" width="180">
</el-table-column>
    </el-table>
```

【例 10-27】Table 组件的基本使用

本实例将演示 Table 组件的基本使用，具体步骤如下：

1）在 VSCode 中打开目录（D:\demo），新建一个名为 index.htm 的文件，然后输入如下核心代码：

```
        <div id="box">
          <el-table :data="tableData" style="width: 100%">
            <el-table-column prop="date" label="日期" width="180">
</el-table-column>
            <el-table-column prop="name" label="姓名" width="180">
</el-table-column>
            <el-table-column prop="address" label="地址"> </el-table-column>
          </el-table>
        </div>
        <script>
          const app = Vue.createApp({
            data() {
              return {
              tableData: [
                {
                  date: '2022-05-02',
                  name: '唐僧',
                  address: '北京朝阳区 100 号',
                },
                {
                  date: '2022-05-04',
                  name: '孙悟空',
                  address: '北京朝阳区 101 号',
                },
                {
                  date: '2022-05-01',
                  name: '猪八戒',
                  address: '北京朝阳区 102 号',
                },
                {
                  date: '2022-05-03',
                  name: '沙和尚',
                  address: '北京朝阳区 103 号',
                },
              ],
            }
          },

        });
          app.use(ElementPlus);
          rc = app.mount("#box");
        </script>
```

tableData 是一个数组，每一项元素对应表格的一行。

2）按快捷键 Ctrl+F5 运行程序，结果如图 10-36 所示。

此外，使用带斑马纹的表格更容易区分不同行的数据。通过 stripe 属性可以创建带斑马纹的表格。它接收一个 Boolean，默认为 false，设置为 true 即为启用。

日期	姓名	地址
2022-05-02	唐僧	北京朝阳区100号
2022-05-04	孙悟空	北京朝阳区101号
2022-05-01	猪八戒	北京朝阳区102号
2022-05-03	沙和尚	北京朝阳区103号

图 10-36

【例 10-28】创建带斑马纹的表格

1）在 VSCode 中打开目录（D:\demo），新建一个名为 index.htm 的文件，然后输入如下核心代码：

```
<div id="box">
    <el-table :data="tableData" stripe style="width: 100%">
      <el-table-column prop="date" label="日期" width="180">
</el-table-column>
      <el-table-column prop="name" label="姓名" width="180">
</el-table-column>
      <el-table-column prop="address" label="地址"> </el-table-column>
    </el-table>
</div>
```

其他代码和上例相同，不再赘述。

2）按快捷键 Ctrl+F5 运行程序，结果如图 10-37 所示。

日期	姓名	地址
2022-05-02	唐僧	北京朝阳区100号
2022-05-04	孙悟空	北京朝阳区101号
2022-05-01	猪八戒	北京朝阳区102号
2022-05-03	沙和尚	北京朝阳区103号

图 10-37

10.22 标　　签

标签（Tag）可以用于标记和选择。Tag 组件所使用的标签是 el-tag，它通过 type 属性来选择 tag 的类型，也可以通过 color 属性来自定义背景色。比如：

```
<el-tag type="success">标签二</el-tag>
```

设置 closable 属性可以定义一个标签是否有关闭符号，它接收一个 Boolean，true 为显示关闭符号。比如：

```
<el-tag v-for="tag in tags" :key="tag.name" :closable=true :type="tag.type">
    {{tag.name}}
</el-tag>
```

值得注意的是，少了事件处理的方法，只写 closable 是没有用的，只是多了一个关闭符号的框。默认的标签移除会附带渐变动画，如果不想使用，可以设置 disable-transitions 属性。

Tag 组件的常用属性如表 10-13 所示。

表 10-13　Tag 组件的常用属性

参数	说明	类型	可选值	默认值
type	类型	string	success/info/warning/danger	—
closable	是否显示关闭符号	boolean	—	false
disable-transitions	是否禁用渐变动画	boolean	—	false
hit	是否有边框描边	boolean	—	false
color	背景色	string	—	—
size	尺寸	string	medium / small / mini	—
effect	主题	string	dark / light / plain	light

Tag 组件的相关事件如表 10-14 所示。

表 10-14　Tag 组件的相关事件

事件名称	说明	回调参数
click	单击 Tag 时触发的事件	—
close	关闭 Tag 时触发的事件	—

【例 10-29】Tag 组件的基本使用

本实例将演示 Tag 组件的基本使用，操作步骤如下：

1）在 VSCode 中打开目录（D:\demo），新建一个名为 index.htm 的文件，然后输入如下核心代码：

```
<div id="box">
  <el-tag  @close="handleClose(tag)" v-for="tag in
tags" :key="tag.name" :closable=true :type="tag.type">
    {{tag.name}}
  </el-tag>
</div>
<script>
  const app = Vue.createApp({
    data() {
      return {
      tags: [
        { name: '标签一', type: '' },
        { name: '标签二', type: 'success' },
        { name: '标签三', type: 'info' },
        { name: '标签四', type: 'warning' },
        { name: '标签五', type: 'danger' },
      ],
    }
  },
```

```
methods:{
  handleClose(tag){
   this.tags.splice( this.tags.indexOf(tag), 1);
  }
 }
});
  app.use(ElementPlus);
  rc = app.mount("#box");
</script>
```

2）按快捷键 Ctrl+F5 运行程序，结果如图 10-38 所示。

图 10-38

单击某标签上的关闭符号，可以让该标签消失。

10.23　进　度　条

进度条（Progress）组件用于展示操作进度，告知用户当前的状态和预期。Progress 组件所使用的标签是 el-progress，比如：

```
<el-progress :percentage="50"></el-progress>
```

Progress 组件设置 percentage 属性即可，表示进度条对应的百分比，必填，其值必须为 0~100。通过 format 属性来指定进度条的文字内容。

Progress 组件可通过 stroke-width 属性更改进度条的高度，并可通过 text-inside 属性来将进度条描述置于进度条内部。

另外，Progress 组件可以通过 type 属性来指定使用环形进度条，在环形进度条中，还可以通过 width 属性来设置其大小。

Progress 组件的常用属性如表 10-15 所示。

表 10-15　Progress 组件的常用属性

参数	说明	类型	可选值	默认值
percentage	百分比（必填）	number	0-100	0
type	进度条类型	string	line/circle/dashboard	line
stroke-width	进度条的宽度，单位为 px	number	—	6
text-inside	进度条显示的文字内置在进度条内（只在 type=line 时可用）	boolean	—	false
status	进度条当前状态	string	success/exception/warning	—
indeterminate	是否为动画进度条	boolean	—	false
duration	控制动画进度条的速度	number	—	3

（续）

参数	说明	类型	可选值	默认值
color	进度条背景色（会覆盖 status 状态颜色）	string/function/array	—	''
width	环形进度条画布宽度（只在 type 为 circle 或 dashboard 时可用）	number		126
show-text	是否显示进度条文字内容	boolean	—	true
stroke-linecap	circle/dashboard 类型路径两端的形状	string	butt/round/square	round
format	指定进度条文字内容	function(percentage)	—	—

【例 10-30】进度条的基本使用

本实例将演示进度条的基本使用，具体步骤如下：

1）在 VSCode 中打开目录（D:\demo），新建一个名为 index.htm 的文件，然后输入如下核心代码：

```
    <div id="box">
  <el-progress    :text-inside="true" :stroke-width=
"26":percentage="50"></el-progress>
    <el-progress :stroke-width="14" :percentage="100" :format="format">
</el-progress>
    <el-progress type="circle" :percentage="90" status="success">
</el-progress>
    <el-progress type="dashboard" :percentage="100" status="warning">
</el-progress>
    <el-progress :percentage="50" status="exception"></el-progress>

 <el-progress
  type="dashboard"
  :percentage="percentage"
  :color="colors"
></el-progress>
<el-progress
  type="dashboard"
  :percentage="percentage2"
  :color="colors"
></el-progress>

  <el-button-group>
    <el-button icon="el-icon-minus" @click="decrease">-</el-button>
    <el-button icon="el-icon-plus" @click="increase">+</el-button>
  </el-button-group>

</div>
<script>
  const app = Vue.createApp({
    data() {
    return {
    percentage: 10,
    percentage2: 0,
```

```
        colors: [
          { color: '#f56c6c', percentage: 20 },
          { color: '#e6a23c', percentage: 40 },
          { color: '#5cb87a', percentage: 60 },
          { color: '#1989fa', percentage: 80 },
          { color: '#6f7ad3', percentage: 100 },
        ],
      }
    },
    methods: {
      increase() {
        this.percentage += 10
        if (this.percentage > 100) {
          this.percentage = 100
        }
      },
      decrease() {
        this.percentage -= 10
        if (this.percentage < 0) {
          this.percentage = 0
        }
      }
    },
    mounted() {
      setInterval(() => {
        this.percentage2 = (this.percentage2 % 100) + 10
      }, 500)
    },

  });
  app.use(ElementPlus);
  rc = app.mount("#box");
</script>
```

在上述代码中，我们还定义了两个按钮，当单击带有减号的按钮时，左下角的圆形进度条会减少进度；当单击带加号的按钮时，左下角的圆形进度条会增加进度。

2）按快捷键 Ctrl+F5 运行程序，结果如图 10-39 所示。

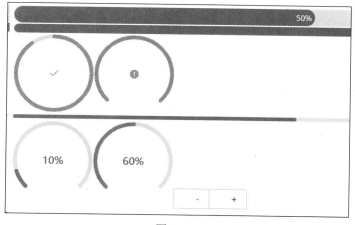

图 10-39

10.24 树 形

树形（Tree）组件用清晰的层级结构展示信息，可展开或折叠。树形组件使用的标签是el-tree，比如：

```
<el-tree :data="data" :props="defaultProps"
@node-click="handleNodeClick"></el-tree>
```

可以使用 show-checkbox 来决定是否在每个节点前显示组合框。此外，可以分别通过default-expanded-keys 和 default-checked-keys 设置默认展开和默认选中的节点。需要注意的是，此时必须设置 node-key，其值为节点数据中的一个字段名，该字段在整棵树中是唯一的。

如果想让树的某些节点设置为禁用状态，则可以通过 disabled 设置禁用状态。树形组件常用的属性如表 10-16 所示。

表 10-16 树形组件常用的属性

参数	说明	类型	可选值	默认值
data	展示数据	array	—	—
empty-text	内容为空的时候展示的文本	string	—	—
node-key	每个树节点用来作为唯一标识的属性，整棵树应该是唯一的	string	—	—
props	配置选项	object	—	—
render-after-expand	是否在第一次展开某个树节点后才渲染其子节点	boolean	—	true
load	加载子树数据的方法，仅当 lazy 属性为 true 时才生效	function(node, resolve)	—	—
render-content	树节点的内容区的渲染 Function	Function(h, { node, data, store })	—	—
highlight-current	是否高亮显示当前选中节点，默认值是 false	boolean	—	false
default-expand-all	是否默认展开所有节点	boolean	—	false
expand-on-click-node	是否在单击节点的时候展开或者收缩节点，默认值为 true，如果为 false，则只有点箭头图标的时候才会展开或者收缩节点	boolean	—	true
check-on-click-node	是否在单击节点的时候选中节点，默认值为 false，即只有在单击复选框时才会选中节点	boolean	—	false
auto-expand-parent	展开子节点的时候是否自动展开父节点	boolean	—	true
default-expanded-keys	默认展开的节点的 key 的数组	array	—	—

（续）

参数	说明	类型	可选值	默认值
show-checkbox	节点是否可被选择	boolean	—	false
check-strictly	在显示复选框的情况下，是否严格地遵循父子不互相关联的做法，默认为 false	boolean	—	false
default-checked-keys	默认勾选的节点的 key 的数组	array	—	—
current-node-key	当前选中的节点	string, number	—	—
filter-node-method	对树节点进行筛选时执行的方法，返回 true 表示这个节点可以显示，返回 false 则表示这个节点会被隐藏	function(value, data, node)	—	—
accordion	是否每次只打开一个同级树节点展开	boolean	—	false
indent	相邻级节点间的水平缩进，单位为像素	number	—	16
icon-class	自定义树节点的图标	string	—	—
lazy	是否懒加载子节点，需要与 load 方法结合使用	Boolean	—	false
draggable	是否开启拖曳节点功能	boolean	—	false
allow-drag	判断节点能否被拖曳	function(node)	—	—
allow-drop	拖曳时判定目标节点能否被放置。type 参数有三种情况：'prev'、'inner' 和 'next'，分别表示放置在目标节点前、插入至目标节点和放置在目标节点后	function(draggingNode, dropNode, type)	—	—

树形组件内部使用了 Node 类型的对象来包装用户传入的数据，用来保存目前节点的状态。树形组件拥有的方法如表 10-17 所示。

表 10-17　树形组件拥有的方法

方法名	说明	参数
filter	对树节点进行筛选操作	接收一个任意类型的参数，该参数会在 filter-node-method 中作为第一个参数
updateKeyChildren	通过 keys 设置节点子元素，使用此方法必须设置 node-key 属性	(key, data) 接收两个参数：①节点 key；②节点数据的数组
getCheckedNodes	若节点可被选择（即 show-checkbox 为 true），则返回目前被选中的节点所组成的数组	(leafOnly, includeHalfChecked) 接收两个 boolean 类型的参数：①是否只是叶子节点，默认值为 false；②是否包含半选节点，默认值为 false
setCheckedNodes	设置目前勾选的节点，使用此方法必须设置 node-key 属性	(nodes) 接收勾选节点数据的数组
getCheckedKeys	若节点可被选择（即 show-checkbox 为 true），则返回目前被选中的节点的 key 所组成的数组	(leafOnly) 接收一个 boolean 类型的参数，若为 true，则仅返回被选中的叶子节点的 keys，默认值为 false

（续）

方法名	说明	参数
setCheckedKeys	通过 keys 设置目前勾选的节点，使用此方法必须设置 node-key 属性	(keys, leafOnly)接收两个参数：①勾选节点的 key 的数组；②boolean 类型的参数，若为 true，则仅设置叶子节点的选中状态，默认值为 false
setChecked	通过 key/data 设置某个节点的勾选状态，使用此方法必须设置 node-key 属性	(key/data, checked, deep)接收三个参数：①勾选节点的 key 或者 data；②boolean 类型，节点是否选中；③boolean 类型，是否设置子节点，默认为 false
getHalfCheckedNodes	若节点可被选择（即 show-checkbox 为 true），则返回目前半选中的节点所组成的数组	—
getHalfCheckedKeys	若节点可被选择（即 show-checkbox 为 true），则返回目前半选中的节点的 key 所组成的数组	—
getCurrentKey	获取当前被选中的节点的 key，使用此方法必须设置 node-key 属性，若没有节点被选中，则返回 null	—
getCurrentNode	获取当前被选中的节点的 data，若没有节点被选中，则返回 null	—
setCurrentKey	通过 key 设置某个节点的当前选中状态，使用此方法必须设置 node-key 属性	(key,shouldAutoExpandParent=true)接收两个参数：①待被选节点的 key，若为 null，则取消当前高亮的节点；②是否扩展父节点
setCurrentNode	通过 node 设置某个节点的当前选中状态，使用此方法必须设置 node-key 属性	(node,shouldAutoExpandParent=true)接收两个参数：①待被选节点的 node；②是否扩展父节点
getNode	根据 data 或者 key 拿到 Tree 组件中的 node	(data)要获得 node 的 key 或者 data
remove	删除 Tree 中的一个节点，使用此方法必须设置 node-key 属性	(data)要删除的节点的 data 或者 node
append	为树中的一个节点追加一个子节点	(data, parentNode)接收两个参数：①要追加的子节点的 data；②子节点的 parent 的 data、key 或者 node
insertBefore	在树的一个节点的前面增加一个节点	(data, refNode) 接收两个参数：①要增加的节点的 data；②要增加的节点的后一个节点的 data、key 或者 node
insertAfter	在树的一个节点的后面增加一个节点	(data, refNode) 接收两个参数：①要增加的节点的 data；②要增加的节点的前一个节点的 data、key 或者 node

树形组件相关的事件如表 10-18 所示。

表 10-18　树形组件相关的事件

事件名称	说明	回调参数
node-click	节点被单击时的回调	共 3 个参数，依次为：传递给 data 属性的数组中该节点所对应的对象、节点对应的 node、节点组件本身
node-contextmenu	当某一节点被右击时会触发该事件	共 4 个参数，依次为：event、传递给 data 属性的数组中该节点所对应的对象、节点对应的 node、节点组件本身
check-change	节点选中状态发生变化时的回调	共 3 个参数，依次为：传递给 data 属性的数组中该节点所对应的对象、节点本身是否被选中、节点的子树中是否有被选中的节点
check	当复选框被单击的时候触发	共 2 个参数，依次为：传递给 data 属性的数组中该节点所对应的对象、树目前的选中状态对象，包含 checkedNodes、checkedKeys、halfCheckedNodes、halfCheckedKeys 共 4 个属性
current-change	当前选中节点变化时触发的事件	共 2 个参数，依次为：当前节点的数据、当前节点的 node 对象
node-expand	节点被展开时触发的事件	共 3 个参数，依次为：传递给 data 属性的数组中该节点所对应的对象、节点对应的 node、节点组件本身
node-collapse	节点被关闭时触发的事件	共 3 个参数，依次为：传递给 data 属性的数组中该节点所对应的对象、节点对应的 node、节点组件本身
node-drag-start	节点开始拖曳时触发的事件	共 2 个参数，依次为：被拖曳节点对应的 node、event
node-drag-enter	拖曳进入其他节点时触发的事件	共 3 个参数，依次为：被拖曳节点对应的 node，以及所进入节点对应的 node、event
node-drag-leave	拖曳离开某个节点时触发的事件	共 3 个参数，依次为：被拖曳节点对应的 node，以及所离开节点对应的 node、event
node-drag-over	在拖曳节点时触发的事件（类似于浏览器的 mouseover 事件）	共 3 个参数，依次为：被拖曳节点对应的 node，以及当前进入节点对应的 node、event
node-drag-end	拖曳结束时（可能未成功）触发的事件	共 4 个参数，依次为：被拖曳节点对应的 node、结束拖曳时最后进入的节点（可能为空），以及被拖曳节点放置的位置（before、after、inner）、event
node-drop	拖曳成功完成时触发的事件	共 4 个参数，依次为：被拖曳节点对应的 node、结束拖曳时最后进入的节点，以及被拖曳节点放置的位置（before、after、inner）、event

【例 10-31】树形组件的基本使用

本实例将演示树形组件的基本使用，具体步骤如下：

1）在 VSCode 中打开目录（D:\demo），新建一个名为 index.htm 的文件，然后输入如下核心代码：

```
<div id="box">
    <el-tree
```

```
      :props="props"
      :load="loadNode"
      lazy
      show-checkbox
      @check-change="handleCheckChange"
  >
  </el-tree>

</div>
<script>
  const app = Vue.createApp({
    data() {
    return {
      props: {
        label: 'name',
        children: 'zones',
      },
      count: 1,
    }
  },
  methods: {
    handleCheckChange(data, checked, indeterminate) {
      console.log(data, checked, indeterminate)
    },
    handleNodeClick(data) {
      console.log(data)
    },
    loadNode(node, resolve) {
      if (node.level === 0) {
        return resolve([{ name: 'region1' }, { name: 'region2' }])
      }
      if (node.level > 3) return resolve([])

      var hasChild
      if (node.data.name === 'region1') {
        hasChild = true
      } else if (node.data.name === 'region2') {
        hasChild = false
      } else {
        hasChild = Math.random() > 0.5
      }

      setTimeout(() => {
        var data
        if (hasChild) {
          data = [
            {
              name: 'zone' + this.count++,
            },
            {
              name: 'zone' + this.count++,
            },
          ]
        } else {
          data = []
        }
        resolve(data)
      }, 100)  // 做一个100毫秒的延迟
    },
```

```
    },

    });
    app.use(ElementPlus);
    rc = app.mount("#box");
    </script>
</body>
```

在上述代码中，为了增加显示效果，在展开节点时做了一个 100 毫秒的延迟（见函数 setTimeout）。另外，当用户选中某个节点时，会在控制台上打印该节点名称等。

2）按快捷键 Ctrl+F5 运行程序，结果如图 10-40 所示。

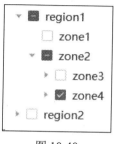

图 10-40

10.25　分　　页

当数据量过多时，使用分页（Pagination）组件来分页显示数据。分页组件所使用的标签是 el-pagination。比如：

```
<el-pagination layout="prev, pager, next" :total="50"> </el-pagination>
```

通过设置 layout，表示需要显示的内容，用逗号分隔，布局元素会依次显示。prev 表示上一页，next 表示下一页，pager 表示页码列表。除此之外，还提供了 jumper 和 total，size 和特殊的布局符号->，->后的元素会靠右显示，jumper 表示跳页元素，total 表示总条目数，size 用于设置每页显示的页码数量。默认情况下，当总页数超过 7 页时，pagination 会折叠多余的页码按钮。通过 pager-count 属性可以设置最大页码按钮数。

设置 background 属性可以为分页按钮添加背景色，比如：

```
<el-pagination background layout="prev, pager, next" :total="1000">
```

分页组件的常见属性如表 10-19 所示。

表 10-19　分页组件的常见属性

参数	说明	类型	可选值	默认值
small	是否使用小型分页样式	boolean	—	false
background	是否为分页按钮添加背景色	boolean	—	false
page-size	每页显示条目个数，支持 v-model 双向绑定	number	—	10

（续）

参数	说明	类型	可选值	默认值
default-page-size	每页显示条目数的初始值	number	-	-
total	总条目数	number	—	—
page-count	总页数，total 和 page-count 设置任意一个就可以达到显示页码的功能，如果要支持 page-sizes 的更改，则需要使用 total 属性	number	—	—
pager-count	页码按钮的数量，当总页数超过该值时会折叠	number	大于等于5且小于等于21 的奇数	7
current-page	当前页数，支持 v-model 双向绑定	number	—	1
default-current-page	当前页数的初始值	number	-	-
layout	组件布局，子组件名用逗号分隔	String	sizes, prev, pager, next, jumper, ->, total, slot	'prev, pager, next, jumper, ->, total'
page-sizes	每页显示个数选择器的选项设置	number[]	—	[10, 20, 30, 40, 50, 100]
popper-class	每页显示个数选择器的下拉框类名	string	—	—
prev-text	替代图标显示的上一页文字	string	—	—
next-text	替代图标显示的下一页文字	string	—	—
disabled	是否禁用	boolean	—	false
hide-on-single-page	只有一页时是否隐藏	boolean	—	-

分页组件的相关事件如表 10-20 所示。

表 10-20　分页组件的相关事件

事件名称	说明	回调参数
size-change	pageSize 改变时会触发	每页条数
current-change	currentPage 改变时会触发	当前页
prev-click	用户单击上一页按钮改变当前页后触发	当前页
next-click	用户单击下一页按钮改变当前页后触发	当前页

【例 10-32】分页组件的使用

本实例将演示分页组件的使用，具体步骤如下：

1）在 VSCode 中打开目录（D:\demo），新建一个名为 index.htm 的文件，然后输入如下核心代码：

```
<div id="box">
```

```html
<div class="block">
  <span class="demonstration">显示总数</span>
  <el-pagination
    @size-change="handleSizeChange"
    @current-change="handleCurrentChange"
    v-model:currentPage="currentPage1"
    :page-size="100"
    layout="total, prev, pager, next"
    :total="1000"
  >
  </el-pagination>
</div>
<div class="block">
  <span class="demonstration">调整每页显示条数</span>
  <el-pagination
    @size-change="handleSizeChange"
    @current-change="handleCurrentChange"
    v-model:currentPage="currentPage2"
    :page-sizes="[100, 200, 300, 400]"
    :page-size="100"
    layout="sizes, prev, pager, next"
    :total="1000"
  >
  </el-pagination>
</div>
<div class="block">
  <span class="demonstration">直接前往</span>
  <el-pagination
    @size-change="handleSizeChange"
    @current-change="handleCurrentChange"
    v-model:currentPage="currentPage3"
    :page-size="100"
    layout="prev, pager, next, jumper"
    :total="1000"
  >
  </el-pagination>
</div>
<div class="block">
  <span class="demonstration">完整功能</span>
  <el-pagination
    @size-change="handleSizeChange"
    @current-change="handleCurrentChange"
    :current-page="currentPage4"
    :page-sizes="[100, 200, 300, 400]"
    :page-size="100"
    layout="total, sizes, prev, pager, next, jumper"
    :total="400"
  >
  </el-pagination>
</div>
</div>
<script>
  const app = Vue.createApp({
    methods: {
  handleSizeChange(val) {
    console.log(`每页 ${val} 条`)
  },
  handleCurrentChange(val) {
```

```
          console.log(`当前页: ${val}`)
      },
   },
   data() {
      return {
          currentPage1: 5,
          currentPage2: 5,
          currentPage3: 5,
          currentPage4: 4,
      }
   },
});
app.use(ElementPlus);
rc = app.mount("#box");
</script>
```

当我们选中某一页时，可以在控制台窗口中显示所选页的名称。

2）按快捷键 Ctrl+F5 运行程序，结果如图 10-41 所示。

图 10-41

10.26 头　　像

头像（Avatar）组件通过图标、图片或者字符的形式展示用户或事物信息。头像组件所使用的标签是 el-avatar，比如：

```
<el-avatar :size="50" :src="circleUrl"></el-avatar>
```

当展示类型为图片时，使用 fit 属性定义图片如何适应容器框。比如：

```
<div class="demo-fit">
  <div class="block" v-for="fit in fits" :key="fit">
    <span class="title">{{ fit }}</span>
    <el-avatar shape="square" :size="100" :fit="fit" :src="url"></el-avatar>
  </div>
</div>
```

头像组件的常用属性如表 10-21 所示。

表 10-21　头像组件的常用属性

参数	说明	类型	可选值	默认值
icon	设置头像的图标类型，参考 Icon 组件	string		
size	设置头像的大小	number/string	number/large/medium/small	large
shape	设置头像的形状	string	circle/square	circle
src	图片头像的资源地址	string		
srcSet	以逗号分隔的一个或多个字符串列表表明一系列用户代理使用的可能的图像	string		
alt	描述图像的替换文本	string		
fit	当展示类型为图片的时候，设置图片如何适应容器框	string	fill/contain/cover/none/scale-down	cov

头像组件的相关事件只有一个，如表 10-22 所示。

表 10-22　头像组件的相关事件

事件名	说明	回调参数
error	图片类头像加载失败的回调，返回 false 会关闭组件默认的 fallback 行为	(e: Event)

【例 10-33】头像组件的基本使用

本实例将演示头像组件的基本使用，具体步骤如下：

1）在 VSCode 中打开目录（D:\demo），新建一个名为 index.htm 的文件，然后输入如下核心代码：

```html
<div id="box">
  <div class="demo-type">
    <div>
      <el-avatar icon="el-icon-user-solid"></el-avatar>
    </div>
    <div>
      <el-avatar
        src="https://cube.elemecdn.com/0/88/
03b0d39583f48206768a7534e55bcpng.png" rel="external nofollow"
      ></el-avatar>
    </div>
    <div>
      <el-avatar> user </el-avatar>
    </div>
  </div>

  <div class="demo-fit">
    <div class="block" v-for="fit in fits" :key="fit">
      <span class="title">{{ fit }}</span>
      <el-avatar shape="square" :size="100" :fit="fit" :src="url">
</el-avatar>
```

```
      </div>
    </div>

  </div>
  <script>
    const app = Vue.createApp({
      data() {
      return {
        fits: ['fill', 'contain', 'cover', 'none', 'scale-down'],
        url: 'https://fuss10.elemecdn.com/e/5d/
4a731a90594a4af544c0c25941171jpeg.jpeg',
        }
      },
      });
    app.use(ElementPlus);
    rc = app.mount("#box");
  </script>
```

2）按快捷键 Ctrl+F5 运行程序，结果如图 10-42 所示。

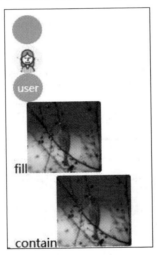

图 10-42

10.27 描述列表

描述列表（Descriptions）组件以列表形式展示多个字段。描述列表组件使用的标签是 el-descriptions，比如：

```
<el-descriptions-item label="手机号">18100000000</el-descriptions-item>
```

描述列表组件可以带边框或不带边框，其常见的属性如表 10-23 所示。

表 10-23　描述列表组件常见的属性

参数	说明	类型	可选值	默认值
border	是否带有边框	boolean	—	false
column	一行描述项（Descriptions Item）的数量	number	—	3
direction	排列的方向	string	vertical/horizontal	horizontal
size	列表的尺寸	string	medium/small/mini	—
title	标题文本，显示在左上方	string	—	—
extra	操作区文本，显示在右上方	string	—	—

【例 10-34】描述列表的基本使用

1）在 VSCode 中打开目录（D:\demo），新建一个名为 index.htm 的文件，然后输入如下核心代码：

```
<div id="box">
  <el-descriptions
    class="margin-top"
    title="带边框列表"
    :column="3"
    border
  >
    <el-descriptions-item>
      <template #label>
        <i class="el-icon-user"></i>
        用户名
      </template>
      张三丰
    </el-descriptions-item>
    <el-descriptions-item>
      <template #label>
        <i class="el-icon-mobile-phone"></i>
        手机号
      </template>
      18100000000
    </el-descriptions-item>
    <el-descriptions-item>
      <template #label>
        <i class="el-icon-location-outline"></i>
        居住地
      </template>
      杭州市
    </el-descriptions-item>
    <el-descriptions-item>
      <template #label>
        <i class="el-icon-tickets"></i>
        备注
      </template>
      <el-tag size="small">学校</el-tag>
    </el-descriptions-item>
    <el-descriptions-item>
      <template #label>
        <i class="el-icon-office-building"></i>
```

```
    联系地址
  </template>
  浙江省杭州市西湖区文一西路100号
  </el-descriptions-item>
</el-descriptions>
<br>
<el-descriptions
  class="margin-top"
  title="无边框列表"
  :column="3"
>
  <el-descriptions-item label="用户名">李绅</el-descriptions-item>
  <el-descriptions-item label="手机号
">18100000000</el-descriptions-item>
  <el-descriptions-item label="居住地">无锡市</el-descriptions-item>
  <el-descriptions-item label="备注">
    <el-tag size="small">学校</el-tag>
  </el-descriptions-item>
  <el-descriptions-item label="联系地址"
    >江苏省市无锡市滨湖区蠡湖大道1000号 </el-descriptions-item
  >
  </el-descriptions>
</div>
<script>
  const app = Vue.createApp({});
app.use(ElementPlus);
rc = app.mount("#box");
</script>
```

在上述代码中，我们定义了边框的描述列表组件和无边框的描述列表组件。

2）按快捷键 Ctrl+F5 运行程序，结果如图 10-43 所示。

图 10-43

10.28 消息弹框

消息弹框（MessageBox）组件是为模拟系统的消息提示框而实现的一套模态对话框组件，用于消息提示、确认消息和提交内容。从场景上说，MessageBox 组件的作用是美化系统自带的 alert、confirm 和 prompt，因此适合展示较为简单的内容。如果需要弹出较为复杂的内容，则可以自己设计对话框。

10.28.1　消息提示框

当用户进行操作时会被触发，该对话框会中断用户的操作，直到用户确认知晓后才可以关闭。调用$alert 方法即可打开消息提示框，它模拟了系统的 alert，无法通过按 Esc 键或单击框外关闭。此例中接收了两个参数：message 和 title。值得一提的是，窗口被关闭后，它默认会返回一个 Promise 对象以便于进行后续操作的处理。

【例 10-35】消息提示框的使用

本实例将演示消息提示框的使用，具体步骤如下：

1）在 VSCode 中打开目录（D:\demo），新建一个名为 index.htm 的文件，然后输入如下核心代码：

```
<div id="box">
  <el-button type="text" @click="open">显示消息提示框</el-button>
</div>
<script>
  const app = Vue.createApp({
      methods:{
        open() {
    this.$alert('这是一段内容', '标题名称', {
      confirmButtonText: '确定',
      callback: (action) => {
        this.$message({
          type: 'info',
          message: `user action: ${action}`,
        })
      },
    })
    },
  }
  });
app.use(ElementPlus);
rc = app.mount("#box");
</script>
```

当用户单击"确定"按钮后，会调用回调函数 callback，从而在页面显示一段文字。

2）按快捷键 Ctrl+F5 运行程序，结果如图 10-44 所示。

图 10-44

10.28.2　消息确认框

消息确认框提示用户确认其已经触发的操作，并询问是否进行此操作时会用到此对话框，也就是说，它通常用于让用户确认并选择某个操作，这是与提示框最大的区别，提示框通常不需要用户选择，只是通知一下用户，而确认框通常需要让用户进行确认和选择。调用$confirm 方法即可打开消息确认框，它模拟了系统的 confirm。MessageBox 组件也拥有极高的定制性，可以传入 options 作为第三个参数，它是一个字面量对象。type 字段表明消息类型，可以为 success、error、info 和 warning，无效的设置将会被忽略。注意，第二个参数 title 必须定义为 string 类型，如果是 object，则会被理解为 options。在这里用了 Promise 对象来处理后续的响应。

【例 10-36】消息确认框的使用

本实例将演示消息确认框的使用，具体步骤如下：

1）在 VSCode 中打开目录（D:\demo），新建一个名为 index.htm 的文件，然后输入如下核心代码：

```
<div id="box">
  <el-button type="text" @click="open">显示消息确认框</el-button>
</div>
<script>
  const app = Vue.createApp({
    methods: {
    open() {
      this.$confirm('此操作将永久删除该文件,是否继续?', '请确认', {
        confirmButtonText: '确定',
        cancelButtonText: '取消',
        type: 'warning',
      })
        .then(() => {
          this.$message({
            type: 'success',
            message: '删除成功!',
          })
        })
        .catch(() => {
          this.$message({
            type: 'info',
            message: '已取消删除',
          })
        })
    },
  },
    });
  app.use(ElementPlus);
  rc = app.mount("#box");
</script>
```

2）按快捷键 Ctrl+F5 运行程序，结果如图 10-45 所示。

图 10-45

当用户单击"确定"按钮时，则会出现一段提示文本"删除成功"；当用户单击"取消"按钮时，则会出现一段提示文本"已取消删除"。

10.28.3　提交内容框

提交内容框是用于让用户进行输入的对话框。调用 $prompt 方法即可打开提交内容框，它模拟了系统的 prompt。可以用 inputPattern 字段自己规定匹配模式，或者用 inputValidator 规定校验函数，可以返回 boolean 或 string，返回 false 或字符串时均表示校验未通过，同时返回的字符串相当于定义了 inputErrorMessage 字段。此外，可以用 inputPlaceholder 字段来定义输入框的占位符。

【例 10-37】提交内容框的使用

本实例将演示提交内容框的使用，具体步骤如下：

1）在 VSCode 中打开目录（D:\demo），新建一个名为 index.htm 的文件，然后输入如下核心代码：

```
<div id="box">
    <el-button type="text" @click="open">显示提交内容框</el-button>
</div>
<script>
    const app = Vue.createApp({
      methods: {
      open() {
        this.$prompt('请输入邮箱', '提示', {
          confirmButtonText: '确定',
          cancelButtonText: '取消',
          inputPattern:
          /[\w!#$%&'*+/=?^_`{|}~-]+(?:\.[\w!#$%&'*+/=?^_`{|}~-]+)*@(?:[\w]
(?:[\w-]*[\w])?\.)+[\w](?:[\w-]*[\w])?/,
          inputErrorMessage: '邮箱格式不正确',
        })
          .then(({ value }) => {
            this.$message({
              type: 'success',
              message: '你的邮箱是：' + value,
            })
          })
          .catch(() => {
            this.$message({
              type: 'info',
              message: '取消输入',
            })
          })
      },
    },
      });
    app.use(ElementPlus);
    rc = app.mount("#box");
</script>
```

上述代码中的 inputPattern 可以用于验证邮箱格式。

2）按快捷键 Ctrl+F5 运行程序，结果如图 10-46 所示。

图 10-46

10.29　对　话　框

对话框（Dialog）组件在保留当前页面状态的情况下，弹出一个对话框，告知用户一些信息。对话框组件使用的标签是 el-dialog。通过设置 model-value/v-model 属性可以控制对话框显示与否，该属性接收 boolean 类型的值，当为 true 时则显示 Dialog，当为 false 时则不显示。

对话框组件的常用属性如表 10-24 所示。

表 10-24　对话框组件的常用属性

参数	说明	类型	默认值
model-value/v-model	是否显示对话框	boolean	—
title	对话框的标题	string	—
width	对话框的宽度	string/number	50%
fullscreen	是否为全屏对话框	boolean	false
top	对话框 CSS 中的 margin-top 值	string	15vh
modal	是否需要遮罩层	boolean	true
append-to-body	对话框自身是否插入至 body 元素上。嵌套的对话框必须指定该属性并赋值为 true	boolean	false
lock-scroll	是否在对话框出现时将 body 滚动锁定	boolean	true
custom-class	对话框的自定义类名	string	—
open-delay	对话框打开的延时时间，单位为毫秒	number	0
close-delay	对话框关闭的延时时间，单位为毫秒	number	0

（续）

参数	说明	类型	默认值
close-on-click-modal	是否可以通过单击 modal 关闭对话框	boolean	true
close-on-press-escape	是否可以通过按 Esc 键关闭对话框	boolean	true
show-close	是否显示关闭按钮	boolean	true
before-close	关闭前的回调，会暂停对话框的关闭	function(done)，done 用于关闭 Dialog	—
center	是否对头部和底部采用居中布局	boolean	false
destroy-on-close	关闭时销毁对话框中的元素	boolean	false

对话框组件的相关事件如表 10-25 所示。

表 10-25　对话框组件的相关事件

事件名称	说明	回调参数
open	对话框打开的回调	—
opened	对话框打开动画结束时的回调	—
close	对话框关闭的回调	—
closed	对话框关闭动画结束时的回调	—

【例 10-38】对话框组件的基本使用

本实例将演示对话框组件的基本使用，具体步骤如下：

1）在 VSCode 中打开目录（D:\demo），新建一个名为 index.htm 的文件，然后输入如下核心代码：

```
<div id="box">
    <el-button type="text" @click="dialogVisible = true">单击打开对话框</el-button>
    <el-dialog
      title="提示"
      v-model="dialogVisible"
      width="30%"
      :before-close="handleClose"
    >
      <span>这是一段信息</span>
      <template #footer>
        <span class="dialog-footer">
          <el-button @click="dialogVisible = false">取 消</el-button>
          <el-button type="primary" @click="dialogVisible = false">确 定</el-button>
        </span>
      </template>
    </el-dialog>
  </div>
  <script>
```

```
  const app = Vue.createApp({
    data() {
    return {
      dialogVisible: false,
    }
  },
  methods: {
    handleClose(done) {
      this.$confirm('确认关闭？')
        .then((_) => {
          done()
        })
        .catch((_) => {})
    },
  },
    });
  app.use(ElementPlus);
  rc = app.mount("#box");
</script>
```

before-close 仅当用户通过单击关闭图标或遮罩关闭对话框时生效。我们可以在按钮的单击回调函数中加入 before-close 的相关逻辑函数，比如本例中的 handleClose 函数。

2）按快捷键 Ctrl+F5 运行程序，结果如图 10-47 所示。

图 10-47

10.30 图　　片

图片（Image）组件相当于一个图片容器，在保留原生 IMG 的特性下，支持懒加载、自定义占位、加载失败等。可以通过 fit 确定图片如何适应到容器框。Image 组件所使用的标签是 el-image。

【例 10-39】图片组件的基本使用

本实例将演示图片组件的基本使用，具体步骤如下：

1）在 VSCode 中打开目录（D:\demo），新建一个名为 index.htm 的文件，然后输入如下核心代码：

```
<div id="box">
  <div class="demo-image">
    <div class="block" v-for="fit in fits" :key="fit">
      <span class="demonstration">{{ fit }}</span>
```

```
    <el-image
      style="width: 100px; height: 100px"
      :src="url"
      :fit="fit"
    ></el-image>
  </div>
  </div>
</div>
<script>
  const app = Vue.createApp({
    data() {
    return {
      fits: ['fill', 'contain', 'cover', 'none', 'scale-down'],
      url: 'https://fuss10.elemecdn.com/e/5d/
4a731a90594a4af544c0c25941171jpeg.jpeg',
    }
  },
  });
  app.use(ElementPlus);
  rc = app.mount("#box");
</script>
```

2）按快捷键 Ctrl+F5 运行程序，结果如图 10-48 所示。

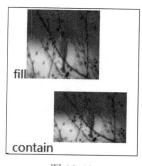

图 10-48

10.31　跑　马　灯

现在大型网站的首页通常会循环播放一组图片或文字，这其实用到了跑马灯（Carousel）组件。它在有限的空间内循环播放同一类型的图片、文字等内容。结合使用 el-carousel 和 el-carousel-item 标签就得到了一个跑马灯。幻灯片的内容是任意的，需要放在 el-carousel-item 标签中。默认情况下，当鼠标悬停在底部的指示器上时就会触发切换。通过设置 trigger 属性为 click 可以达到单击触发的效果。

【例 10-40】跑马灯组件实现轮播文字

本实例将演示跑马灯组件实现轮播文字的效果，具体步骤如下：

1）在 VSCode 中打开目录（D:\demo），新建一个名为 index.htm 的文件，然后输入如下核心代码：

```
<div id="box">
```

```
<div class="block">
  <span class="demonstration">默认 Hover 指示器触发</span>
  <el-carousel height="150px">
    <el-carousel-item v-for="item in 4" :key="item">
      <h3 class="small">{{ item }}</h3>
    </el-carousel-item>
  </el-carousel>
</div>
<div class="block">
  <span class="demonstration">Click 指示器触发</span>
  <el-carousel trigger="click" height="150px">
    <el-carousel-item v-for="item in 4" :key="item">
      <h3 class="small">{{ item }}</h3>
    </el-carousel-item>
  </el-carousel>
</div>
</div>
<script>
  const app = Vue.createApp({ });
app.use(ElementPlus);
rc = app.mount("#box");
</script>
```

2）按快捷键 Ctrl+F5 运行程序，结果如图 10-49 所示。

图 10-49

【例 10-41】跑马灯组件实现轮播图

本实例将使用跑马灯组件实现轮播图的效果，具体步骤如下：

1）在 VSCode 中打开目录（D:\demo），新建一个名为 index.htm 的文件，然后输入如下核心代码：

```
<div id="box">
  <div>
    <el-carousel trigger="click" height="164px" :interval="3000"
arrow="always" style="width:500px">
      <el-carousel-item v-for="item in imgList" :key="item.name">
        <img :src="item.src" style="height:100%;width:100%;" alt="图片丢失
了" :title="item.title" />
      </el-carousel-item>
    </el-carousel>
  </div>
</div>
```

```
<script>
  const app = Vue.createApp({
    data() {
return {
  imgList: [
    {
      name: "a",
      src: "./assets/a.png",
      title: "This is a.png."
    },
    {
      name: "b",
      src: "./assets/b.png",
      title: "This is b.png."
    },
    {
      name: "c",
      src: "./assets/c.png",
      title: "This is c.png."
    }
  ]
}
  }
}
    });
  app.use(ElementPlus);
  rc = app.mount("#box");
</script>
```

在上述代码中，通过 src 去读取文件夹 assets 下的图片文件，需要预先把图片都放在当前目录下的 assets 子目录下。

2）按快捷键 Ctrl+F5 运行程序，结果如图 10-50 所示。

图 10-50

10.32　在脚手架工程中使用 Element Plus

前面我们都是在单个 HTML 中使用 Element Plus，学习起来非常舒服，学习曲线非常平缓。现在是时候离开舒适区了。我们现在要在脚手架工程中使用 Element Plus，毕竟一线开发项目中碰到的场景更多的是在脚手架中使用。不建议初学者一开始就学习脚手架。这样的安排也体现了本书的重要特点，学习曲线平缓，对读者友好。

【例 10-42】在脚手架工程中使用 Element Plus

本实例将演示在脚手架工程中使用 Element Plus，具体步骤如下：

1）创建项目。准备一个空的文件夹路径（比如 D:\demo），打开命令行窗口并进入这个路径，然后输入项目创建命令：vue ui，稍等片刻将自动打开浏览器，并出现"Vue 项目管理器"页面，如图 10-51 所示。

单击"创建"按钮，在下一个页面上保持路径是 D:\demo，如图 10-52 所示。

图 10-51   图 10-52

然后在本页下方单击"在此创建新项目"按钮，此时出现"创建新项目"页面，输入项目文件夹 mymgr，如图 10-53 所示。

然后单击本页下方的"下一步"按钮，此时出现"选择一套预设"页面，我们选择"手动"，然后单击"下一步"按钮，此时出现"选择功能"页面，我们需要选中"Babel""Router""Vuex""CSS Pre-process""Linter/Formatter"和"使用配置文件"这几项，然后单击"下一步"按钮，在下一个页面上选择如图 10-54 所示的 3 项。

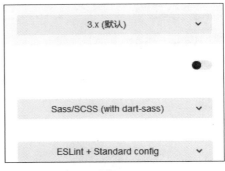

图 10-53   图 10-54

最后单击"创建项目"按钮。随后出现信息框，提示输入预设名，这里不保存预设，所以在信息框上单击"创建项目，不保存预设" 按钮，此时将正式创建项目。稍等片刻，创建完成，出现欢迎页，如图 10-55 所示。

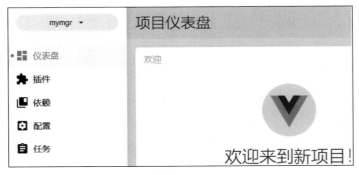

图 10-55

　　这时，我们还要安装依赖 axios，单击左边的"依赖"，然后单击右上角的"安装依赖"按钮，此时出现查找输入框，可以输入"axios"，将自动搜索出 axios 依赖，我们选中 axios 0.26.0，如图 10-56 所示。

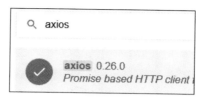

图 10-56

　　单击右下角的"安装 axios"按钮，此时将开始安装 axios。安装完毕后，就可以用 VSCode 打开文件夹 D:\demo\mymgr，可以在 package.json 中查看各个依赖的版本：

```
"dependencies": {
  "axios": "^0.26.0",
  "core-js": "^3.8.3",
  "vue": "^3.2.13",
  "vue-router": "^4.0.3",
  "vuex": "^4.0.0"
},
```

　　在 VSCode 下打开 TERMINAL 窗口，然后输入命令：npm run serve。稍等片刻，按 Ctrl 键，并单击 http://localhost:8080/，此时将出现首页。至此，项目创建成功。

　　2）按需导入 Element Plus 组件。

　　打开命令行窗口，进入 D:\demo，然后输入安装命令：

```
npm install element-plus --save
```

　　然后安装额外的插件，这些插件用来按需导入要使用的组件，输入命令：

```
npm install -D unplugin-vue-components unplugin-auto-import
```

　　按需导入组件有一个好处，就是可以减少最终软件项目的体积。安装完毕后，打开 VSCode，然后在 vue.config.js 中输入如下代码：

```
const AutoImport = require('unplugin-auto-import/webpack')
const Components = require('unplugin-vue-components/webpack')
const { ElementPlusResolver } = require('unplugin-vue-components/resolvers')

const path = require('path')
function resolve(dir) {
  return path.join(__dirname, dir)
}
const webpack = require('webpack')
module.exports = {
  configureWebpack: (config) => {
    config.plugins.push(
      AutoImport({
        resolvers: [ElementPlusResolver()]
      })
    )
    config.plugins.push(
      Components({
```

```
      resolvers: [ElementPlusResolver()]
    })
  )
},
}
```

接着在 app.vue 的模板中输入如下代码：

```
<el-button type="primary">Primary</el-button>
```

这行代码用来显示 Element Plus 按钮。最后在 TERMINAL 窗口中运行程序：npm run serve。打包完毕后，打开 http://localhost:8080/，可以发现 Element Plus 按钮显示出来了，如图 10-57 所示。

图 10-57

这就说明我们在脚手架工程中按需导入 Element Plus 组件成功了。

第11章

Axios 和服务器开发

Axios 是一个基于 Promise 的 HTTP（Hyper Text Transfer Protocol，超文本传输协议）库，可以用在浏览器和 Node.js 中。在服务端，Node.js 使用原生 HTTP 模块，而在客户端（浏览端）使用 XMLHttpRequests。Axios 本质上也是对原生 XHR 的封装，只不过它是 Promise 的实现版本，符合最新的 ES 规范。

11.1 概　　述

什么是 Promise？在编程过程中会出现异步代码和同步代码，简单地说，Promise 的出现就是为了解决异步编程的问题，让异步编程代码变得更加优雅。解决方案有很多种，Promise 是一种，还有 async + await（终极解决方案，让写异步代码就像写同步代码那么简单）。Promise 是最早由社区提出和实现的一种解决异步编程的方案，比其他传统的解决方案（回调函数和事件）更合理和更强大。ES 6 将其写进了语言标准，统一了用法，原生提供了 Promise 对象。ES 6 规定，Promise 对象是一个构造函数，用来生成 Promise 实例。什么是 HTTP？HTTP 是一个简单的请求–响应协议，它通常运行在 TCP 之上。它指定了客户端可能发送给服务器什么样的消息以及得到什么样的响应。请求和响应消息的头以 ASCII 形式给出，而消息内容具有一个类似 MIME 的格式。HTTP 是基于客户/服务器模式且面向连接的。典型的 HTTP 事务处理的过程如下：

1）客户与服务器建立连接。

2）客户向服务器提出请求。

3）服务器接受请求，并根据请求返回相应的文件作为应答。

4）客户与服务器关闭连接。

客户与服务器之间的 HTTP 连接是一种一次性连接，它限制每次连接只处理一个请求，当服务器返回本次请求的应答后便立即关闭连接，下次请求再重新建立连接。这种一次性连接主要考虑到 WWW 服务器面向的是互联网中成千上万个用户，且只能提供有限个连接，故服务器不会让一个连接处于等待状态，及时地释放连接可以大大提高服务器的执行效率。HTTP是一种无状态协议，即服务器不保留与客户交易时的任何状态。这就大大减轻了服务器记忆负担，从而保持较快的响应速度。HTTP 是一种面向对象的协议，允许传送任意类型的数据对象。它通过数据类型和长度来标识所传送的数据内容和大小，并允许对数据进行压缩传送。当用户在一个 HTML 文档中定义了一个超文本链后，浏览器将通过 TCP/IP 与指定的服务器建立连接。HTTP 库封装了该协议的相关操作，以方便用户使用。

11.2　Axios 的特点

Axios 作为后起之秀，肯定有其特别之处。其主要特点如下：

1）从浏览器中创建 XMLHttpRequests。
2）从 Node.js 创建 HTTP 请求。
3）支持 Promise API。
4）拦截请求和响应。
5）转换请求数据和响应数据。
6）取消请求。
7）自动转换 JSON 数据。
8）客户端支持防御 XSRF。

11.3　Express 搭建服务端

为了建立实验环境，我们必须先搭建一个服务端，然后才能演示在客户端使用 Axios。这里服务端采用 Express。Express 是一个简洁而灵活的 Node.js Web 应用框架，提供了一系列强大的特性帮助用户创建各种 Web 应用和丰富的 HTTP 工具。使用 Express 可以快速地搭建一个功能完整的网站。Express 框架有以下核心特性：

1）可以设置中间件来响应 HTTP 请求。
2）定义了路由表用于执行不同的 HTTP 请求操作。
3）可以通过向模板传递参数来动态渲染 HTML 页面。

下面开始安装 Express，全局安装命令如下：

```
npm install express -g
```

安装完毕后，D:\mynpmsoft\node_modules 下就有一个子文件夹 express。下面还要安装 Express 应用生成器，命令如下：

```
npm install express-generator -g
```

安装完毕后，D:\mynpmsoft\node_modules 下就有一个子文件夹 express-generator。安装完毕后，就可以使用了。

【例 11-43】使用 Express 应用

1）在任意一个路径下建立 Express 应用，笔者准备的路径是 D:\demo\。

2）打开命令行窗口，进入 D:\demo，然后执行命令初始化 Express 应用：

```
express myexp
```

执行完毕后，会在 D:\demo 下生成一个名为 myexp 的目录，其中的内容如图 11-1 所示。

图 11-1

其中，bin 文件夹用来存放启动应用（服务器）的程序；public 文件夹用来存放静态资源；routes 文件夹用来存放路由，用于确定应用程序如何响应对特定端点的客户端请求，包含一个 URI（或路径）和一个特定的 HTTP 请求方法（GET、POST 等），每个路由可以具有一个或多个处理程序函数，这些函数在路由匹配时执行；views 文件夹用来存放模板文件；app.js 是这个服务器启动的入口。

3）在命令行下进入该文件夹，然后安装依赖：

```
npm install
```

安装完毕后，会在 D:\demo\myexp 下生成一个名为 node_modules 的文件夹。

4）启动服务。在命令行下的 D:\demo\myexp 路径下输入命令：

```
npm start
```

如果没有报错，说明启动成功了，如图 11-2 所示。

此时，可以打开浏览器，然后在浏览器中输入：http://localhost:3000/，若出现如图 11-3 所示的界面，则表示启动成功。

图 11-2

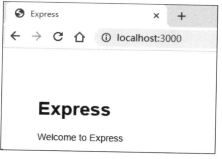

图 11-3

5）用 VSCode 打开文件夹 D:\demo\myexp。当我们在浏览器中访问 http://localhost:3000/ 时，调用的是 index 中的接口，打开 routers 下的 index.js 就可以看到该接口的定义：

```
var express = require('express');
var router = express.Router();

/* GET home page. */
router.get('/', function(req, res, next) {
  res.render('index', { title: 'Express' });
});

module.exports = router;
```

如果有兴趣，可以修改标题字符串"Express"，然后按快捷键 Ctrl+C 停止原来的服务，再启动服务 npm start，就可以在浏览器上看到更新后的结果了。

6）下面实现一个获取用户信息的接口。在 routes 文件夹下新建一个 user.js 文件，并在其中定义一个 User 模型，代码如下：

```
function User(){
    this.name;
    this.city;
    this.age;
  }
  module.exports = User;
```

然后回到 users.js 文件，在头部添加：

```
var URL = require('url');

var express = require('express');
var router = express.Router();
var URL = require('url');
var User = require('./user')

/* GET users listing. */
router.get('/', function(req, res, next) {
  res.send('respond with a resource');
});
router.get('/getUserInfo', function(req,res,next){
  var user = new User();
  var params = URL.parse(req.url,true).query; // 获取 URL 参数，使用需要引入
require('url');
    if(params.id == '1'){
      user.name = "ligh";
      user.age = "1";
      user.city = "Shanghai";
    }else{
        user.name = "SPTING";
        user.age = "1";
        user.city = "Beijing";
    }

    var response = {status:1,data:user};
    res.send(JSON.stringify(response));
  })
  module.exports = router;
```

7）在 VSCode 的控制台窗口中运行启动服务的命令：

```
npm start
```

然后在浏览器中输入：http://localhost:3000/users/getUserInfo?id=1，运行结果如图 11-4 所示。

图 11-4

如果输入：http://localhost:3000/users/getUserInfo?id=2，则结果如图 11-5 所示。

图 11-5

11.4　支持跨域问题

当前端页面与后台运行在不同的服务器时，就必定会出现跨域这一问题。跨域问题的出现是因为浏览器的同源策略问题。所谓同源，就是两个页面具有相同的协议（protocol）、主机（host）和端口号（port），这是浏览器的核心，也是基本的功能，如果没有同源策略，则浏览器将会不安全，随时都可能受到攻击。当我们请求一个接口时，出现诸如：Access-Control-Allow-Origin 字眼时，说明请求跨域了。

跨域指浏览器不允许当前页面所在的源去请求另一个源的数据。协议、端口、域名中只要有一个不同就是跨域。这里举一个经典的例子：

```
#协议跨域
http://a.baidu.com 访问 https://a.baidu.com;
#端口跨域
http://a.baidu.com:8080 访问 http://a.baidu.com:80;
#域名跨域
http://a.baidu.com 访问 http://b.baidu.com;
```

为了允许跨域访问，需要在 app.js 中添加如下代码：

```
// 设置允许跨域访问该服务
app.all('*', function (req, res, next) {
  res.header('Access-Control-Allow-Origin', '*');
  // Access-Control-Allow-Headers，可在浏览器中按 F12 功能键来查看
  res.header('Access-Control-Allow-Headers', 'Content-Type');
  res.header('Access-Control-Allow-Methods', '*');
  res.header('Content-Type', 'application/json;charset=utf-8');
  next();
```

```
});
```

然后保存，重启服务（按快捷键 Ctrl+C 关闭当前服务，再运行 npm start）。至此，就完成获取用户信息接口了。下面在 Vue.js 程序中验证一下。

11.5　在 Vue.js 程序中访问 Express 服务器数据

要通过 Axios 来访问 Express 服务器上的数据，首先要安装 Axios 库，然后在 Vue.js 程序中通过 Axios 提供的函数来访问 Express 服务器上的数据。

11.5.1　安装和导入 Axios

我们可以在命令行下全局安装 Axios。打开命令行窗口，然后输入命令：

```
npm install axios --save -g
```

安装完毕后，可以在 D:\mynpmsoft\node_modules\下看到文件夹 axios。我们把该文件夹下的子文件夹 dist 复制到 D 盘下，以后在单个 HTML 中就可以直接引用 D:/dist/axios.js 了。

如果是在脚手架工程中使用，则可以直接安装在工程目录下，即执行命令：

```
npm install axios --save
```

然后在需要的地方导入：

```
import axios from 'axios'
```

11.5.2　Axios 常用的 API 函数

下面介绍 Axios 常用的 API 函数。

1. get：查询数据

函数原型如下：

```
axios.get(url[, config])    //查询数据
```

比如通过 URL 传递参数：

```
    // 前端
  axios.get('/path?id=123').then(function(ret){
        // ret 是对象
        console.log(ret.data)
    })
  // 服务器
  app.get('/path',(req,res)=>{
        res.send('axios get 传递参数'+req.query.id)
    })
  // 前端
  axios.get('/path/123').then(function(ret){
```

```
        // ret 是对象
        console.log(ret.data)
    })
// 服务器
app.get('/path/:id',(req,res)=>{
        res.send('axios get (Restful) 传递参数'+req.params.id)
    }
```

比如通过 params 选项传递参数：

```
// 前端
axios.get('/path',{
    params:{
        id:123
    }
}).then(function(ret){
    console.log(ret.data)
})
 // 服务器
app.get('/path',(req,res)=>{
        res.send('axios get 传递参数'+req.query.id)
})
```

2. post：添加数据

函数原型如下：

```
axios.post(url[, data[, config]])  // 添加数据
```

比如通过选项传递参数（默认传递的是 JSON 格式的数据）：

```
        // 前端
        axios.post('/path',{
            name:'ming',
            pwd:123
        }).then(function(ret){
            console.log(ret.data)
        })
        // 服务器
        app.post('/path',(req,res)=>{
            res.send('axios post 传递参数' + req.body.name + '----' +
req.body.pwd);
        })
```

比如通过 URLSearchParams 传递参数（application/x-www-form-urlencoded）：

```
        // 客户端
        var params = new URLSearchParams();
        params.append('name','xiang');
        params.append('pwd','123');
        axios.post('/path',params),then(function(ret){
            console.log(ret.data)
        })
        // 服务器
        app.post('/path',(req,res)=>{
            res.send('axios post 传递参数' + req.body.name + '----' +
req.body.pwd);
        })
```

3. put：修改数据

函数原型如下：

```
axios.put(url[, data[, config]])
```

```
// 前端
  axios.put('/path/123',{
    name:'ming',
    pwd:123
}).then(function(ret){
    console.log(ret.data)
})
// 服务器
app.put('/path/:id',(req,res)=>{
    res.send('axios post 传递参数' + req.params.id + '----' + req.body.name
+ '----' +    req.body.pwd);
```

4. delete：删除数据

函数原型如下：

```
axios.delete(url[, config])   // 删除数据
```

比如通过 URL 传递参数：

```
// 前端
  axios.delete('/path?id=123').then(function(ret){
        // ret 是对象
        console.log(ret.data)
    })
// 服务器
app.delete('/path',(req,res)=>{
        res.send('axios get 传递参数'+req.query.id)
    })
// 前端
axios.delete('/path/123').then(function(ret){
        // ret 是对象
        console.log(ret.data)
    })
// 服务器
```

比如通过 params 选项传递参数：

```
// 前端
axios.delete('/path',{
    params:{
        id:123
    }
}).then(function(ret){
    console.log(ret.data)
})
 // 服务器
app.delete('/path',(req,res)=>{
        res.send('axios get 传递参数'+req.query.id)
    })
```

还有一些不常用的 API 函数：

```
axios.request(config)
axios.head(url[, config])
axios.options(url[, config])
axios.patch(url[, data[, config]])
axios.[method]([url], {params:{[query]} & body});
```

【例 11-2】在 Vue.js 程序中访问 Express 服务器数据

本实例将在 Vue.js 程序中访问 Express 服务器数据，操作步骤如下：

1）打开 VSCode，在 D:\demo 下新建一个文件 index.htm，然后输入如下代码：

```
<!DOCTYPE html>
<html lang="en">
<head>
    <meta charset="UTF-8">
  <script src="d:/vue.js"></script>
  <script src="d:/dist/axios.js"></script>

</head>
<body>
 <div id="box">
  <post-item></post-item>
 </div>
    <script>
   const app = Vue.createApp({});
   app.component('PostItem', {
     setup() {
     const username = Vue.reactive( {msg: 'hello'})
     orgObj={
       name: '',
       age: '',
       height:''
       }
   const obj = Vue.reactive(orgObj)   //响应式数据对象
   const handleClick = () => {
     const url = 'http://localhost:3000/users/getUserInfo?id=1'
       this.axios.get(url).then(function(response) {
         this.username=response.data.data.name;
         obj.name=response.data.data.name;
         obj.age = response.data.data.age;
         obj.height = response.data.data.height;
         console.log(obj)
         }
     )
   }
   return {
     handleClick,
     obj,
   }
   },//setup
   template: `
   <button @click="handleClick">Visit server</button>
  <table border="1" width="500" align="center">
   <caption><h2>Information</h2></caption>
   <tr align="center">
    <td>name</td>
    <td>age</td>
    <td>height</td>
```

```
    </tr>
    <tr align="center">
      <td>{{obj.name}}</td>
      <td>{{obj.age}}</td>
      <td>{{obj.height}}</td>
    </tr>
  </table>
  `
    });
    const vm = app.mount('#box');
    </script>
</body>
</html>
```

在上述代码中，我们首先定义了一个对象 orgObj，然后调用 reactive 对其数据进行响应。随后在按钮事件处理函数 handleClick 中，通过 axios 对象的 get 方法访问 http://localhost:3000/users/getUserInfo?id=1，然后就可以得到各项数据并存于 obj 中。最终，在模板上显示出 obj 各个属性。

2）按快捷键 Ctrl+F5 运行程序，然后单击页面上的 Visit server 按钮，此时表格中就会出现获取到的数据，如图 11-6 所示。

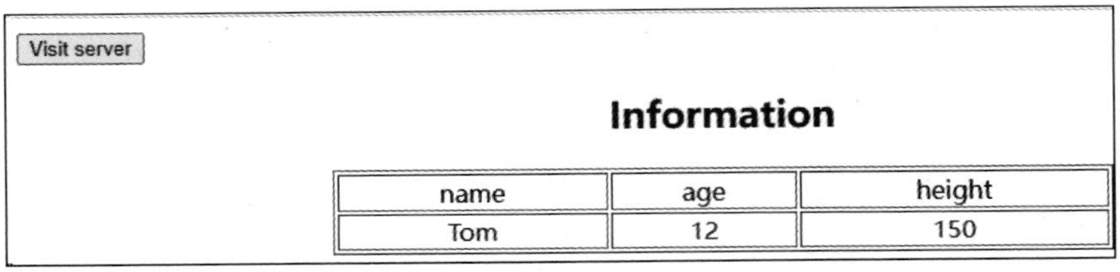

图 11-6

第12章

Vuex 与案例实战

Vuex 是一个专为 Vue.js 应用程序开发的状态管理模式库。它采用集中式存储管理应用所有组件的状态，并以相应的规则保证状态以一种可预测的方式发生变化。例如，用户有几个数据、几个操作在多个组件上都需要使用，如果每个组件都要编写，代码变得很长，也很麻烦。当然，如果没有大量的操作和数据需要在多个组件内使用，也可以不用这个 Vuex。

12.1 了解"状态管理模式"

状态管理模式、集中式存储管理这些名词一听就很"高大上"。在笔者看来，Vuex 就是把需要共享的变量全部存储在一个对象中，然后将这个对象放在顶层组件中供其他组件使用。我们将 Vue.js 想象成一个 JS 文件，组件是函数，那么 Vuex 就是一个全局变量，只是这个"全局变量"包含一些特定的规则而已。

在 Vue.js 的组件化开发中，经常会遇到需要将当前组件的状态传递给其他组件。当通信双方不是父子组件，甚至压根不存在相关联系，或者一个状态需要共享给多个组件时，就会非常麻烦，数据也会相当难维护，这对我们开发来说就很不友好。Vuex 这个时候就很实用，不过在使用 Vuex 之后也带来了更多的概念和框架，需慎重。Vuex 包含 5 个基本的对象：

1）state：存储状态，也就是变量。

2）getters：派生状态，也就是 set 和 get 中的 get，有两个可选参数：state、getters，分别可以获取 state 中的变量和其他的 getters。外部调用方式为 store.getters.personInfo()。其和 Vue.js 的 computed 差不多。

3）mutations：提交状态修改，也就是 set、get 中的 set，这是 Vuex 中唯一修改 state 的方式，但不支持异步操作。第一个参数默认是 state。外部调用方式为 store.commit('SET_AGE', 18)。其和 Vue.js 中的 methods 类似。

4）actions：和 mutations 类似，不过 actions 支持异步操作。第一个参数默认是和 store 具有相同参数属性的对象。外部调用方式为 store.dispatch('nameAsyn')。

5）modules：store 的子模块，内容就相当于 store 的一个实例。调用方式和前面介绍的相似，只是要加上当前子模块名，如 store.a.getters.xxx()。

让我们从一个简单的 Vue.js 计数应用开始，代码如下：

```
const Counter = {
  // 状态
  data () {
    return {
      count: 0
    }
  },
  // 视图
  template: `
    <div>{{ count }}</div>
  `,
  // 操作
  methods: {
    increment () {
      this.count++
    }
  }
}

createApp(Counter).mount('#app')
```

这个状态自管理应用包含以下几个部分：①状态，驱动应用的数据源；②视图，以声明方式将状态映射到视图；③操作，响应在视图上的用户输入导致的状态变化。图 12-1 是一个表示"单向数据流"理念的简单示意图。

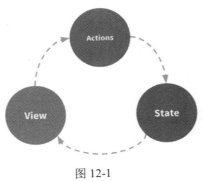

图 12-1

但是，当我们的应用遇到多个组件共享状态时，单向数据流的简洁性很容易被破坏：①多个视图依赖于同一状态，②来自不同视图的行为需要变更为同一状态。

对于问题①，传参的方法对于多层嵌套的组件将会非常烦琐，并且对于兄弟组件间的状态传递无能为力。对于问题②，我们经常会采用父子组件直接引用或者通过事件来变更和同步状态的多份拷贝。

以上这些模式非常脆弱，通常会导致代码无法维护。因此，我们为什么不把组件的共享状态抽取出来，以一个全局单例模式管理呢？在这种模式下，我们的组件树构成了一个巨大的"视图"，无论在树的哪个位置，任何组件都能获取状态或者触发行为。通过定义和隔离状态管理中的各种概念并通过强制规则维持视图和状态间的独立性，我们的代码将会变得更结构化且易维护。这就是 Vuex 背后的基本思想，借鉴了 Flux、Redux 和 The Elm Architecture。与其他模式不同的是，Vuex 是专门为 Vue.js 设计的状态管理库，以利用 Vue.js 的细粒度数据响应机制来进行高效的状态更新。

12.2　使用 Vuex 的情形

Vuex 可以帮助我们管理共享状态，并附带了更多的概念和框架，这需要对短期和长期效益进行权衡。

如果不打算开发大型单页应用，使用 Vuex 可能是烦琐冗余的。如果应用足够简单，最好不要使用 Vuex，一个简单的 store 模式就足够使用了。但是，如果需要构建一个中大型单页应用，很可能会考虑如何更好地在组件外部管理状态，Vuex 将会成为自然而然的选择。

12.3　安装或引用 Vuex

如果在脚手架工程中使用 Vuex，则可以在当前工程目录下通过 npm 命令来在线安装：

```
npm install vuex@next --save-dev
```

如果不想安装，也可以通过在线 CDN 方式来引用：

```
<script src="https://unpkg.com/vuex@next"></script>   <!--最新版-->
<script src="https://unpkg.com/vuex@4.0.0-rc.2"></script>   <!--指定版本-->
```

如果想离线使用，可以打开 URL：

```
https://unpkg.com/vuex@4.0.0-rc.2/dist/vuex.global.js
```

然后把 vuex.global.js 另存到本地磁盘的某个文件夹下，比如 D 盘。

如果不想下载，也没关系，笔者已经在源码目录的子文件夹 somesofts 下放置了一份，可以直接使用，这时就要这样引用：

```
<script src="d:/vuex.global.js"></script>
```

安装或引用之后，还需要在项目中通过 createStore 函数创建 store 实例，然后通过 Vue.js 应用程序实例的 use 函数将该 store 实例作为插件进行加载，比如：

```
<script src="d:/vuex.global.js"></script>
const store = Vuex.createStore({
    state(){
        return {
            count:1
        }
    }
```

```
    })
...
app.use(store)
```

如果是通过 npm 安装 Vuex，则在脚手架工程中可以这样使用：

```
import {createStore} from 'vuex'
    const store = createStore({…    })
...
app.use(store)
```

下面我们来看一个基本的实例，两个没有关系的子组件都能对 store 实例中的数据进行修改。我们力求把实例做得简洁，不使用脚手架工程。

【例 12-1】使用两个组件修改 Vuex 管理中的数据

本实例将使用两个组件修改 Vuex 管理中的数据，具体步骤如下：

1）在 VSCode 中打开目录（D:\demo），新建一个文件 index.htm，然后添加代码，核心代码如下：

```
<!DOCTYPE html>
<html lang="en">
<head>
    <meta charset="UTF-8">
    <script src="d:/vue.js"></script>
    <script src="d:/vuex.global.js"></script>
</head>
<body>
    <div id="box">
        <mycompoent1></mycompoent1>
        <mycompoent2></mycompoent2>
      </div>
  <script>

    // 组件 1
    const myCompConfig1 = {
    template: `
    <div>
        <h3>我是组件 1</h3>
        <span>store.state.count</span>
        <button @click="add">组件 1-自增</button>
        {{store.state.count}}
    </div>
      `,
    data(){
        return {
            title: '组件 1-title'
            }
    },
    setup:function(){
        const store = new Vuex.useStore();
        return {
            store
        }
    },
    methods:{
        add:function () {
```

```
                    this.store.state.count++;
            }
        }
    };

    // 组件 2
    const myCompConfig2 = {
    template: `
    <div>
        <h3>我是组件 2</h3>
        <span>store.state.count</span>
        <button @click="add">组件 2-自增</button>
        {{store.state.count}}
    </div>
    `,
    data(){
        return {
            title: '组件 2-title'
        }
    },
    setup:function(){
        const store = new Vuex.useStore();
        return {
            store
        }
    },
    methods:{
        add:function () {
            this.store.state.count++;  // 对 count 进行累加
        }
    }
    };
    // 创建一个新的 store 实例
    const store = Vuex.createStore({
        state(){
            return {
                count:1
            }
        }
    })

// 定义根组件的配置选项
    const RootComponentConfig = {
        components:{
            mycompoent1:myCompConfig1,
            mycompoent2:myCompConfig2
        }
    }
    const app = Vue.createApp(RootComponentConfig)    // 创建应用（上下文）实例
    app.use(store)
    const rc = app.mount("#box") //应用实例挂载，注意这里要写在最后，不然组件无法生效
    </script>
</body>
</html>
```

在上述代码中，我们首先创建了两个子组件，然后创建了一个新的 store 实例，在 store
中定义了一个 count，它的初始值是 1，并且在两个子组件中分别定义了 add 方法，在该方法

中对 count 进行累加。

2）按快捷键 Ctrl+F5 运行程序，并分别单击两个按钮，可以看到按钮旁边的数据在同时累加，说明两个组件都成功修改了数据 count，结果如图 12-2 所示。

图 12-2

12.4　项目实战

下面看一个待办事项列表（Todo List）的案例，可以添加待办事项条目，并且可以查看详情，也可以删除待办事项条目。最后还设计了简单的登录功能。

【例 12-2】含登录的 Todo List 案例

1）准备创建项目。在命令行下输入命令：vue create myprj，然后选择 Manually select features，随后用键盘上的空格键选中如图 12-3 所示的这些选项。

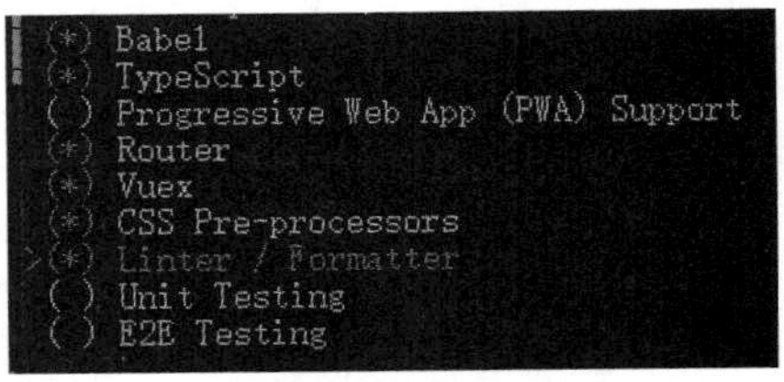

```
(*) Babel
(*) TypeScript
( ) Progressive Web App (PWA) Support
( ) Router
(*) Vuex
(*) CSS Pre-processors
>(*) Linter / Formatter
( ) Unit Testing
( ) E2E Testing
```

图 12-3

其中，Babel 用于将 ES 6 编译成 ES 5；TypeScript 表示支持 TypeScript 语言，TypeScript 是 JS 的超集，主要包含类型检查；Router 表示支持路由功能；Vuex 表示支持状态管理；CSS Pre-processors 表示 CSS 预编译；Linter/ Formatter 表示代码检查工具。

选完后，按回车键继续下一步，并选择 3.x；随后提问 Use class-style component syntax? (Y/n)，我们选择 n，表示不选择类风格的组件句法；随后提问 Use Babel alongside TypeScript (required for modern mode, auto-detected polyfills, transpiling JSX)? (y/n)，含义是使用 Babel 与 TypeScript 一起进行自动检测的填充，我们选择 y；随后提问 Use history mode for router? (Requires proper server setup for index fallback in production) (y/n)，意思是路由是否使用历史模式，这种模式充分利用 history.pushState API 来完成 URL 跳转，而无须重新加载页面，我们选择 y；随后要求 Pick a CSS pre-processor，意思是选择一个 CSS 预编译器，这里选择 Less；然后要求 Pick a linter / formatter config:，意思是选择一个格式化工具的配置，我们选择 ESLint with error prevention only，即只进行报错提醒；然后提示 Pick additional lint features:，意思是选择代码检查方式，

这里选择 Lint on save，即保存时检查；随后提示 Where do you prefer placing config for Babel, ESLint, etc.?，意思是询问我们想把配置存放在哪里，vue-cli 一般来讲是将所有的依赖目录放在 package.json 文件中，所以选择 In package.json；随后提示 Save this as a preset for future projects? (y/n)，意思是是否在以后的项目中使用以上配置，选择 n。此时，将正式开始创建项目，这时可以去喝杯茶。创建完成后，我们进入目录 myprj，然后运行服务程序：

```
cd myprj
npm run serve
```

服务启动完毕，就可以在浏览器中访问 http://localhost:8080/ 了，此时将出现默认的项目首页。用 VSCode 打开目录 myprj，在 EXPLORER 视图中可以看到各个文件和文件夹，其中 store 目录用来维护基于 Vuex 开发的状态仓库；router 目录用来维护基于 vue-router 开发的路由配置；main.ts 是项目的入口文件，并已经将 Router 和 Vuex 载入项目中：

```
createApp(App).use(store).use(router).mount('#app')
```

2）准备头部导航。首先需要创建头部导航<header>组件，header 属于公共组件，可以放到 components 目录下，在 components 下新建一个名为 header.vue 的文件，并输入如下核心代码：

```
<template>
  <div class="header">
    <div class="logo cp" @click="routeToHome">My Todo List</div>
    <div class="nav-wrapper">
      <!-- 导航 -->
      <router-link
        class="nav cp"
        v-for="(val, index) of navs"
        :key="`nav-${val.path}-${index}`"
        :to="val.path"
      >{{val.name}}</router-link>
    </div>
    <!-- 用户名 -->
    <span
      v-if="userInfo.user"
      class="nav-user"
    >Hello, {{userInfo.user}}</span>
    <!-- 登录按钮 -->
    <button
      v-else
      class="button nav-button"
      @click="() => { visible = true }"
    >Sign In</button>
  </div>
  <!-- 登录弹窗 -->
  <modal
    v-model="visible"
    width="400px"
  >
    <template v-slot:header>
      <div class="sign-in-header">
        <div class="sign-in-header_title">
          ——<span>登 录</span>——
        </div>
```

```
      <p class="sign-in-header_sub">Let's Enjoy Vue 3</p>
    </div>
  </template>
  <sign-in-form ref="signInForm" />
  <template v-slot:footer>
    <div class="sign-in-footer">
      <button class="button primary" @click="handleSubmit">确认</button>
      <button class="button" @click="closeModal">取消</button>
    </div>
  </template>
  </modal>
</template>

<script lang="ts">
import { defineComponent } from 'vue';
import { mapState, mapMutations } from 'vuex';
import Modal from './modal.vue';
import SignInForm from './sign-in-form.vue';

export default defineComponent({
  name: 'HeaderItem',
  components: {
    Modal,
    SignInForm,
  },
  props: {
    text: String,
  },
  data: () => ({
    navs: [
      { name: 'Home', path: '/' },
      { name: 'About', path: '/about' },
    ],
    // 是否显示注册弹窗
    visible: false,
  }),
  methods: {
    routeToHome() {
      this.$router.push('/');
    },
    // 登录
    handleSubmit() {
      const data = (this.$refs.signInForm as any).getValue();
      this.updateUserInfo({ ...data });
      this.closeModal();
    },
    // 关闭弹窗
    closeModal() {
      this.visible = false;
    },
    ...mapMutations([
      'updateUserInfo',
    ]),
  },
  computed: {
    ...mapState([
      'userInfo',
    ]),
  },
```

```
});
</script>
```

限于篇幅，我们没有将 CSS 的相关代码列出。header 上有 Home 和 About 两个页面的导航入口，单击导航可以跳转到对应的页面。代码中，<router-link>是经过封装的<a>标签，它需要接收一个路由地址 to，类似于<a>标签的 href。

在 App.vue 中添加如下核心代码：

```
<template>
  <header-component />      <!--在 App.vue 中使用 header 组件 -->
  <div class="main">
    <router-view/>          <!-- 路由地址对应的组件会渲染在这里 -->
  </div>
</template>

<script lang="ts">
import { defineComponent } from 'vue';
import HeaderComponent from './components/header.vue';

export default defineComponent({
  name: 'Root',
  components: {
    HeaderComponent,
  },
  methods: {},
});
</script>
```

同样，这里的 CSS 部分没有列出。如果目标路由地址配置了组件，就能在父组件的<router-view>中渲染对应组件。路由的配置文件是 src/router/index.ts，可以配置路由信息，包括路由地址和对应的组件，index.ts 的代码如下：

```
import { createRouter, createWebHistory, RouteRecordRaw } from 'vue-router';
import Home from '../views/Home/index.vue';

const routes: Array<RouteRecordRaw> = [
  {
    path: '/',            // 路由地址
    name: 'Home',         // 路由名称
    component: Home,      // 渲染组件
  },
  {
    path: '/about/:item',
    alias: '/about',
    name: 'About',
    component: () => import(/* webpackChunkName: "about" */
'../views/About/index.vue'),
  },
];

const router = createRouter({   // 创建路由实例
  history: createWebHistory(process.env.BASE_URL),
  routes,
});

export default router;
```

3）准备实现登录框弹窗。首先来完成弹窗组件<modal>，从业务上来讲，这个弹窗组件是在<header>上打开的，也就是说<header>会是<modal>的父组件。如果按照传统开发组件的方式，<modal>会渲染到父组件<header>的 DOM 节点下，但从交互的层面来说，弹窗是一个全局性的强交互，组件应该渲染到外部，比如 body 标签。在 Vue.js 3 中提供了一个新的解决方案 teleport，在组件中用<teleport>组件包裹需要渲染到外部的模板，然后通过 to 指定渲染的 DOM 节点。在 components 下新建文件 modal.vue，核心代码如下：

```
<template>
  <teleport to="body">   <!-- teleport 让当前模板可以渲染到组件外的地方-->
    <div v-if="modelValue" class="modal">
      <div class="modal-wrapper" :style="styleWidth">
        <div class="modal-header" v-show="showHeader">
          <slot name="header">
            <span class="modal-title">{{title || 'wisewrong'}}</span>
            <button class="modal-close">X</button>
          </slot>
        </div>
        <div class="modal-body">
          <slot></slot>      <!-- slot 插槽允许父组件在当前位置插入自定义内容-->
        </div>
        <div class="modal-footer" v-show="showFooter">
          <slot name="footer"></slot>
        </div>
      </div>
      <div class="modal-bg" @click="close"></div>
    </div>
  </teleport>
</template>

<script lang="ts">
import { defineComponent } from 'vue';

export default defineComponent({
  name: 'Modal',
  props: {
    // 是否显示弹窗
    modelValue: Boolean,
    // 弹窗宽度
    width: {
      type: [Number, String],
      default: '60%',
    },
    // 弹窗标题
    title: String,
    // 是否显示头部
    showHeader: {
      type: Boolean,
      default: true,
    },
    // 是否显示底部
    showFooter: {
      type: Boolean,
      default: true,
    },
  },
```

```
methods: {
  close() {
    this.$emit('update:modelValue', false);
  },
},
computed: {
  styleWidth() {
    const width: string = typeof this.width === 'number' ? `${this.width}px` :
this.width;
    return { width };
  },
},
});
</script>
```

这里将 modal 组件渲染到了 body 标签。上面的代码还用到了插槽<slot>，这个标签允许父组件向子组件插入自定义的模板内容，在<modal>组件中可以让父组件编辑弹窗的内容。代码中，<teleport to="body">中的 to 接收一个可以被 querySelector 识别的字符串参数，用于查找目标 DOM 节点，该 DOM 节点必须在组件外部。最终的登录框效果如图 12-4 所示。

图 12-4

4）准备完成弹窗表单（$refs + Vuex）。接下来开发登录窗的表单组件<sign-in-form>，组件的内容十分简单，就是两个输入框<input />，不多介绍，重点在于获取表单数据。由于这个<form>组件是<header>的子组件，因此我们需要在<header>中获取<form>的数据并提交。我们可以在 header.vue 中看这段代码：

```
<sign-in-form ref="signInForm" />   <!--插入表单组件，并指定 ref-->
  <template v-slot:footer>
    <div class="sign-in-footer">
      <button class="button primary" @click="handleSubmit">确认</button>
      <button class="button" @click="closeModal">取消</button>
    </div>
  </template>
```

@click="handleSubmit 就是向父组件提交数据。在 Vue.js 中可以通过 ref 属性获取自定义组件的实例，比如上面的代码就在<sign-in-form>组件上指定了 ref="signInForm"。然后就能在 header 组件中通过 this.$refs.signinForm 获取到表单组件的实例，并直接使用它的 methods 或者 data，参见 header.vue 中的这段代码：

```
handleSubmit() {   // 登录
// getValue 是 signInForm 组件中的 methods
  const data = (this.$refs.signInForm as any).getValue();
  this.updateUserInfo({ ...data });
```

```
    this.closeModal();
  },
```

这里因为没有找到适合$ref 的类型断言，只好用 any。现在获取到了登录信息，正常来说需要用登录信息请求登录接口，如果用户名和密码正确，接口会返回用户信息。这里我们跳过请求接口的过程，直接把登录信息当作用户信息。用户信息对于整个项目来说是一个共用信息，我们可以选择暂存在 localStorage 或 sessionStorage 中，也可以使用 Vuex 来管理。如果在使用 Vue-CLI 创建项目时勾选了 Vuex，就能在 src/store/index.ts 中维护公共变量和方法，然后在组件中通过 this.$store 来使用 Vuex 提供的 API。Vuex 中有 State、Getter、Mutation、Action、Module 五个核心属性，其中 State 就像是 Vue.js 组件中的相应数据 data，Getter 类似于计算属性 computed，然后 Mutation 和 Action 都可以看作 methods，区别在于：Mutation 是同步函数，用来更新 state（在严格模式下只能通过 mutation 来更新 state）。由于我们用的是 TypeScript，因此需要提前定义 state 的类型，创建 state.ts 和 mutations.ts，其中 state.ts 的代码如下：

```
// state.ts
import { RootState } from '../types/store';
import { TodoItem } from '../types/todo-list';     // 稍后会实现

const state: RootState = {
  userInfo: {
    user: '',
    password: '',
  },
  todoList: [] as Array<TodoItem>,
  todoListMap: {},
};

export default state;
```

mutations.ts 的代码如下：

```
import { RootState, UserState } from '../types/store';
import { TodoItem } from '../types/todo-list';

export default {
  updateUserInfo(state: RootState, payload: UserState) {
    state.userInfo = payload;
  },
  addTodoListItem(state: RootState, payload: TodoItem) {
    const { key } = payload;
    state.todoList.push(payload);
    // 新增条目时，以 key 创建一个字典项，用于快速查找对应条目
    state.todoListMap[key] = payload;
  },
  removeTodoListItem(state: RootState, index: number) {
    const { key } = state.todoList[index];
    state.todoListMap[key] = null;
    state.todoList.splice(index, 1);
  },
};
```

辅助内容介绍完毕，现在让我们完成登录表单，在 components 下新建文件 sign-in-form.vue，并输入如下代码：

```
<template>
```

```
        <div class="form sign-in-form">
          <div class="form-item">
            <div class="form-item__input">
              <input
                class="form-item__input__inner"
                type="text"
                placeholder="用户名"
                v-model="form.user"
              />
            </div>
          </div>
          <div class="form-item">
            <div class="form-item__input">
              <input
                class="form-item__input__inner"
                type="password"
                placeholder="密码"
                v-model="form.password"
              />
            </div>
          </div>
        </div>
      </template>

      <script lang="ts">
      import { defineComponent } from 'vue';

      export default defineComponent({
        name: 'SignInForm',
        data: () => ({
          form: {
            user: '',
            password: '',
          },
        }),
        methods: {
          getValue() {
            return this.form;
          },
        },
      });
      </script>

      <style lang="less">
      .sign-in-form {
        padding: 0 16px;
        .form-item:not(:last-child) {
          margin-bottom: 20px;
        }
      }
      </style>
```

　　至此，已经具备了一个包含登录的 Vue.js 项目的雏形，接下来会打造一个综合性的 Todo List，并真正用上组合式 API。

　　5）准备输入框与列表。

　　首先准备输入框，输入框将在首页上显示，并在 index.vue 中实现。在 Views/Home 下新建文件 index.vue，代码如下：

```
<template>
  <div class="home">
    <h1 class="title">Todo List</h1>
    <div class="todo-list">
      <div class="input">
        <input
          class="input__inner"
          type="text"
          v-model="value"
          :placeholder="placeholder"
          @keydown.enter="handleAdd"
        >
      </div>
      <ul class="list">
        <template v-if="showList">
          <list-item
            v-for="(item, index) of list"
            :key="`li-${index}-${item.key}`"
            :item-id="item.key"
            @remove="removeItem(index)"
            @view="viewItem"
          >{{item.text}}</list-item>
        </template>
        <div v-else class="empty">{{emptyText}}</div>
      </ul>
    </div>
  </div>
</template>

<script lang="ts">
import { defineComponent, computed } from 'vue';
import { mapMutations, useStore } from 'vuex';
import { useRouter } from 'vue-router';
import ListItem from '../../components/list-item.vue';
import { getHash, dateFormat } from '../../utils';

export default defineComponent({
  name: 'Home',
  components: {
    ListItem,
  },
  data: () => ({
    value: '',
    placeholder: '请输入内容，以回车键确认',
    emptyText: '您贵姓？',
  }),
  setup() {
    const router = useRouter();
    const store = useStore();
    const {
      addTodoListItem,
      removeTodoListItem,
    } = mapMutations(['addTodoListItem', 'removeTodoListItem']);
    const viewItem = (id: string) => {
      router.push(`/about/${id}`);
    };
    return {
      list: computed(() => store.state.todoList),
      addItem: addTodoListItem,
```

```
        removeItem: removeTodoListItem,
        viewItem,
      };
    },
    methods: {
      // 添加条目
      handleAdd() {
        if (!this.value) { return; }
        const item = {
          text: this.value,
          key: getHash(8),
          time: dateFormat(new Date()),
        };
        this.addItem(item);
        this.value = '';
        console.log('listlistlist', this.list);
      },
    },
    computed: {
      showList(): boolean {    // 在 TS 项目中, 计算属性需要声明类型
        return !!(this.list && this.list.length);
      },
    },
  });
</script>

<style lang="less">
@import url('./todo-list.less');
</style>
```

在列表部分（见<template v-if="showList">），需要判断当前列表是否为空，如果为空，则展示空状态。这里使用 v-if 和 v-else 来做条件判断，而其判断条件 showList 是一个计算属性 computed。在 TypeScript 的项目中，如果像 JS 项目一样添加计算属性，则无法进行类型推断。

由于需要支持回车键提交，因此需要监听 keydown 事件。如果是传统的按键处理，则需要在事件对象中根据 keyCode 来判断按键。Vue.js 提供了一些常用的按键修饰符，不用在事件处理函数中再做判断，比如这里就使用了 enter 修饰符，直接监听 enter 键的 keydown 事件。

6）添加、删除条目（在 setup 中使用 Vuex）。

创建的条目需要保存到 store 中，首先需要定义条目类型，在 src/types/下新建 todo-list.ts，并输入如下代码：

```
// todo-list-item
export interface TodoItem {
  text: string;
  key: string;
  time: string;
}
```

这时再看到 store 目录下的 state.ts 就联系起来了，因为我们在 state.ts 中新增了 todoList 字段，用于保存列表，其代码如下：

```
todoList: [] as Array<TodoItem>,
todoListMap: {},
```

这里还添加了一个 todoListMap 字段，它是 todoList 的字典项，后面查找条目时会用到。

同时，我们再看 store 目录下的 mutations.ts，该文件中有添加条目和删除条目的方法，代码如下：

```
addTodoListItem(state: RootState, payload: TodoItem) {
  const { key } = payload;
  state.todoList.push(payload);
  // 新增条目时，以 key 创建一个字典项，用于快速查找对应条目
  state.todoListMap[key] = payload;
},
removeTodoListItem(state: RootState, index: number) {
  const { key } = state.todoList[index];
  state.todoListMap[key] = null;
  state.todoList.splice(index, 1);
},
```

Store 已经调整好了，接下来只要在组件中调用即可。可以像之前介绍的那样，使用 mapState 和 mapMutations 来导出对应的字段和方法，不过如果想在 setup 中使用 Vuex，就需要用到 Vuex 4 提供的 useStore 方法。我们看 index.vue 中的代码：

```
import { mapMutations, useStore } from 'vuex';
…
setup() {
  const router = useRouter();
  const store = useStore();
```

接下来的事情就简单了，手动导出需要用到的 state、mutations 和 actions 即可。使用这种方式导出 state 还行，但对于 mutation 和 action 而言，需要一个一个手动创建函数并导出，就比较烦琐。没关系，我们还有 mapMutations 和 mapActions 可以使用，参见 index.vue 中的 setup 函数中的代码：

```
setup() {
  const router = useRouter();
  const store = useStore();
  const {
    addTodoListItem,
    removeTodoListItem,
  } = mapMutations(['addTodoListItem', 'removeTodoListItem']);
  const viewItem = (id: string) => {
    router.push(`/about/${id}`);
  };
  return {
    list: computed(() => store.state.todoList),
    addItem: addTodoListItem,
    removeItem: removeTodoListItem,
    viewItem,
  };
},
```

需要注意的是，不要在 setup 中使用 mapState。因为 mapState 导出的 state 是一个函数（computed），这个函数内部使用了 this.$store，而 setup 中的 this 是一个空值，所以在 setup 中使用 mapState 会报错。

7）查看条目详情（在 setup 中使用 router）。

在条目详情页，可以在 URL 上携带条目 id，然后通过 id 在 store 中找到对应的数据。这就需要调整路由配置文件 src/router/index.ts，配置 vue-router 中的动态路由，比如 index.ts 中的

条目详情路由的代码如下：

```
    {
      path: '/about/:item',  // 冒号开头的是动态参数，可以在页面中通过$route.params
获取
      alias: '/about',  // 路由别名，alias 和 path 对应的路径会加载同一个组件
      name: 'About',
      component: () => import(/* webpackChunkName: "about" */
'../views/About/index.vue'),
    },
```

路由配置好了，接下来需要在列表上添加"查看详情"按钮的处理函数，如果这个函数写在 methods 中，可以直接通过 this.$router.push()来跳转页面，但是在 setup 中就需要用到 vue-router 提供的 useRouter。比如在 index.vue 中的 setup 函数有如下代码：

```
setup() {
  const router = useRouter();
  …
  const viewItem = (id: string) => {
    router.push(`/about/${id}`);
  };
    …
```

然后在详情页通过 useRoute（注意不是 useRouter）获取 params，在 src/views/about/下建立 index.vue，然后输入如下代码：

```
<template>
  <div class="about">
    <template v-if="detail">
      <h1>{{detail.text}}</h1>
      <div>创建时间：{{detail.time}}</div>
    </template>
    <div v-else class="empty">Copyright 2022</div>    <!--简单实现关于功能-->
  </div>
</template>

<script lang="ts" setup>
import { defineComponent } from 'vue';
import { useRoute } from 'vue-router';
import { useStore } from 'vuex';

const route = useRoute();  // 注意是 useRoute，而不是 useRouter
const { state } = useStore();
const { item } = route.params;  // 获取路由参数
export const detail = state.todoListMap[`${item}`];  // 相当于 return {detail}

export default defineComponent({
  name: 'About',
});
</script>

<style lang="less">
.about {
  text-align: center;
  h1 {
    color: @color-primary;
  }
```

```
}
</style>
```

在这个组件代码中，不但实现了条目详情页，而且实现了"关于"的功能，这里的"关于"页只是简单打印了"Copyright 2022"。

Vuex 和 vue-router 都提供了可以在 setup 中获取实例的方法，这也侧面体现了 Vue.js 3 的 setup 是一个独立的钩子函数，它不会依赖于 Vue.js 组件实例，如果要用到函数外部的变量，则都从外部获取。同时，也提醒我们在开发 Vue.js 3 的插件时，一定要提供相应的函数，让开发者能在 setup 中使用。

至此，主要的功能代码基本讲述完毕了。还有一些辅助功能的函数代码，限于篇幅，这里不再赘述，读者可以直接查看源码,比如在 utils.ts 中，我们实现了时间格式化函数 dateFormat、返回一个 hash 值函数 getHash 等。另外，我们看到工程中有 shims-vue.d.ts 文件, shims-vue.d.ts 文件是为 TypeScript 做的适配定义文件，因为 Vue.js 文件不是一个常规的文件类型,TypeScript 不能理解 Vue.js 文件是干什么的，加上这一段是告诉 TypeScript，Vue.js 文件是这种类型的，因此 shims-vue.d.ts 文件中有这样一行代码：

```
declare module '*.vue'{
…
}
```

这一段删除，会发现 import 的所有 Vue 类型的文件都会报错。最后，向 vue.config.js 文件添加如下内容：

```
/* eslint @typescript-eslint/no-var-requires: "off" */
const path = require('path');
module.exports = {
  // 打包的目录
  outputDir: 'dist',

  // 在保存时校验格式
  lintOnSave: true,

  // 生产环境是否生成 SourceMap
  productionSourceMap: false,

  devServer: {
    open: true,    // 启动服务后是否打开浏览器
    overlay: {     // 错误信息展示到页面
      warnings: true,
      errors: true,
    },
    host: '0.0.0.0',
    port: 8066,  // 服务端口
    https: false,
    hotOnly: false,
  },
  pluginOptions: {
    'style-resources-loader': {
      preProcessor: 'less',
      patterns: [
        path.resolve(__dirname, './src/styles/var.less'),
      ],
    },
```

```
    },
};
```

vue.config.js 是一个可选的配置文件，如果项目的（与 package.json 同级的）根目录中存在这个文件，那么它会被@vue/cli-service 自动加载。读者也可以使用 package.json 中的 vue 字段，但是注意这种写法需要严格遵照 JSON 的格式来写。vue-cli 3.0 项目中需要配置其他参数时，需要在文件 vue.config.js 中添加，该文件的文件名是固定的，并与 package.json 在同一级目录下。使用 vue-cli3.0 搭建项目比之前更简洁，没有了 build 和 config 文件夹。vue-cli 3.0 的一些服务配置都迁移到了 CLI Service 中，对于一些基础配置和一些扩展配置，需要在根目录新建一个 vue.config.js 文件进行配置。

8）下面再安装两个关于 CSS 解析方面的组件，安装命令如下：

```
npm install less less-loader -D
npm install node-sass sass-loader -D
```

传统的 CSS 可以直接被 HTML 引用，但是 SASS 和 LESS 由于使用了类似 JavaScript 的方式去书写，因此必须要经过编译生成 CSS，而 HTML 引用只能引用编译之后的 CSS 文件，虽然过程多了一层，但是毕竟 SASS/LESS 在书写时方便很多，所以在使用 SASS/LESS 文件之前，只要提前设置好，就可以直接生成对应的 CSS 文件，而我们只需要关心 SASS/LESS 文件即可。

9）在 TERMINAL 窗口运行命令：

```
npm run serve
```

服务启动后，稍等片刻，就会出现如图 12-5 所示的结果。

随后，按住 Ctrl 键并单击 http://localhost:8066/，就可以在浏览器中看到运行结果，如图 12-6 所示。

图 12-5

图 12-6

接下来输入一些内容，并按回车键，如图 12-7 所示。

图 12-7

如果单击右上角的 Sign In 按钮，会出现登录框，由于并没有在程序中验证密码，因此随便输入用户名和密码即可登录，如图 12-8 所示。

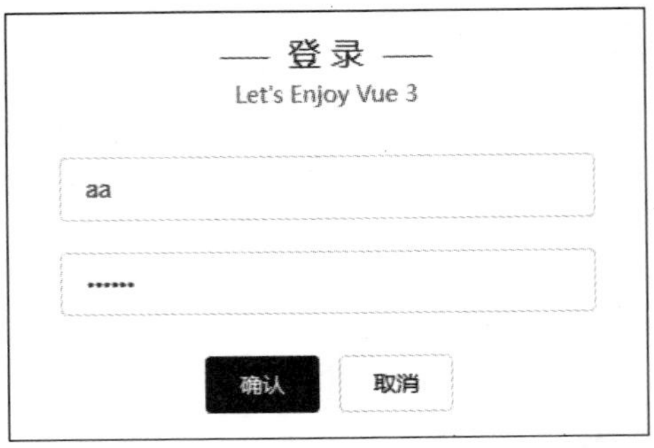
—— 登录 ——
Let's Enjoy Vue 3
aa
••••••
确认
取消

图 12-8

单击“确认”按钮，就会在右上角显示当前登录的用户名，如图 12-9 所示。

Hello, aa

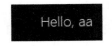

图 12-9

至此，我们的项目开发完毕了。在这个项目中，我们主要把重点放在前端开发上，并没有涉及后端开发，这样也是为了减少学习的坡度和项目的复杂度。